生态视角下城市空间规划与设计探索

王 云 徐晓晨 范 印 ◎著

吉林科学技术出版社

图书在版编目（CIP）数据

生态视角下城市空间规划与设计探索／王云，徐晓晨，范印著. -- 长春：吉林科学技术出版社，2024. 8.
ISBN 978-7-5744-1696-3

Ⅰ. TU984. 11

中国国家版本馆 CIP 数据核字第 2024K8M783 号

生态视角下城市空间规划与设计探索

作　　者　王　云　徐晓晨　范　印
出 版 人　宛　霞
责任编辑　孔彩虹
封面设计　金熙腾达
制　　版　金熙腾达
幅面尺寸　170mm×240mm
开　　本　16
字　　数　278 千字
印　　张　17.75
版　　次　2024 年 8 月第 1 版
印　　次　2024 年 12 月第 1 次印刷

出　　版　吉林科学技术出版社
发　　行　吉林科学技术出版社
地　　址　长春市净月区福祉大路 5788 号
邮　　编　130118
发行部电话/传真　0431-81629529　81629530　81629531
　　　　　　　　　　81629532　81629533　81629534
储运部电话　0431-86059116
编辑部电话　0431-81629518
印　　刷　三河市嵩川印刷有限公司

书　　号　ISBN 978-7-5744-1696-3
定　　价　88.00 元

前　言

本书是城市空间规划领域的研究专著，主要研究生态视角下的城市空间规划与设计探索。本书首先提供了一系列关键概念的基础介绍，涵盖了城市与生态城市的定义、生态城市理论基础及城市规划学科的演进，然后深入探索了生态视角对城市规划的影响。

本书从生态视角下的城市规划基础入手，阐释了生态视角下城市的整体空间规划设计内容，深入探讨了城市景观设计的专业性和其在城市规划中的关键作用。通过生态景观规划、绿地系统设计、城市水系景观设计和街道空间规划，强调了景观设计对城市形象、居民生活质量及城市与自然的和谐共生的重要性。

本书提出了在城市规划中融入生态系统的理念，通过深刻理解生态原理，提供了整合自然元素和可持续原则的具体方法。聚焦于绿地、水系、湿地的战略性地位，论述了布局及规划设计的生态策略，揭示了各系统在维持城市生态平衡、改善环境质量和提供居民休闲场所方面的关键作用。街道空间设计与规划则将景观设计引入实践，通过剖析城市街道的规划原则和设计方法，突出了创造人文关怀和社会互动的街道空间的紧迫性。最后，本书对生态视角下的城市修补与生态修复规划设计提出了建议，强调了城市环境更新与修复对于促进城市可持续发展的重要性。

通过对生态视角下城市空间规划与设计的全面论述，深入探讨景观设计的专业性，强调了其在城市规划中的战略性地位，并为城市空间规划设计的生态创新提供了一定的借鉴意义。

本书在写作过程中参考了许多国内外近年来出版的教材、专著、杂志，在此表示敬意与感谢。由于作者的水平有限，书中的疏漏或错误在所难免，敬请专家和读者批评、指正。

作者

2024 年 3 月

目 录

第一章　生态视角下的城市规划

第一节　城市与生态城市

一、城市概述

（一）城市的定义

人口学认为，城市是具有一定居民人数或一定居民密度的区域；经济学认为，城市是工业、商业的集中地；地理学认为，城市是一个相对永久性的高度组合起来的人口集中的地方。城市是"城"和"市"的组合，最初的"城"是人类用于防御野兽和相邻部落的袭击的构筑物，而"市"是用于商品交换的固定场所。在文化上，城市可被定义为一定区域范围内政治、经济、文化、人口等的集中之地和中心所在，并伴随着人类文明的形成而发展的一种有别于乡村的高级聚落。

（二）城市的结构

城市的结构由城市布局、食物链网和产业链网组成。

1. 城市布局

城市土地结构的空间组织及其形式和状态是城市布局的基础。城市布局是指城市物质环境的空间安排，如城市功能分区、各区与自然环境的关系，以及主要交通枢纽、道路网络与城市用地的关系等。

2. 食物链网

根据生物之间链索式的相互制约原理，生态系统中同时存在多种生物，它们占据不同的生态位，它们之间通过相互依存和相互制约的食物营养关系构成一定的食物链，多条食物链又构成食物链网。网中任一链节的变化都会引起部分或全部食物链网的改变。

3. 产业链网

产业链可以被定义为具有某种内在联系的产业集合，这种产业集合是由围绕服务于某种特定需求或进行特定产品生产（及提供服务）所涉及的一系列互为基础、相互依存的产业构成的。从现代工业的产业链环节来看，一个完整的产业链网包括原材料加工、中间产品生产、制成品组装、销售、服务等多个环节。实际上，任何产业都能形成一条产业链，现实社会中存在着形式多样的产业链，而且众多产业链会相互交织构成产业链网。产业链的概念有广义和狭义之分：广义的产业链包括满足特定需求或进行特定产品生产（或提供服务）的所有企业，涉及相关产业之间的关系；狭义的产业链则重点考虑直接满足特定需求或进行特定产品生产（或提供服务）的企业，主要关注产业内部各环节之间的关系。

（三）城市的功能

1. 生产功能

城市的生命力在于生产，有目的地组织生产和追求最大的产量是城市生态系统有别于自然生态系统的显著标志之一。城市生产活动的特点如下：空间利用率高，能量流、物流高度密集，系统输入、输出量大，主要消耗不可再生性能源，且利用率低，系统的总生产量与自我消耗量之比大于1，食物链呈线状而不是网状。系统对外界的依赖性较强。

城市产业包括农、林、畜、牧、水产等产业部门直接从自然界中生产的第一产业；制造、加工、建筑等将初级生产品加工成半成品、成品，并通过机器、设备、厂房等扩大再生产的基本设施为居民生活服务提供食品、衣物、用品、住宅、交通工具等或开采农副产品加工原材料的第二产业；由金融、保险、医疗卫生、商业、服务业、交通、通讯、旅游业及行政管理等服务行业构成的第三产业。科技、文化、艺术、教育、新闻、出版等部门为城市生产提供信息和培训人才，这是人类社会有别于动物界的最大特征之一，也是城市生产不同于乡村生产的主要部分。

2. 生活/消费功能

城市生活/消费功能正常与否决定了一个城市吸引力的大小和城市发展水平的高低。生存、发展、不断提高生活水平是人类的本能需求。人是一种有理智、有思想的高级动物，只有当其日益增长的生活需求逐步得到满足、生活环境不断得到改善时，其生产积极性才能得到最大限度的发挥。

随着社会的进步和时代的变迁，城市居民的生活需求也在逐渐演变：从基本的物质能量和空间需求转向更丰富的精神、信息和时间需求；从崇尚多样性的人工环境转向对大自然的田园风光的追求。随着生态环境的变化，城市居民正在从繁重的体力和脑力劳动中逐步解放出来。

3. 还原功能

城市有限空间内高强度的生产及生活活动从根本上改变了本地的地质、水文、气候、生物区系及大气等，破坏了原生态系统的自然平衡。要使城市和外部环境协调一致，保持区域自然生态的平衡和稳定，确保城市生产和生活活动的正常进行，城市一方面必须具备消除和缓冲自身发展给自然造成不良影响的能力；另一方面又要在自然界发生不良变化时，能够尽快使其恢复到原状。这是由城市生态系统的还原功能来完成的。

城市的还原功能主要包括以下四个功能：

①水体自净功能。污染物质把水体污染了，但它同时又在水中流动，水中污染物会自然降解，这被称为水体自净作用。水体自净的过程十分复杂，受很多因素的影响。首先，稀释是其中很重要的因素。因此，人们常把废水、污水排入天然水体中进行天然稀释，数十倍、数百倍的天然水稀释了污水，使污水中各种杂质的浓度大大降低。其次，水体中悬浮物的沉淀及氧化还原、吸附和凝聚等物理化学过程，都能降低水中的杂质浓度。最后，在微生物的作用下，有机物逐渐氧化、无机化，水中有机物含量逐渐降低，但这个过程同时也消耗溶解氧。不过，溶解氧可从大气中得到补充。水中微生物摄取污水中的有机物作为养料，将其中一部分变成微生物本身的细胞，并提供合成细胞以维持生命，另一部分有机物则

会变成废弃物被排出。当水中的溶解氧很充足时，一部分有机物就可以通过微生物的作用变成水、二氧化碳及无机盐类被排出。如果水中的氧气不足，将会发生嫌气分解。嫌气性微生物不断分解污水中的有机物，提供本身的合成细胞以维持生命，排出含有臭味的硫化氢和氨等。因此，水体自净功能受水中微生物的数量和种类的影响，如果水中存在对微生物有害的有毒物质，则微生物的活动就会受到阻碍，自净功能会下降。此外，环境的变化使粪便等污水中带来的人体寄生细菌（包括病原菌）逐渐死亡，水体逐渐恢复到原来的清洁程度。但是水体的自净能力是有限的，如果废水中所含污染物过多，超过其环境容量，则将严重影响水体的自净功能，造成恶劣的环境污染。

②大气自净功能。进入大气中的污染物，经过自然条件下的物理和化学作用，或在广阔的空间扩散、稀释，其浓度大幅度下降；或受重力作用，较重粒子会沉降于地面；或在雨水的洗涤作用下返回地面；或被分解、破坏等。大气的这种自净功能，是自然环境调节的一种重要机能。

污染物在大气中的扩散稀释取决于大气的运动状态。风和湍流是影响污染物在大气中扩散稀释的最直接因素。风速越大，湍流越强，大气扩散稀释的速度就越快，污染物的浓度也就越低。另外，雨、云、雾、太阳辐射、大气稳定度及特殊的逆温层等气象条件都对大气扩散功能有一定的影响，地形、地貌、海陆位置、建筑和构筑物格局等地理因素也都会引起小范围内空气温度、气压、风向、风速、湍流的变化，从而对大气扩散功能产生间接影响。

③城市绿地吸收有毒气体和吸附粉尘的功能。该功能主要表现在城市绿地对城市污染物的吸收、降解、积累和排出。不同种类的植物因生理特性和形态特征的不同，其环境净化效应有显著差异，正确选择运用抗性强和吸收净化效应强的物种，建立不同类型的人工绿化生态功能体系，可成为防治环境污染的重要途径之一。例如，光合作用既耗用二氧化碳，又向大气补充氧气，是一种典型的自净过程。当大气中污染物数量超过其自净能力时，即会出现大气污染。

④土壤处理功能。土壤的本质特性，一是具有肥力，即具有供应和协调植物生长所需的营养条件和环境条件的能力；二是具有同化外界输入物质的能力，输入物质在土壤中经过复杂的迁移转化，再向外界输出。这两种功能往往相辅相

成。这种输入与输出是土壤既受环境影响，同时又反过来影响环境的结果。进入土壤中的污染物质，经过物理、化学等过程的反复作用及土壤植被的影响，除了重金属和放射性污染外，多数有机和无机物质在一定程度上经过足够的时间后都可以被迁移转化。当输入土壤系统内的"三废"物质（废水、废气、废渣）数量超过土壤的迁移转化能力时，就会破坏土壤系统原来的平衡，引起土壤系统成分、结构和功能的变化，发生土壤污染。

（四）城市的特征

城市本身就是人类创造的最复杂和最宏大的经济、社会、生态空间等方面的复合体系，而且是典型的自组织系统。作为这种复杂系统，城市本身具有若干鲜明的特征。

第一，城市作为自组织系统能够通过处理各类信息，从历史和其他城市发展的轨迹中提取有关客观事件发展的规律性，或者将其他的城市演进的过程中兴衰存亡的经验教训作为制定自身发展战略、城市规划和公共政策的参照。每一座城市都是通过参照历史、解决问题、展望未来来编制和实施城市规划的。"规划"的一个非常确定的内涵就是谋划将来，这也是城市规划学者们孜孜以求的梦想。

第二，城市自身能够通过这些战略、规划、政策实践活动中的反馈来深化对外部世界及自身发展的规律性认识，从而改进规划决策和行为方式。城市规划实际上是一个过程，作为过程必然存在着反馈，而且是能纠偏的负反馈的体系，该体系能纠正发展过程中认知上的和由于外部干扰所产生的偏差，这是负反馈系统最基本的特征。正因为这样，可以说城市不是被动的，而是具有一种能动性的系统，是一种自组织体系。

第三，市民和开发商的集体决策往往是依据外部环境的变化和城市自身的发展目标而进行的，这一过程是通过探索、实践、互动，掌握生存发展之道的过程。所以从整体上来讲，城市具有"学习"与"适应"的能力。城市的整体与部分、政府与市民、不同人群之间，实际上都存在着共生的关系。同时，城市的经济也是一种范围经济，在城市这一特定地理范围内，各种各样的经济体是共生的、相互联系的。资源的多样性和资源间的外部延伸和交互效应，决定了城市的整体的经济效益和发展的动力。

第四，城市是其社会、自然环境的具体展现和浓缩。城市与环境组成了一个复合体，城市与自然环境相互依存；城市与农村相互依存、城市与其他城市相互依存、城市与生态环境相互依存、这些相互依存的关系从城市诞生之日起就产生了，而且伴随发展的全过程。正因为这样，经济学家们判断最佳城市规模的标准往往呈现高度的多样化。一个城市最佳的规模并不取决于城市人口规模的大小，而取决于城市产业的性质、城市与城市之间的相互作用、城市与周边农村之间的协调性。单纯从单一城市人口规模来讲经济效能或发展可持续性几乎是没有意义的。

第五，城市作为一种"自组织"，它的生存发展之道在于不断深化为最能发挥其功能的形态和找到最佳的"生态位"。无论在社会上、在城市的整个体系上、在城市的分工上，还是在城市与自然的关系上，城市都能够找到一种"生态位"，这是非常重要的。

二、生态城市的概念、特性及衡量标准

（一）城市生态化

所谓城市生态化，就是实现城市社会-经济-自然复合生态系统整体协调而达到一种稳定有序状态的演进过程。这里的"生态化"已不再是单纯生物学的含义，而是综合、整体的概念，蕴含社会、经济、自然复合生态的内容。城市生态化强调社会、经济、自然协调发展和整体生态化，即实现人与自然共同演进、和谐发展、共生共荣，它是一种可持续发展模式。社会生态化表现为人们有自觉的生态意识和环境价值观，生活质量、人口素质及健康水平与社会进步、经济发展相适应，有一个保障人人平等、自由、教育、人权和免受暴力的社会环境。经济生态化表现为采用可持续的生产、消费、交通和居住区发展模式，实现清洁生产和文明消费，对于经济增长，不仅要重视增长数量，更要追求质量的提高，提高资源的再生率和综合利用水平。环境生态化表现为发展以保护自然为基础，与自然环境的承载能力相协调，自

然环境及其演进过程得到最大限度的保护，合理利用一切自然资源和生命保护支持系统，使开发建设活动始终保持在环境承载能力之内。

城市走生态化发展之路标志着城市由传统的唯经济开发模式向复合生态开发模式转变，这意味着一场破旧立新的社会变革，因为城市生态化不仅涉及城市物质环境的生态建设、生态恢复，还涉及价值观念、生活方式、政策法规等方面的根本性转变。我国是发展中国家，综合国力、科技水平、人口素质、意识观念与发达国家相比有很大差距，这些因素都将影响到城市生态化发展。底子薄、人口多的国情决定了我国必须开辟一条非传统式又非西方化的"中国特色"城市生态化发展之路。

（二）生态城市的概念

生态城市应包含以下五个方面的基本内涵：

从地域范围来看，生态城市不是一个封闭的系统，而是一个与周围相关区域紧密相连的相对开放系统。它不仅包括城市地区，还包括周围的农村地区。

从涉及领域来看，生态城市不仅涉及城市的生态环境系统（包括自然环境和人工环境），还涉及城市的经济和社会，是一个以人的行为为主导、以自然环境系统为依托、以资源和能源的流动为命脉、以社会体制为经络的社会-经济-自然的复合系统，是社会、经济和自然的统一体。

从城市生态环境方面来看，生态城市的自然资源得到合理利用；自然环境及其演进过程得到最大限度的保护；具有良好的环境质量和充足的环境容量，能够消纳人类活动所产生的各种污染物和废弃物。

从城市经济方面来看，生态城市既要保证经济的持续增长，又要保证经济增长的质量。因此，一个生态城市要求有合理的产业结构、能源结构和生产力布局，通过开展清洁生产、节能、降耗、再生、污染防治等新技术，调整生产、流通和消费诸环节，使资源和能源得以有效利用，使城市的经济系统和生态系统能协调发展，形成良性循环，实现城市经济发展与生态环境效益的统一，促进经济的高效运行。

从城市社会方面来看，生态城市要求人们有自觉的生态意识和环境价值观。

生态城市要求人们的生活质量、人口素质及健康水平与社会进步、经济发展相适应，具有方便舒适的生活环境、安定的社会秩序、开放民主的社会政治、健全的社会保障体系、全面的文化发展、绿色的生活社区和生态化的城市空间。

（三）生态城市的特性

生态城市与传统城市相比，具有本质的不同，黄光宇等人把生态城市的特性概括为以下五个：

1. 和谐性

生态城市的和谐性不仅反映在人与自然的关系上，而且反映在人与人的关系上。现在的人类活动促进了经济增长，却没能实现人类自身的同步发展，而生态城市是营造满足人类自身进化需求的环境，充满人情味，文化气息浓郁，拥有互帮互助的群体，富有生机与活力。所以，这种和谐性是生态城市的核心内容，主要体现为人与自然、人与人、人工环境与自然环境、经济社会发展与自然保护之间的和谐。

2. 高效性

生态城市彻底改变了现代城市的高能耗、非循环的运行机制，科学高效地利用各种资源，不断创造新生产力，提高一切资源的利用效率，物尽其用，地尽其利，人尽其才，物质、能量得到多层次分级利用。

3. 持续性

生态城市以可持续发展思想为指导，兼顾不同时间、空间，合理地配置资源，公平地满足现在与将来在发展和环境方面的需要，不因眼前的利益而用"掠夺"的方式促进城市暂时的"繁荣"，以保证城市发展的健康、持续、协调。

4. 整体性或系统性

生态城市不是单单追求环境优美或自身的繁荣，而是兼顾社会、经济和环境三者的整体利益，生态城市是由经济、社会、自然生态等子系统组成的具有开放性、依赖性的复合生态系统，各子系统在"生态城市"这个大系统整体协调的新秩序下寻求均衡发展。所以，生态城市不仅重视经济发展与生态环境之间的协调，更注重提高人类生活的质量。

5. 区域性

生态城市作为城乡统一体，其本身即为一个区域，是建立在区域平衡基础之上的，而且城市之间是相互联系、相互制约的，有平衡协调的区域才有平衡协调的城市。生态城市是以人与自然的和谐为价值取向的，从宏观角度来讲，要实现这一目标，全球必须加强合作，共享技术与资源，形成互惠共生的网络系统，建立全球生态平衡。

（四）生态城市的衡量标准

随着城市化的发展，城市间的风格越来越雷同了。国内外都在建设生态城市，由于各地对生态城市的理解不同，同时受各城市地理、空间、位置的限制，其规模、资源和环境特征不一样，所以人们很难确定生态城市的衡量标准。但有一个原则，那就是各生态城市必须保持系统的健康和协调，具有高效率的物流、能量流、人口流、信息流和价值流，具有持续发展的能力，具备高度生态文明的生活空间。专家还强调，生态城市在维护本城市生态环境的同时，也要注意保持相关区域生态系统的平衡和协调。城市生态系统是一个大系统，包含的因子极多，必须在其中选取具有综合性、代表性、合理性及现实性的若干因子作为评价指标。

第二节 生态城市的理论基础

一、生态城市的生态学基础

从生态学角度来讲，生态城市就是按照生态学原理建立起的一个社会、经济、自然协调发展，物质、能量、信息得以高效利用，生态形成良性循环的人类聚居地。它既包含人与自然环境的协调关系及人与社会环境的协调关系，又是一个自行组织、自我调节的共生系统。这个系统不仅重视自然生态环境保护对人的积极意义，而且借鉴生态系统的结构和生态学的方法，将环境与人视为一个有机整体。这个有机整体有它内部的生态秩序，所以生态学是生态城市的基础，但是这种生态学又突破了传统意义上的生态学的概念，扩展到自然生态、社会生态、经济生态的范畴，包含了复合协调、持续发展的含义。

（一）生态系统

生态系统是指在一定时间和空间内，生物与其生存环境之间及生物与生物之间相互作用，彼此通过物质循环、能量流动和信息交换，形成的一个不可分割的整体。生态系统包括生物和非生物的环境，或者生命系统和环境系统。生态系统揭示了生物与其生存环境之间、生物体之间及各环境因素之间错综复杂的关系，包含着丰富的科学思想，是整个生态学理论发展的基础。生态系统具有整体性、系统性、动态性等特征。从系统论观点来看，自然过程是有序、合理的，而且是可以被预测的；每一个生态系统皆有其特定的能量物质流动模式，并与其系统的结构相对应。生态系统作为一个开放的系统，将走向一种动态的平衡而归于稳定，即进入"成熟的阶段"。

生物是生态系统的主体，是生态系统中的能动因素。但是，在生态系统中，生物不是以个体方式存在的，而是以"种群"的形式出现的，作为一个有机整体与环境发生关系。在生态系统中，生物与生物之间存在两个层次的关系：种群内部生物个体之间的关系和种群与种群之间的关系。种群内部生物个体之间的关系一般有两种，即协作和竞争。但协作是一时的和初始的，而竞争是永恒的和普遍的。特别是当种群密度较高，出现"拥挤效应"时，竞争会更加激烈。竞争的结果是"优胜劣汰，适者生存"。种群间的关系则十分复杂，但也可以被归纳为正相互作用和负相互作用两大类。一定区域内的各种生物通过种内及种间这种复杂的关系，就会形成一个有机统一的结构单元——生物群落。生态系统就是生物群落与无机环境相互作用而形成的统一整体。

环境是生态系统存在和发展的基础。环境中对生物的生命活动起直接作用的那些要素一般被称为生态因子，包括非生物因子（如温度、光照、大气、湿度、土壤等）和生物因子（如动植物和微生物等）。生物体与环境生态因子之间的关系有以下四个特征。第一，每一种生物都不可能只受一种生态因子的影响，而受多种生态因子的影响；各种生态因子之间也是相互联系、相互影响的，共同对主体发挥作用。这就要求人们在考虑生态因子时，不能孤立地强调一种因子而忽略其他因子，不但要考虑每一种生态因子的作用，而且要考虑生态因子的综合作用。第二，生物与环境的关系是相互的、辩证的，环境影响生物的活动，生物的活动也反作用于环境。第三，生态因子一般都具有所谓的"三基点"，即最适点、最高点和最低点。每一种生态因子对特定的生物主体而言都有一个最适宜的强度范围，即最适点，生态因子影响的强度对特定的生物都有一个最高限度和最低限度（即生物能够忍受的上限和下限）。最高限度和最低限度之间的范围被称为生态幅，它能够表示某种生物对环境的适应能力。第四，环境中存在限制生物的生长、发育或生存的生态因子。

与生态系统紧密相关的一个极重要的概念是"生态平衡"，生态平衡是"生态系统内部物质和能量的输入和输出两者间的平衡"。生态平衡是相对的、动态的平衡，其运行机制属于负反馈调节机制，即当生态系统受到外部因素的影响或内部变化的影响而偏离正常状态时，系统会同时产生一种抵制外部因素的影响和内部变化、抑制系统偏离正常状态的力量。但是，生态系统的自动调节能力是有限的，当外部因素的影响或内部变化超过某个限度时，生态系统的平衡就可能遭到破坏，这样一个限值被称为"生态平衡阈值"。破坏生态平衡的因素有自然因素和人为因素。自然因素主要是各种自然灾害，如火山喷发、海陆变迁、雷击火灾、海啸地震、洪水和泥石流及地壳变动等，自然因素具有突发性和毁灭性的特点，这种因素出现频率不高。人为因素则比较复杂，是目前破坏生态平衡最常见、最主要的因素。人为因素一般通过三种方式破坏生态平衡：一是使环境因素发生改变，包括自然环境和人工环境的改变；二是系统主体即生命系统本身的改变，包括其结构的失调和功能的失序；三是破坏生态系统与外界能量、物质、信息联系。总之，生态系统的失调是生态系统的再生机制瘫痪的结果，要维持一个生态系统的平衡也必须维持其机制的正常运行，就要使系统内资源和能源的消耗率小于其资源和能源的再生率。

（二）城市生态系统

城市生态系统是一个以人为中心的社会、经济与自然复合构成的生态系统。

城市生态系统结构复杂、功能多样，不同于其他生态系统，具体表现为以下六个方面。

1. 城市生态系统是高度人工化的生态系统。城市生态系统也是生物与环境相互作用形成的统一体，这里的生物主要是指人，这里的环境是指包括自然环境和人工环境的城市环境。在城市生态系统中，人是城市的主体。城市生态系统具有消费者比生产者更多的特征，因此，城市形成了"倒金字塔"型的生物量结构。

2. 城市生态系统是一个自然-社会-经济复合生态系统。城市生态系统从总体上看属于人文生态系统，是以人的社会经济活动为主要内容的，但它仍然以自然生态系统为基础，是自然、经济与社会复合人工生态系统。因此，城市生态系统的运行既遵循社会经济规律，也遵循自然演化规律。城市生态系统的内涵是极其丰富的，其各组成部分之间互相联系、互相制约，是一个不可分割的有机整体。

3. 城市生态系统具有高度的开放性、依赖性。自然生态系统一般具有独立性，但城市生态系统则不同，每一座城市都在不断地与周边地区和其他城市进行着大量的物质、能量和信息交换，输入原材料、能源，输出产品和废弃物。因此，城市生态系统深受周边地区和其他城市的影响。城市的自然环境与周边地区的自然环境本来就是一个无法分割的统一体，城市生态系统的开放性，既是其显著的特征之一，又是保证城市的社会经济活动持续进行的必不可少的条件。

4. 城市生态系统的脆弱性。城市生态系统具有不稳定性和不完整性，这导致了其具有脆弱性。城市生态系统是高度人工化的生态系统，其不完整性导致了城市生态系统中要靠外部的输入才能获取到大部分能量与物质，同时城市生活所排放的大量废弃物，也超出了城市自身的净化能力，需要向外部输出或者依靠人为的技术手段进行处理，才能完成其还原过程。城市生态系统受到人类活动的强烈影响，自然调节能力弱，主要靠人类活动调节，而人类活动具有太多的不确定因素，这使得人类自身的社会经济活动难以控制，导致自然生态的非正常变化。另外，影响城市生态系统的因素众多，各因素之间具有很强的联动性，系统中任何一个环节发生故障，将会立即影响城市的正常功能，城市生态系统不能完全实现自我稳定。

5. 城市生态系统具有多样功能，王发曾等把城市生态系统的功能概括为生产、消费和还原功能，生产功能是城市生态系统的基本功能，包括生物性生产和社会性生产两部分。城市生态系统中的所有生物均能进行生物性生产，绿色植物利用光合作用进行初级生产，营养级高的生物通过摄取低级营养物质进行次级生产，人的生物性生产具有明显的社会性。只有人类才能进行社会性生产，包括物质生产和精神生产，物质生产以创造社会财富、满足人类的物质消费需求为目的；精神生产以创造社会精神财富，丰富人的精神世界为目的，它是在物质生产实践的基础上，通过人对客观世界的感知进行的随着社会生产的发展，人类的消费需求也会发生相应的改变，从最基本的物质需求、能量需求转向空间需求和信息需求，城市生态系统就是要满足人们不断变化的消费需求。自然净化功能、人工调节功能等都属于还原功能，是城市生态系统内各组成要素发挥自身机理协调生命与环境关系，提高生态系统稳定性与良性循环能力的功能。

6. 城市生态系统的复杂性及多因子复合性决定了城市是一个生态关系空间，其物流、能量流、信息流、人口流等各种生态流有着较大的空间和时间跨度，在地理分布上也不一定是连续的，因而其空间边界是模糊的、抽象的。但是，系统的性质又往往由其中的少量主导因子所决定，由一些主要关系所代表。在实际研究中，城市生态系统又有一定程度上的具体时空界限和事理范围，因此，城市生态系统的系统边界既是具体的又是抽象的，既是明确的又是模糊的，这又增加了城市生态系统研究的复杂性。

（三）社会生态学

在城市生态系统中，城市社会的演变极为复杂，很难把握；而且目前几乎所有的生态问题都是由于根深蒂固的社会问题而产生的，在社会-经济-自然复合生态系统中，社会处于能动的地位，环境问题归根结底在人类自身上，对于生态城市的建设，最为关键的应该是人类自身行为的建设及社会生态的建设，因此，人们在研究城市问题和建设生态城市的过程中要特别关注社会生态的状况和演变。城市社会中有很多的不确定因素或称模糊因素，但这并不是说城市社会的演变毫无规律可循。对社会及其发展规律做出准确而全面的阐述，一直是古今中外学者们孜孜以求的目标。

城市生态学家从植物生态学引申出发，认为在人类社区的发展与消亡中，生态学因素起着决定性作用，社区结构的嬗变就像植物群落中的更替现象一样是入侵现象，在人类社区中所出现的那些组合、分割、结社等，也都是一系列入侵现象的后果，这就是所谓的"侵犯与接续"原理。而系统理论学者则把社会结构比作"赫胥黎之桶"，桶是有限的，丰富多彩的社会生活是无限的，附着在结构上的社会生活内容的增多，迟早会使相对固定的结构与它所容纳的生活不相适应，社会结构这只"赫胥黎之桶"就会被无限增多的社会生活内容所填满，直至被撑破，从而形成新的社会结构。近年来，人类生态学中关于城市社会的演变规律研究较多。人类生态学认为社会演变的动力来自环境的变化，正确的环境观应当是，人类不仅要保护自然，更重要的是要建立一个与自然相和谐的生态化的社会。生态社会的基本单元是生态社区。生态社区是建立在生态平衡、社区自治和民主参与基础之上的，具有一定人口规模的、可持续的住宅区。人类生态学特别重视城市对于人类社会的意义，认为城市为活跃的政治文化和热情高涨的市民提供了生态的和道德的舞台。

虽然上述各种关于城市社会演变的理论在具体思想上有差异，但都强调了城市环境对城市社会的深刻影响。

社会生态学认为，仅从生态的角度保护动植物或者地球的完整性，是远远不够的，因为人们当前面临的很多全球环境灾难的根源在于社会结构的内部。人们不能简单地把环境问题归咎为科学技术的发展或人口的增长、产生环境问题的根本原因是社会经济、政治和文化机制的"反生态化"，社会生态学应该通过影响人的价值取向、伦理规范，引导一种健康、文明的生产消费行为，追求一种将自然、功利、道德、信仰和天地融合为一体的生态境界。社会生态学的根本价值目标应该是追求整个社会内部机制的生态化，建设一个生态社会。

（四）城市生态系统的运行机制

生态城市是具有城市生态系统的城市。城市生态系统是由自然再生产过程、经济再生产过程、人类自身再生产过程组成的一个复杂的系统，受各城市地理、空间、位置的限制，其规模、资源和环境特征各异。

生态城市这个社会-经济-自然复合生态系统是以一定的空间地域为基础的，它隶属于更大范围的系统，并不断与其他系统进行信息、物质、能量等的交换，是一个开放系统；各个子系统之间不是简单的因果链关系，而是互相制约、互相推动、错综复杂的非线性关系，而且系统远离了热力学的平衡态，因而生态城市是一个耗散结构。对生态城市来说，实现系统从无序向有序转化的关键在于即使在非平衡状态下，也要保持稳定有序的状态。也就是说生态城市的平衡并不是静态的平衡、绝对的平衡，而是动态的平衡、相对的平衡，即生态城市的运行须经历非平衡—平衡—非平衡—新的平衡的过程，而且使"作用力"与"反作用力"保持在可承受的时空范围内波动，这种过程从局部、短期来看是动荡的、不平衡的，但从整体、长期来看，是具有"发展过程的稳定性"的，过程中的稳定性是生态城市运行的本质特征，过程的稳定比暂时的平衡更有生命力。生态城市运行的稳定性是以其各子系统发生"协同作用"为基础的，表现为各系统结构合理，比例恰当且相互间协调发展。由于各子系统协调有序地运转，旧的平衡被打破，通过正、负反馈的交互作用，新的平衡随即形成，这使生态城市总是在非平衡中去求得平衡，形成自组织的动态平衡，从而保持持续稳定状态，推动其螺旋式良性协调发展。

可见生态城市追求的"人-自然的和谐"并不是绝对的和谐，而是相对的、"有冲突"的和谐，它既包含合作，又包含斗争，这才是生态城市和谐的本质。生态城市总是处于不断的运行之中，而且随着社会的进步也在不断发展，但要保持稳定有序状态、持续协调发展，需要以下运行机制：

1. 循环机制。生态城市运行是靠连续的生态流来维持的，生态流的持续稳定即生态流输入、输出的动态平衡（包含质和量两个方面），是良性运行的根本保证。尽管生态城市以人的智力作为主要资源，但这并不是说知识经济不消耗自然资源，其基本的物质生产是必需的，而自然系统中的资源、物质是有限的，循环机制强化了生态城市的物质能量，尤其是自然资源的循环利用、回收再生、多重利用，充分提高了物质的利用效率，而且各种生态流中的"食物链"又连成没有"因"和"果"、没有"始"和"终"的网环状，保证了生态流不会因耗竭、阻塞或滞留而持续运转。知识生产和信息传递（反馈）同样需要循环机制。

2. 共生机制。共生是不同种的有机体合作共存、互惠互利的现象。在生态城市中，通过共生机制，各系统组分相互作用和协作，形成多样的功能、结构和生态关系。

3. 适应机制。生态城市各系统组分间是作用与反作用的关系，某一组分对另一组分产生影响，反过来另一组分也会影响它，它们相生相克，既相互合作、促进，又相互斗争、抑制。在生态城市运行中，各系统中的各组分通过适应机制，进行自我调节，化害为利，变对抗为利用，从而形成一种合力，推动生态城市协调稳定发展。这种适应不是被动的适应，而是发展、进化式的创造过程，着眼于更高层次上整体功能的完整。

4. 补偿机制。生态城市各系统组分间既互利又有冲突，当相互间的对抗程度超出了适应机制所能调整的范围，就需要引入补偿机制进行调节。某一系统组分运转受到抑制或暂时失衡时，就会通过其他系统组分的部分利益作为"代价"进行适时、适地的补偿，以恢复整体正常运转；否则这种失衡范围将扩大，最终导致整体失调甚至崩溃。补偿机制是化解生态城市运行过程中的冲突与矛盾，获得社会、经济与自然生态平衡的重要手段。

二、城市生态承载力的相关概念

承载力是从工程地质领域转借过来的概念，现在已经成为描述发展限制程度最常用的概念。承载力概念的演化和发展，体现了人类社会对自然界认识的不断深化，人们在不同的发展阶段和不同的资源条件下，提出了不同的承载力概念和相应的承载力理论。而生态学领域的生态承载力反映的是人与生态系统的和谐、互动及共生的关系。所以，人与生态系统的关系理论是生态承载力研究的理论基础，可以作为衡量某一区域可持续发展状况的重要理论依据。

不同国家、不同学者对城市可持续发展的理解存在差异，但在一点上是一致的，那就是城市可持续发展首先必须满足城市中人的生存与发展需求，是人与其生存环境的共同发展。从承载和被承载的关系来看，人是被承载的对象，城市生态环境是载体，城市中的人与其赖以生存的生态环境共同构成了一个不可分割的整体，即城市自然、人工复合生态系统。在这个复合系统中，人通过消耗资源来维持衣食住行，从社会角度来看，也就是维持城市社会经济的正常运转和发展。人类在消耗资源的同时，也在排放大量的废物。所以城市要实现可持续发展，就必须想办法解决资源供给和消纳城市排放的各种废物的问题。然而资源是有限的，环境容量也是有限的，因此城市的发展必然受到资源和环境条件的制约，也就是说要考虑资源和环境的承载力。从整个城市系统来看，资源系统和环境系统都是组成城市生态系统的基本部分，孤立地研究单一的承载力就存在明显的缺陷。因此从可持续发展的角度来看，城市的发展必须满足城市生态系统承载力的阈值要求，也就是说，城市的发展必须建立在城市生态系统承载力的维持、调节和提高之上，城市的可持续发展也必须满足城市生态系统承载力的要求。

城市生态系统如同生命体一样，有自我维持和自我调节的能力，在不受外力与人为干扰的情况下，城市生态系统可保持自我平衡状态，其变化的波动范围在自我调节范围内，这在生态学中被称为稳态。在巨大的城市生态系统中，物质循环和能量流动的相互作用建立了自校稳态机制而无须外界控制。但城市生态系统的自校稳态机制的作用是有限的。在稳定范围内，即使系统压力增大，系统仍能借助于负反馈保持稳定；超出这个稳定范围，正反馈则会导致系统迅速衰亡。所以，要使城市生态系统不发生剧烈变化或不超出正常波动范围，压力的强度就必须在城市生态系统的可自我维持和自我调节能力范围内，否则系统便走向衰退或死亡。所以，要实现可持续发展，城市中的人必须考虑城市生态系统承载力，不破坏其稳态机制。

（一）资源承载力

资源承载力是一个国家或地区资源的数量和质量，对该空间内居民的基本生存和发展的支撑能力。它可以为区域人口规划与适度人口的计算提供科学依据。目前，资源承载力的研究主要集中在自然资源领域，其中土地资源承载力研究是历史最长、取得成果最多的一个领域。

（二）环境承载力

从广义上讲，环境承载力是指某一区域的环境对人口增长和经济发展的承载能力。从狭义上讲，环境承载力即为环境容量。环境容量是指环境系统对外界其他污染物的最大允许承受量和负荷量。人们所说的环境承载力一般是指广义上的环境承载力，环境承载力可以更加精确地被描述为在一定时期、一定状态和条件下，一定的环境系统所能承受的生物和人文系统正常运行的阈值。环境承载力所要研究的环境是指以人类活动为中心的外部世界，环境系统的组成要素有各种大气组成物、水、土壤、各种生物，以及人类生存所处的近地空间与各种人工建筑物。环境系统的结构是指环境系统各要素之间的联系和相互作用方式，包括各环境要素的存储量及其有规律的运动变化。

（三）生态承载力

生态承载力是生态系统的自我维持、自我调节的能力，资源与环境的供容能力及其可维持的社会经济活动强度和具有一定生活水平的人口数量。生态承载力既强调特定生态系统所提供的资源和环境对人类社会系统良性发展的支持能力，是多种生态要素综合形成的一种自然潜能。与其他能力一样，生态承载力可以发展，也可以衰退，这取决于人类的资源利用方式。在一定生态承载力基础上，一个区域可以承载的人口和经济总量是可变的，这取决于人口与生产力的空间分布、不同土地利用方式之间的优化程度，以及产业结构与产业技术水平。因此，生态承载力决定着一个区域经济社会发展的速度和规模，而生态承载力的不断提高是实现可持续发展的必要条件。如果在一定社会福利和经济技术水平条件下，区域的人口和经济规模超出其生态系统所能承载的范围，就会导致生态环境的恶化和资源的枯竭，严重时会引起经济社会的畸形发展甚至倒退。生态承载力研究是实现区域人口、经济和环境协调发展的科学保障。生态承载力研究注重人口、资源、环境和发展之间的关系，属于评价、规划与预测一体化的综合研究，研究内容包括资源与环境子系统的共容、持续承载和时空变化特征，以及人类价值的选择、社会目标、价值观念、技术手段与承载力的互动。研究的根本目的在于找到一整套策略，使一个地区在人口和资源变化的情况下仍能保证持续稳定的发展，或根据区域承载力制定相应的人口、经济政策。

三、生态足迹理论

人类生存于世，必然要消耗由自然资产提供的产品和服务，对地球自然生态系统产生一定的影响。为了持续生存下去，人类必须确保自己使用自然资源的速度不会超过自然资源的再生速度。只要人类对自然生态系统的压力处于承载力范围之内，地球的生态系统就是安全的，否则，人类的社会经济发展就是不可持续的。所以如何定量评估区域生态经济系统是否处于可持续发展状态的问题，成为当前可持续发展研究领域的前沿和热点。城市的可持续发展也是生态城市建设的重要目标。

城市的生态足迹就是支撑该城市经济和社会发展所需要的具有生产力的土地面积。可持续发展的模式应是占用较少的生态足迹，而获取更多的经济产出的经济发展模式。

所谓具有生产力的土地是指具有生物生产能力的土地或水域。具体而言，地球表面的生物生产性土地可以分为以下六大类：①耕地，它是所有生物生产性土地中生产力最高的，向人类提供的生物量也最多；②草地，这里指的是适于发展畜牧业的土地，其生物生产力低于耕地；③林地，包括提供木材产品的人造林地和天然林地，目前除了一些不易接近的热带丛林外，大多数林地的生物生产力并不太高；④海洋，其生物生产量的95%以上集中于约占全球海洋面积8%的海岸带上；⑤建成地，包括各种人居设施、道路等所占用的土地，随着世界工业化和城市化进程的加快，其面积有不断扩大的趋势；⑥化石能源地，指用来吸纳化石燃料燃烧所产生的二氧化碳的生物生产性土地。生态足迹模型的一个基本假设就是上述六类生物生产性土地在空间利用上互相排斥。这种假设使人们能够对各类生物生产性土地面积进行加法计算。也就是说，生态足迹模型为各类自然资本提供了一个统一的度量基础，使它们之间相对容易地建立起自然资本的等价关系。

人类要维持生存和发展的持续性就必须消费各种产品和服务，而每一个产品和每一项服务最终都可以追溯到提供这种消费所需要的原始物质与能量的生物生产性土地上，这种生物生产性土地面积可被称为生态足迹需求。区域自然生态系统实际能够提供的生物生产性土地面积则被称为生态承载力。所以，生态足迹模型分析的基本思路如下：从区域需求方面计算生态足迹需求的大小，从供给方面计算生态承载力的大小，然后将二者进行比较。如果供给大于需求，则表明区域经济社会发展正处在当地自然生态系统的承载范围之内，生态经济系统处于一种可持续发展的状态；反之，则可认为区域生态经济发展在考察时期内不具有可持续性。

生态足迹模型是为了对可持续发展的状态进行定量评估而被提出的一个概念，其意义在于为自然资本的利用提供了一种新的评价方法。生态足迹的计量是目前国际上的研究热点，在实际应用中，它为可持续发展提供了一种基于土地面积的量化指标，为区域长期发展决策的制定提供了一种较为直观的切入口，具有非常清晰的政策导向，同时也为全球范围内人类活动对自然的影响提供了一个崭新的测算角度。

四、生态城市的可持续发展理论

可持续发展的定义为既满足当代人的需求又不危及后代人满足其需求的发展。这个定义鲜明地表达了两个基本观点：一是人类要发展，尤其是穷人要发展；二是发展有限度，不能危及后代人的发展。可持续发展理念已成为指导人类社会发展的主要指导思想。

（一）可持续发展的深层内涵

可持续发展既不单纯指经济和社会的持续发展，也不单纯指自然生态的持续发展，而是人与自然的共生与共进，是人类社会和经济发展与自然生态的动态平衡和稳定。因此，可持续发展是对人与自然的协调与和谐的内在本质的反映，是系统的，是有机统一的。它不仅揭示了自然生态的内在规律，也揭示了人类社会的内在规律。可持续发展没有绝对的标准，因为人类社会的发展是没有止境的。因此，它具有以下三层含义：第一，调控的机制能促进经济发展；第二，发展不能超越资源与环境的承载能力；第三，发展的目的是提高人的生活质量，创造一个多样化的、稳定的、充满生机的、可持续发展的自然生态环境。

（二）　实现可持续发展的基本理论与方法

可持续发展的思想正在改变人们的价值观和分析方法，其思想核心是建立人类与自然的命运共同体，实现人与自然的共同协调发展。这要求人们把长远问题和近期问题结合起来考虑。资源是可持续发展的一个中心问题，可持续发展思想正在深刻地影响着资源类型选择、利用方式选择、利用时间安排和利用分析方法等方面。

为此，以自然资源的可持续利用为前提的可持续发展模式已经提出：对于可再生资源，人类在进行资源开发时，必须在后续时段中，使得资源的数量和质量至少达到目前的水平；对于不可再生资源，人类在逐渐耗竭现有资源之前，必须找到可替代新资源。这就要求人们根据可持续发展的原则，采用一些适合的理论与方法。

1. 清洁生产

清洁生产是指将综合预防的环境策略持续地应用于生产过程和产品中，以减少对人类和环境的威胁。

对生产过程而言，清洁生产包括节约原材料和能源、淘汰有毒原材料，并在排放物和废物离开生产过程以前减少它们的数量和毒性；对产品而言，清洁生产策略旨在减少产品在整个生命周期过程中对人类和环境的影响。其实，清洁生产是"生态化""整体化"的新时期科技发展方向，它是一种将各门类科技综合使之整体上成为完善结构，扩大"绿色资源"利用范围，即将利用先进技术和改善资源利用方式结合起来的一种技术与方法。

清洁生产强调自然资源的合理开发、综合利用和保护；强调发展清洁的生产技术和无污染的绿色产品。清洁生产不但在技术上可行，而且具有经济可盈利性，体现了经济效益、环境效益和社会效益的统一。所以，清洁生产是实施可持续发展战略的标志，已经成为世界各国实现经济、社会可持续发展的必然选择。

2. 开发及应用生态技术

目前，各种自然灾害频繁发生，削弱了自然生态环境的承载力，生态变化态势令人担忧。而生态技术可以改善这一现状，它是社会、经济能稳定、持续和快速发展的技术支撑。我国应通过生态技术的开发和示范工程的建设，探索出一条适合中国国情的可持续发展道路。

建立自然保护区是生态技术常用的一个典型示范。可持续发展理论规定了社会经济发展必须在生态环境的承载力允许范围内，满足当代人和后代人发展的需要。这也说明了"生态优先"是可持续发展的体现，符合可持续发展的内在本质要求。而自然保护区正是以"生态优先"为理论基础的。

城市-郊区复合生态系统是生态城市建设研究的对象。在城市生态系统中，生物量呈"倒金字塔"型，消费者多于生产者。同时，城市-郊区复合生态系统不是一个自给系统，必须不断地从外界获取物质和能量才能维持其稳定性。由于地理位置的原因，城市与郊区之间进行着频繁的物质、能量和信息交换。所以实现城市可持续发展，必须把郊区和城区统一起来考虑。

3. 环境资源商品化

环境资源商品化就是有偿使用环境资源。目前社会各界认识到，无偿和有偿使用环境资源对于资源的可持续利用和生态环境的恶化具有截然不同的重要影响。于是，确立了环境资源商品化，就明确了环境资源为国家所有。环境资源商品化实质上是引入市场机制，对环境实行商品化经营，通过收取排污费、环境保护税等调节手段，提高资源的利用效益和利用率。

第三节　生态城市空间建构的基本原则

一、"以人为本"的生态城市空间诉求

生态城市空间的真实内涵在于满足人民的基本需求与利益诉求。将"以人为本"的城市空间分配立足于实际应用层面是当代生态城市规划与创建和谐城市的根本遵循，例如，以人类居住空间为中心，周围规划生活配套设施，将工业区与生活区相分离，保证人类的生活环境质量等。此外，如何将"以人为本"的理

念与现实条件相融合，是城市空间分配始终面临的难题与困境。"以人为本"的生态城市规划应从人类的实际生活需求出发，如：从衣、住、行三个方面与城市环境的生态宜居性出发展开空间规划，才能真正实现生态宜居城市的建设，达到治理城市空间分异的基本诉求。

生态城市空间应充分考虑居住时的宜居性、衣物晾晒的功能性、交通运输的便利性。生态宜居城市不仅需要具有便捷、发达的交通，也需要在城市空间建构的过程中关注如何满足人类原始的"行"的功能，如建设步行区。例如，在居住空间、工作空间中设置更多的公共空间、绿地及公园，为人类提供更多的休闲与锻炼机会，以实现城市环境的宜居、舒适与生态性。这正契合了 2015 年 3 月24 日政治局会议提出的"绿色化"扩容"新四化"为"五化"的新任务、新目标，进一步推进和提倡绿色、生态、环保、宜居的新理念。

二、"分配正义"是生态城市空间建构的基础

生态城市是按照生态学原则建立社会、经济、自然协调发展的新型社会关系，有效利用环境资源实现可持续发展的新生产和生活方式，而建立的高效、和谐、健康、可持续发展的人类聚居环境。城市空间建构的实质是利益分配。分配的制度与原则决定了空间建构的效率与方式。"分配正义"一直是诠释与实现社会"基本善"的保障。正义不仅是一种公德，更是城市空间建构的基础。正义对于空间的意义在于，其在处理城市利益相关群体之间各种错综复杂的冲突时所显现出的绝对优势，空间正义应作为城市空间分配的重要指导思想之一，应予以重视。空间正义是人类普遍愿意接受的价值规范，它既可以提升民众对制度的信任度、认同度、安全感，也是人类调节空间矛盾的基本原则与解决路径。从"分配正义"的角度对城市空间进行合理的规划，可以在某种程度上促进人与人之间的交往与互惠，推动"社会家庭共同体"这一理想事物的产生与实现。因此，在考虑构建生态城市空间分配原则时，应关注人类生存的基本权利、最大平等、权变差异与空间救济等方面，试图达到"空间正义"与"分配正义"，实现人类所期许的社会正义与"基本善"。

(一) 空间基本权利原则

正义的基本权利包括平等的自由与机会的平等。首先，平等的自由代表着公民基本权利的平等，更是确保公民起点的平等与社会公正的前提。自由与平等是正义基本权利的第一层要义，更是公民最基本的权利与诉求，是建构其他权利与原则的基础。其次，机会的平等代表着公平竞争、不论出身的机会平等。社会上所有人都拥有平等竞争的机会，拥有通过自身的努力与能力获取更高、更好的社会地位的机会。除此之外，机会的平等必须依靠有效的制度对其进行保障，这更多地体现出"分配正义"需要制度的保障。因此，空间基本权利原则应包含两个维度，即空间基本生存权利与空间机会平等权利。

1. 空间基本生存权利。空间基本生存权利确保了公民在空间中的生存权，反映出对人类基本生活空间的保障。空间基本生存权利的确定，确保了人类生存的基本条件，应列为城市空间基本权利的第一要义。空间的居住权与安全权，可以理解为人类生存权的基本体现，更是空间"人本主义"内涵的最好体现。只有确定人类城市空间基本生存权利，才能使城市居民的归属感进一步提升，才能真正达到民族融合、社会稳定的理想城市状态网。

2. 空间机会平等权利。空间机会平等权利是基于基本生存权而产生的，指的是公民还应拥有在空间内自由发挥的权利。空间基本生存权利保障了公民在空间中的生存权；空间机会平等权利赋予了公民自由发挥的可能。这代表着公民通过自身的努力与奋斗，可取得相应的发展空间。在教育、职业、工作等方面，所有公民拥有相同的奋斗机会。儿童不论民族、家庭、收入与财富状况等，均应获得平等的受教育机会。

(二) 空间最大平等原则

空间最大平等原则代表着自由与权利的平等，是在空间基本生存权利与空间机会平等权利之上延伸而来的。空间最大平等原则可以最大限度地保证公民对空间使用的权利与自由，同时可进一步确保公民在空间中自由发挥的权利。两者之间相辅相成并密切关联。

从物质层面上来讲，空间最大平等原则保障了公民在物质空间中自由访问与自由行使的权利。城市权利本身就标示着一种处于首位的权利：自由的权利，在社会中有个性的权利，有居住地和主动去居住的权利。进入城市的权利、参与的权利、支配财富的权利（同财产权有明晰的区别），是城市权利的内在要求。可见，进入城市的权利、参与的权利与支配财富的权利，都代表着人类物质层面的空间自由度与权利。

从人文层面上来讲，空间最大平等原则保障了社会形态的自主、公民思想的开放与自我实现的可能。文明的发展促进了人类自由的实现，更促进了人类精神空间与思想空间的自由。空间最大平等原则不仅保障了公民的空间出入、访问与发挥的权利，更确保了公民在空间自由发挥的同时，进一步达到自我实现。

（三）空间权变差异原则

机会面前人人平等，努力拼搏会带来社会地位的改变，但鉴于个人能力的不同，努力拼搏所带来的结果却是极具差异性的。如果努力与懈怠带来的结果相同，何谈城市建设，更何谈社会发展？这是一种既包含"平等"，又包含"差异化"的激励政策。

起点的平等，不代表结果发展的一致；结果的差异，却反过来推动着人类的发展，甚至在某种程度上而言，结果的差异反而在一定情况下可以促进起点的平等。例如，差异化的结果促进了生产力的发展、科技的创新与社会物质的丰富；而正是由于社会物质的丰富，才能真正保障社会公民的基本权益，保障起点的平等。那么，在不违反正义平等的原则下，允许差异化的存在就显得尤为重要。只有这样才能进一步促进与激励公民自我发挥与自我实现。

简单来说，空间权变差异原则，不仅体现在差异化的收入与差异化的物质分配上，更体现在差异化的空间分配上。空间差异化的具体实施原则应是具有权变因素的，应根据不同情况制定不同区域的空间权变差异原则，但其总原则是不变的。归纳而言，总原则应包括以下两个方面：

1. 应对空间权变差异原则的适用范围进行限定。空间权变差异原则仅限于社会经济利益的分配，其他空间领域应避免差异化的存在。例如，居住空间、教育空间、思想空间、文化空间等领域应以平等分配原则为主导。此外，经济空间与财富空间应采取适度差异原则。

2. 应对空间权变差异原则的最大、最小限值做出规定。虽然个体的先天能力与努力程度不同，必然导致结果的不同，但设计者可以通过设定空间差异化的最大、最小限值，来限定社会群体之间的空间权益，以避免不同群体间差异过大导致阶级固化与阶级斗争的产生。

三、"有机统一"是生态城市空间建构的抓手

人类通过实践活动不断地创造社会文明，改变历史，创建符合人类发展需求的城市空间。城市空间由静态空间与动态空间构成。城市静态空间是指人类的过往行为对空间所形成的静止空间形式。城市动态空间是指人类在不断发生的具体交往活动中所形成的动态空间形式。生态城市空间建构的过程应为多领域的沟通与相互作用，并试图打破空间与领域间的壁垒，使城市空间不仅具有局部功能性，更是有机统一的整体。

（一）生态城市空间的目的性

由于城市空间是人类主观能动的改造，因此改造的主观意识就形成了城市空间的目的性。明确的目的性给予了人类行动的方向与动力，是生态城市空间建构的指引与导向。合理的目的性、合规律性是生态城市空间建构的关键。生态城市空间的目的性需要人类客观认识自然事物，并根据自身现实条件进行设置。其目的性应包括以下三个方面：

1. 满足人类不断发展的需求——人的自由全面发展。城市存在的根本是其能否满足人类不断发展的需求，这就是城市空间首要的目的性。既然城市空间是人类主观能动的改造，那么对城市空间的建构首先应根据人类自身生存与发展的需求进行"空间的生产"。人的全面自由发展指的是，人的体力与智力双方面的全面、自由、和谐发展。这代表着城市空间的建构不仅仅包括人类物质空间的建设，还包括人文空间的建构。在现代社会，建设居住空间、教育空间、军事空间、政治空间、经济空间等众多空间的本源都是满足人类不断发展的需求这一城

市空间发展永恒的主题。

2. 符合自然界发展的客观规律——城市的长久可持续发展。虽然城市空间是人类对自然空间主观能动的改造，但自然空间的客观发展规律是无法忽略、必须遵从的，在城市空间建构的过程中，有太多人类违背自然空间发展规律而受到自然惩罚的例子，比如，空气污染、温室效应、冰山融化、水源污染、沙尘肆虐等。如今的"还耕于林""生态城市""雾霾治理""金山银山不如绿水青山"等理念的提出，都体现出只有城市空间建构符合自然界发展的客观规律，城市才能长久可持续发展。

3. 促进人类社会的发展进程——对理想社会的追寻。城市空间的第三重目的，是促进人类社会的发展进程。空间是人类生存的基本载体，人类创造空间、建构空间；反过来看，空间建构与合理分配对人类与社会发展有着重要的意义。合理的空间建构促进着人类与社会的发展，而不当的空间分配则制约着人类与社会发展的步伐，是异化的一种体现。可见，城市空间建构的第三层含义应是努力构建合理的空间秩序，从而促进社会的发展。

（二）生态城市空间的规律性与空间秩序的等级化

生态文明建设不仅是新时代社会发展的重要议题之一，更是人民安居乐业、城市可持续发展的基石。生态文明与城市化进程具有极强的内在逻辑关联性。城市空间不仅是一种物质形态，更是人类社会关系等多种复杂关系的聚合。城市空间的规律性与空间秩序的等级化可以理解为一种空间秩序，是人类在长期聚集和交往的过程中所形成的一种规则。人类依照这种规则对空间进行合理的分配，这种规则不断被遵循、被模仿，逐渐形成了一种通用和共享的城市空间秩序。人们希望借此达到一种理想的生活状态。

城市空间秩序并非一般意义上的由地理位置和空间结构所形成的地理空间秩序，也非在城市规划中受到利益格局和权力结构深刻影响而形成的物质空间秩序。城市空间秩序应从人的自然性和社会性出发，在人与空间的关系模式下，结合城市区域化经济的快速发展，在共同的区域文化背景下，建立新的综合管理模式，最终找到城市空间的分隔与连接，探寻一种能够满足人们追求美好生活状态需求的城市空间秩序。城市空间秩序是人类正常生活的前提和生存的基础条件，是影响城市发展的重要因素之一。

生态文明是人类迄今为止最高阶段的文明形态，其核心思想为和谐共生。生态文明建设的目标，是建立人与人、人与自然、人与社会的"共生秩序"；它既要遵循自然的科学性，又要遵循人文的道德性；它可促进生态机制的有序建设，实现经济、社会自然环境与人的可持续发展。从生态文明思想中"人与自然、人与人（社会）和谐共生"的角度出发，重新审视城市空间秩序，不仅能显著提高城市生活的幸福感，对城市空间秩序的构建也极具指导意义。当前学界对城市空间秩序的研究，多从城市规划、建筑设计、空间效益、空间经济等角度出发，试图寻找一种最具效益与效率的城市空间布局，而往往忽视了从生态文明的视角对城市空间秩序的本质进行探究。

1. 目标认同：空间秩序的本质

谈及城市，人类首先要思考城市的内涵与存在的意义是什么。生态文明思想始终是围绕着"人"所构建的，这与脱离了"人"的城市空间不具备任何意义相一致，城市的本质不在于城墙的设立，更不在于边界的确立，而在于人类共同发展的目标与利益。城市是人类最为得意的创造，其存在的含义不在于物质形态的辉煌，而在于它能否满足人类不断发展的需求。因此，人类为了能够更好地生存与发展，迫切需要一种良好、有序的运行状态，于是"秩序"应运而生。

①自发秩序是人与人在社会活动与交往中由内在自发、自生的力量推动所产生的一种秩序。它既没有任何具体特定的预设目的，更不为任何个人意志所掌控，是一种自然的有序状态。这种自发秩序往往是自然界所普遍遵循的一种符合人与社会生存与发展规律的秩序，可称之为"应然秩序"。正如市场本身就像一只"看不见的手"，对各种交易活动进行着调控，从而产生一种不需要外界干预的自发秩序，最终产生一种个体自由的状态。

②共同秩序是一种凌驾于自发秩序之上的有组织、有目的的秩序，是建立在个人、群体乃至整个社会一致认同的价值基础上的，属于一种位于自发秩序之上的高级形态的秩序。在某种程度上，自发的社会秩序是具有一定历史局限性的。这种无目的、无组织、无政府、无主体管控的，由市场自我调节而产生的秩序往

往是导致市场混乱、经济危机的主要因素。可以说，这种放任社会自由竞争、自由发展、自由调整的自发秩序具有两面性：一方面，自由性与自发性对社会的进化具有正面促进作用；另一方面，它的无序性、无目的性也正是导致与放任异化现象产生和发展的根源。

如果说城市是人类生存与发展的场所，那么生态城市空间秩序的建立就理应顺应人类的发展与需求。因此，对生态城市空间秩序的追求，不应忽略其主体，即人的意愿。归纳而言，生态城市空间秩序既不应是盲目的自发秩序，也不应是忽略个人意愿的共同秩序，而应是一种超越自发秩序，与人类价值与目标认同相一致的空间秩序。

2. 交易推动：空间秩序生成的动因

城市空间秩序构建的过程同样是各种交易活动彼此博弈的过程。也就是说，空间秩序是在经济活动、政治活动及信仰、道德、伦理等各类社会交往中逐步形成的。城市里各种交易活动互相影响、互相关联，从而形成了一个复杂的交易系统，而城市正是建立在这种庞大而错综复杂的交易系统之上的。在各种交易活动互相博弈的过程中，势必有某种交易活动凌驾于其他交易活动之上，成为主导城市发展的核心交易，而其他交易活动则会演变为服务于核心交易的衍生交易，逐渐形成核心交易与衍生交易两种交易形式，城市空间秩序的架构也随之逐渐显现出来。

①就核心交易而言，核心交易的不同产生了空间秩序上的分异。一般来说，经济活动决定着人类的生活环境与生活条件。人类的生活环境和生活条件是人类社会所追求的首要目标，而当今社会可以被认为是一种以经济活动为主的社会交易系统。核心交易的不同决定了社会空间秩序架构的不同。

②就衍生交易而论，核心交易主体一旦确立，必然会致使其他衍生交易活动为其服务。无论何种核心交易系统，均须与其相配套的行政机构、服务机构、商业机构、公共机构等多个部门来服务和维持其运转，这就是衍生交易之于核心交易的意义所在。

自然界的发展有其规律，交易的发展不仅有其规律更有其秩序。无秩序的交易无法长久地维持下去，更无法推进生产力的进步与社会的发展。城市核心交易的主体理应是推动城市发展和扩张的原动力，衍生交易反映为核心交易的正外部性和聚集形式。如果衍生交易产生一定程度的负外部性，并凌驾于正外部性之上，核心交易主体将会随之而易位，旧的秩序土崩瓦解，新的交易主体与新的秩序出现并随之取代原来的交易主体和秩序。核心交易与衍生交易直接推动、影响着城市空间秩序的形成与演化，是推动城市空间秩序生成的根本动因。

3. 统一和谐：生态城市空间秩序演化的基本规律

生态文明是人类在可持续发展理念下不断实践与探索形成的，是人类认识自然、改造自然的进步状态和社会成果。它标志着自然生态领域与人文生态领域呈现出一种积极、进步的正面效应；是人与自然、社会和谐发展的高度统一。虽然城市空间始终是交易活动不断汇集与不断博弈的场所，但它更是一个饱含着城市文化记忆、历史叙事和个性气质的文化场域，始终与人、权力和资本等因素联系在一起。简而言之，交易活动在激发人们对城市满怀期待的同时，也激发了人们对理想空间秩序的追求。传统的"自发的社会秩序"已远远不能适应当代社会发展的现实需求，超越"自发的社会秩序"之上的共同秩序则成为社会的主流意识。

总而言之，生态城市空间秩序的形成与演化规律，首先应顺从自然规律，其次应满足实际生活需求，最后应遵循人文伦理的演化规律。城市空间在形成与演化的过程中，非但没有脱离自然的约束范畴，反而成为自然的一个有机组成部分。城市空间应将人与自然联系在一起，形成有效的城市空间秩序，以方便其持续不断地为城市发展而服务。由于城市空间秩序处于不断调整、不断转变和不断发展的动态过程中，当其中任何一个层面发生改变时，整体空间秩序也会随之自我调整，从而形成新的秩序、新的平衡，这就是城市空间秩序演化的核心规律与基本路径。因此，整体的和谐统一应为城市空间秩序演化的基本规律，和谐空间是城市空间秩序所追寻的基本目标。

秩序或显性或隐性地存在于世间万物之中，拥有自身的发展规律和规则。城市空间与世间万物一样，不可能独立存在，而是始终与社会环境及人类的各种交往活动紧密联系在一起。空间是事物的载体，而事物的存在又形成了特定的空间，事物的大小、规模、形态与意义，决定了空间的大小、规模、形态与意义，而空间秩序也正是由这些事物之间有序的组织关系产生的；反过来，空间秩序也决定了城市的发展与未来。从系统论的角度出发，城市空间秩序是城市治理中必要且重要的一环。城市构建是一个庞大且复杂的整体系统，必须从整体的角度对系统内各组成要素进行审视与掌控，才能针对城市这个巨大的系统建立使之有条理、有组织、有顺序、不混乱的运行规则，这正是城市空间秩序。可见，理想的空间秩序是推动城市发展的重要推手，是实施生态文明建设的有效路径，"实然"与"应然"的城市空间秩序更是今后学界研究与讨论的热点所在。

（三）"以人为本"的合目的性与合规律性的统一建构

城市空间是人类栖息的空间，更是人类发展的空间。"以人为本"是城市空间建构的核心指导理念。城市空间是"以人为本"的合目的性与合规律性的统一建构。

1. "以人为本"体现着生态城市空间建构的合目的性。事物的成功与否往往取决于其目的性是否明确，以及其能否充分调动并发挥人类的主观能动性与目的驱使性。合目的性能让人类焕发强大的精神动力，以促进目标的实现，更赋予人类前进的动力。合目的性不仅需要目标具备有效性，更需要有实现这一目标的有效计划，以确保目标的可实现性。可以想象，如果活动缺失了其发展的目的性，盲目、无序的运动将使人类脱离预期、脱离理想状态。这不仅极大地阻碍了社会与人类的发展进程，更使人类对美好生活的追求变成了虚幻的泡沫，城市空间也就丧失了其存在的意义。

人的活动赋予了空间存在的意义。生态城市空间的建构不应被"物"的发展所主导，虽然经济发展是城市发展的主体，但并不是全部。经济发展的目的是更好地为人民服务，这一主旨应是城市发展始终坚持的理念。人是城市发展的原动力，城市空间的建构理应促进人的发展，以达到空间发展的目的。这不仅符合人的全面发展理论，更符合人类发展的根本利益。人的全面自由发展、城市的长久可持续发展与人类对共产主义的追寻是城市空间建构的三重含义，而这一切均蕴含着"以人为本"的人本思想。

2. "以人为本"体现着生态城市空间建构的合规律性。规律是物质之间的必然联系，规律中蕴含着事物的发展状态。目的给予人类目标的指引，规律却是实现目的的必要途径。只有真正地把握事物的规律性，才能达到目的。城市空间规律可基本划分为两个方面：一方面，是城市空间的物质规律，又可称为自然规律。例如，土地的自然资源、空间的区域位置、气候的自然条件等，都属于城市空间的物质规律。自然界的物质资源是不以任何人的意志为改变的客观规律，这称为自然规律。另一方面，是城市空间的社会规律。社会规律是以人与社会发展为基础，以人的意识与历史阶段性为引导而形成的。城市空间的社会规律，可以理解为不同历史阶段人的不同意识所形成的社会规律，它同时也被客观的自然规律与自然条件所约束。

3. 生态城市空间建构既具有目的性，又具有规律性。目的性引导着人类努力实践，人类努力实践的过程中又蕴含着规律性，而规律性助力实践的成功。由此可见，合目的性与合规律性之间存在着极强的不可分离性与辩证统一性。城市空间是人造的空间，所以"以人为本"的合目的性与合规律性的统一建构，便成为城市可持续发展的永恒主题。

第二章 生态视角下城市整体空间规划设计

第一节 城市空间与城市密度

一、紧缩城市与城市密度

城市空间结构、城市土地用地、城市密度与紧缩程度、城市交通模式是最紧密相关的一组概念，综合了这组概念的紧凑城市被认为是更加可持续的城市形式，可以产生更低的环境负荷，其包括资源消耗与污染排放两个方面。紧缩城市的直接含义是未来城市的发展应该紧靠现有的城市结构，以保护乡村地带，当紧缩城市的概念应用于现有的城市结构时，它的含义是控制现有城市的边界，以防止新的城市蔓延。在这层含义上，紧缩城市概念与"精明增长"有重叠的地方。

作为应对城市蔓延的策略，紧缩城市至少具有以下的优点：

1. 密集型的城市形态有助于减少城市对周围生态环境的侵蚀，从而降低人类活动对自然环境的影响，有利于减少土地的消耗，保护乡村自然资源。

2. 紧缩的城市结构有利于降低公共市政设施的成本，扩大市政设施的服务人群，譬如在紧缩的城市结构下，高效的地区供暖、热电联动供暖才可能实现。

3. 紧缩城市相对提高了城市在空间密度、功能组合和物理形态上的紧凑程度，可以使得居民在空间距离上更加接近城市公共服务设施，如医院、学校、商店、娱乐设施等，从而有利于形成资源服务、基础设施的共享，减少重复建设对土地的占用，降低交通需求，降低城市运行的能源和资源成本，而且从社会学的角度来看，可以丰富居民的社会生活，促进居民之间的交往与互动。

当然，也有学者持相反的观点，他们认为，增加城市密度带来的这些益处并不足以弥补由它产生的负面影响，如交通拥挤、空气污染、绿化率降低、环境噪声，以及相关的心理精神方面的压力。

紧缩城市的许多概念与其他一些规划设计的概念、思潮和实践有重叠的地方。如"新城市主义""新传统式发展""传统式邻里设计""以轨道公交为核心的发展""步行小区""内填式开发""交通安静"等。

这些概念都是对城市蔓延式发展的回应，主要目的都是在社区、邻里或者街道的层面上，通过实体环境的规划设计措施来解决城市蔓延带来的问题，如低密度、单一土地功能，以及由此带来的对私人交通的依赖，后者造成交通堵塞、空气污染、能源耗竭等，邻里社区环境缺少场所感与人性化、个性化设计等。这些概念所包含的实体空间设计理念包括混合的土地使用、多样化、可持续的交通、城市密度等，这些理念之间相互联系、相互影响。

紧缩城市的一个最重要的衡量指标是城市密度。通常，城市密度指的是城市的总人口数除以城市总面积，即城市的平均人口密度。人口数据是按照居住地进行分析和统计的，因此，城市人口数据代表的是某地点或者某地方的常年居住人口密度。城市的人口密度往往会随着时间的变化而改变，包括外来人口的迁入、城市自身人口的自然增长、城市经济活动强度的发展等。因此不同来源、不同时期的城市人口统计数据之间往往不能完全相符，甚至相互矛盾。另外，城市人口密度在空间上如果具有比较大的差异，当人口密度的分母，即城市面积发生变化时，人口密度的指标会有较大的变化，如城市中心区的人口密度与城市市域的人口密度会有比较大的差异，因此在阅读与引用城市的人口密度数据时，必须特别注意人口密度所对应的时间维度及空间维度。

二、中国城市密度

中国城市统计出的城市人口密度数据会更加复杂一些。首先，在统计数据上，城市总面积包含主城区面积、郊县面积及县乡以下的农村面积，因此基于城市总面积的城市人口密度显得偏低；其次，中国人口数据统计是基于户籍人口数据，而大量的流动人口不在户籍范围之内，因此常常被忽略，当流动人口在城市人口中占据较大比重时，城市的人口数据会具有较大的弹性。

土地面积指标指的是各个区、县的行政管理土地面积，而非城市建成区的土地面积，因此在最终的人口密度上会有较大的差异。首先，人口密度在城市空间上的分布相对比较均匀，城市外围不存在大面积的低密度城区的存在，这应该归功于中国的土地公有制，以及严格的土地管理制度，特别是对在集体所有制土地上进行城市建设的严格控制，导致西方发达国家城市蔓延的必要条件——城市周边大量私人廉价土地的存在——在中国难以实现，从而从土地供给的角度控制了城市的低密度蔓延。

其次，中国城市的平均人口密度，包括现状的平均人口密度与预期规划的平均人口密度，相对欧洲和北美城市的平均人口密度而言处在比较高的程度，而在亚洲的城市中处在中等的水平，并且随着中国城市化进程的深入，中国城市的人口密度实际上是在下降。

最后，中国城市的平均人口密度高于欧洲和北美发达国家的城市的平均人口密度，但是欧美一些城市的中心区人口密度却高于中国的城市中心区人口密度，如纽约、巴黎、巴塞罗那等。在就业人口密度的指标上，作为经济活动中心的西方大城市，如纽约，其市中心的就业人口密度远远高于常住人口密度。

从上述世界不同城市的人口密度对比来看，由于中国城市还没有出现以郊区独立式住宅为特征的城市蔓延，中国的城市人口密度并不算非常高。而实际上，当前中国城市，尤其是大城市和特大城市正在形成分散蔓延式的发展，即在城市人口增加的同时，各城市的建成区人口密度却随着城市边界的不断扩大而减小。

当然，中国的郊区化与西方发达国家的郊区化有着明显的不同，主要表现在以下三个方面。

1. 中国实行土地公有制（又分为国家所有和集体所有两种类型），因此政府，特别是地方政府对土地的使用性质、开发强度及土地价格具有很强的控制力，在中国的城市郊区没有大面积、便宜的土地供大规模、低密度的独立式住宅开发。因此，中国郊区的城市人口密度相对城区而言，并没有明显的降低。郊区建设主要是以多层住宅、中高层住宅建设为主。

2. 由于郊区人口主要以工薪阶层为主，他们在很大程度上需要依赖公共交通，甚至个人自行车、摩托车解决出行问题，郊区的交通可达性比较差，同时由于郊区的住宅建设主要依赖于房地产业，造成郊区的市政基础设施、公共设施配套均不完善，郊区人口依然依赖于城区的基础设施、公共服务设施及市区提供的工作岗位。因此，新建的郊区项目尽量缩短与中心城市的距离，以期以相对低的交通成本和市政成本来获得城市的服务设施和工作岗位。由于这些因素的影响，中国城市郊区化表现为短距离的蔓延式扩张，即所谓的同心圆"摊大饼"式的城市扩张。21世纪后，在一些特大城市中，由于快速轨道交通的发展极大地改变了轨道沿线地块的交通可达性，使得同心圆式的城市扩张得到一定程度的抑制。

3. 西方郊区化过程中出现的城市中心衰退的现象在中国城市中尚未显现，由于城市中心具有最大的交通可达性，并聚集了大量金融、商业和社会服务设施，使得城市中心区依然具有深厚的吸引力，是居民满足娱乐、文化、购物需求的核心区域，吸引着大量的人流、物流、车流的汇集。另外，城市中心区依然存在着相当分量的住宅用地，并且由于城市中心区地价的昂贵，城市中心区的住宅以高档住宅为主，这导致中国的特大城市出现了市中心的高密度高档住宅区与郊区低密度高档住宅区共存的现象。

三、城市密度与能源消耗

紧缩城市的一个重要优点是可以减少通勤交通距离及对私人机动交通的依赖，从而降低能源的消耗，降低温室气体及污染性气体的排放。

1. 在公共服务设施可达性方面，在中国的特大城市中，城市人口密度和服务设施的空间密度分布有较强的正相关。也就是说，在人口密度相对较高的城市，单位面积建成区上的医院、小学和商店也会更多些，这样居民有更大的可能性在他的住处附近满足就医、上学和购物的日常需要，从而减少交通需求。

2. 在基础设施使用效率方面，城市人口密度和基础设施效率之间的相关性在统计上并不显著。原因在于，不同城市的基础设施水平和投资能力差距比较大。经济发达的城市，如上海、北京、广州等，人口密度虽然比较高，但是基础设施投资的能力也比较强；而一些欠发达地区的城市，虽然人口密度比较低，但是基础设施投资能力也比较弱，因此人均基础设施水平反而低于人口密度较高的城市。

3. 在城市交通方面，城市人口密度与城市公共交通发展水平之间的相关性并不明显。原因在于，中国的公共交通系统依赖于公共财政，而不同城市的财政投资能力与公共设施的发展策略有比较大的差异。另外，中国特殊的交通出行结构，如居民日常的短途出行在很大的程度上仍然依靠自行车、步行等非机动的方式，这使得中国的交通系统明显不同于欧美发达国家。

4. 在城市的层面上，城市的人口密度与建筑物的资源、能源消耗状况之间没有明显的相关性。由于建筑物的能源、资源消耗与城市不同的地理、气象条件，以及居民的生活水准相关，如对耗电型家用电器的拥有程度和使用程度等。另外，建筑物的资源、能源消耗状况还与建筑群及单体建筑物自身的设计条件相关，如建筑群的日照间距、通风条件、单体建筑物的体形系数、建造材料、外围护结构等因素，这些因素与城市的人口密度之间没有直接的相关性。但是总的来说，中、高层建筑相对于低层建筑，具有比较小的体型系数、较少的占地面积、较小耗费采暖与制冷能量。

5. 在密度较小的阶段，随着密度的增加，规模经济效应在公共服务（如基础设施、公交服务、学校等）和资源利用（如水、汽油、能源等）方面的优点较为明显；但是如果密度超过一定的数值，负的环境效应，如城市污染、噪声、拥挤、交通堵塞等，快速累积成为主导因素，城市的整体环境质量将下降。这一人口密度临界值远高于城市规划建设用地标准中设定的人口密度值。

四、城市密度影响因素

城市人口密度的合理值很难有一个统一的标准。城市的人口密度与下列因素相关。

1. 城市的建筑密度及人均建筑面积的需求。中国城市的用地类型可以分为十个大类：居住用地、公共设施用地、工业用地、仓储用地、对外交通用地、道路广场用地、市政公用设施用地、绿地、特殊用地、水域及其他用地。相应地，城市中的建筑类型根据功能可以分为居住建筑、公共建筑、工业建筑、仓储建筑、交通建筑、市政建筑、特殊建筑等类型，其中在城市建筑总量中占主导地位的是居住建筑与公共建筑。

2. 城市的气候特征，如日照、通风、温度、湿度等。在中国的城市实践中，住宅建筑的日照间距要求，在很大程度上会影响城市的建筑密度，进而影响城市的人口密度。由于太阳高度角的不同，北方高纬度城市的住宅日照间距要大于南方低纬度城市的住宅日照间距，同时北方城市冬季寒冷的气候特征对日照需求的敏感性高于南方城市，因此总体上来看，北方城市的空间密度要低于南方城市的空间密度。公共建筑的日照要求相对于住宅建筑而言比较宽松，但是从建筑物自身的室内外微观气候而言，日照与通风仍然是重要的影响要素。

3. 城市的经济活动的强度，以及由此影响到城市的房地产市场价格与土地价格。在一个自由有效的土地和资本市场中，城市人口密度的空间变化与土地价格的空间变化一致，而土地价格受到交通可达性的影响，即受到居民通勤距离与时间的影响。在自由有效的土地和资本市场中，城市的合理人口密度是由城市土地价格决定的，进而由房地产市场、城市规划法规及基础设施能力共同确定。在很多情况下，应该提高城市基础设施的能力，以适应由于地价升高而带来的高密度需求，只有当提高基础设施能力比开发土地更为昂贵时，城市的密度才会下降，控制密度才有意义。

4. 城市的土地政策、房地产市场发展状况。与城市经济活动强度紧密相关的是城市的土地政策，这与城市所在地区、国家的土地资源相关。在一个土地资源比较稀缺的国家，用于城市建设的土地供给必然受到限制，因此必然带来较高密度的城市建设。而土地政策本身，包括土地所有制、土地管理办法、土地开发权管理办法都会影响城市的密度。

第二节　城市空间与土地利用

以系统的思维来看，生态城市的整体空间设计包含了连续空间层级上的物质空间设计，包含了从"单体建筑"到整个"城市"，甚至"区域"的空间规划设计，其内容包括不同层级上城市空间的尺寸、形态、组合方式、影响因素等。西方城市空间与中国的城市空间之间既有相同的地方，同时由于社会、经济、文化以及历史背景的不同，两者之间也表现出来极大的差异。

一、微观城市空间：建筑—街区

中国的"建筑—街区"层面的城市空间结构与形式有很大的不同，主要表现在：①人口密度；②建筑形式与建筑密度；③街区的尺度；④居民的社会组织形式等方面。

通常而言，中国大城市的平均人口密度高于欧洲大城市的人口密度；这反映在城市居住类用地类型的"建筑-街区"的空间层级上，表现为较高的净居住人口密度，建筑形式为多层、中高层的公寓，而独立式住宅、连排式住宅等建筑形式在中国大城市非常少见，只有在城市郊区中，作为社会富裕阶层的住宅形式而存在。就多栋住宅之间的布置形式而言，由于中国的气候特征，除了南岭以南的广东、广西、海南等"冬暖夏热"地区和"温和"地区，其他绝大部分城市中，朝向南北向的平行式布局是主导的、最为被偏好的布局形式。只有在大城市中心地段，局部地段用地受到限制，才会产生非南北向的住宅布置形式。从建筑设计的角度来看，特定地块的容积率（总建筑面积与用地面积之比）由建筑的层数、建筑密度（建筑占地面积与用地面积之比）两个要素决定，而特定地块最佳容积率则由土地成本、建筑造价、社会心理等因素决定。

建筑层数的增加和建筑密度的增加都是提高土地集约利用程度的有效方法，对于居住建筑而言，限制建筑容积率无限制提高的一个重要因素是住宅之间的日照间距要求。

对实践中一些具体情况而言，高层住宅建筑的节地效果会更加明显。①住宅用地中的实际建筑密度会低于上述的最大建筑密度，以获得更多的公共绿地、开敞空间、道路空间等，位于开敞空间南侧的高层住宅的总高度可以增加，进而降低单位建筑面积用地指标。②点式住宅，特别是对于点式高层住宅而言，由于住宅前后遮挡关系不像条式住宅那么明显，在实践中往往通过实际日照模拟来确定日照间距，前后住宅之间的间距可以大大缩小，进而降低单位建筑面积用地指标。③当住宅用地位于非住宅类用地、城市道路、城市广场、城市开敞空间等用地的南侧时，最北面的一排高层住宅建筑的高度不受日照间距的控制，可以获得较高的总建筑高度，进而降低单位建筑面积用地指标。④在混合用地上，可以采用建筑的低层为商业空间，而高层部分为居住空间的组合方法，从而增加土地的利用强度。

对于非住宅类用地来说，由于不存在日照间距的要求，仅存在防火间距的刚性要求及建筑之间视线干扰的卫生间距的要求，因此从理论上来说，某个地块上的建筑容积率随着建筑层数和建筑密度的增加，可以获得无限制的提高。这个时候容积率取决于市场的需求。

二、中观城市空间：街区-邻里

"建筑-街区"是城市空间结构的基本组成单元，是由街道围合而成的具有一定面积与使用功能的地块，是容纳单体建筑物与建筑群的地理空间。街区的概念既包含街区内部，也包含街区的边缘（即街道）。若干个街区形成城市的邻里单元，并进一步成为更宏观的城市空间结构的组成部分。城市交通由于汽车的迅速增长给居住环境带来了严重干扰。控制居住区内部的车辆交通以保障居民的安全和环境的安宁是邻里单位理论的基础和出发点，同时区内应拥有足够的生活服务设施，以活跃居民的公共生活、社会交往，密切邻里关系。

邻里单位理论以人的需求为出发点，以居住地域为基本构成单元，以创造完备的基本生活环境为主旨，把居住的安全、宁静、朝向、卫生等功能放在首位，特别强调邻里的亲和氛围与社区活动，是一种理想的城市居住用地组织方式。

（一）街区形式与尺寸

街区的形式是由围合街区道路的形式所决定的，从形态上可分为两种：规则几何式与不规则自由式。

规则几何式的城市街区形式对应于经过"规划、设计"，或者说经过"创造"的城市。这种城市在某个片刻被决定、规划下来，其空间结构由某个主导的权力一次性确立。到19世纪为止，这类模式表现为某种规则性的几何形的图形。

最为纯粹的形式为方格网，或者呈圆形或者多边形的中心性平面，街道是从中心向外伸展的放射线；但现实中城市的集合模式更为复杂，是这两种纯粹模式的调配和重组。规则几何式城市街区形成的条件包括：①集中的规划权力；②相对规整的土地条件；③规划后实施过程中的控制力等。此外，城市街区规则形态不仅指街道体系的规则，还指街区中建筑物与街道的关系及街区中建筑物的位置。城市街区在二维平面上的规整性很容易因为建筑物的随意性而丧失，导致城市空间布局在三维上的混乱。

不规则自由式的城市街区形式对应于"有机生长的城市"，即所谓的"随机城市"，也称为"生长而成的城市""自生的（区别于外加的）城市"等。通常这一类城市是在没有人为设计的情况下产生的，它们不受任何总体规划的约束，只是随着时间的推移，根据土地和地形条件，在人们日常生活的影响下，逐步产生与形成。其形式是不规则的、非几何形的、"有机的"，它们表现为弯曲的街道和不规则的开放空间。当然，事实上任何城市，无论其形式看上去如何随意，都不是绝对没有经过"规划"的，即使在最扭曲的街巷和最不经意的公共空间的背后都存在着某种形式的秩序，这些秩序包括过去土地和建筑的使用情况、地形的特征、长期形成的社会契约中的惯例、个人权利和公众愿望之间的张力等。不规则自由式的城市街区形式形成的条件包括以下三点：①总体规划缺乏；②相当长的历史时期的演变；③地形条件，如水域、绿化、山体等条件的限定。

总的来看，各单位自行组织建设，使得这种工作生活一体化、有利于单位小集体的"单位大院"式社区在城市空间结构中占主导地位。从其分布上看，离城市中心越远，单位制地块就越多，占地规模也越大，设施配套也越齐全，其独立性也越强。

（二）基于被动式设计（气候条件）的城市街区设计

影响城市街区的街道方位与布局原则的气候条件主要包括日照、湿度、温度与风等环境。

在小尺寸街区占主导的城市空间环境中，街道的方位决定了沿街建筑物的朝向，也决定了建筑物的日照条件，包括日照得热条件和自然采光条件。因此，在考虑冬季得热、夏季防热的气候条件下，东西向的长方形街区可以减少短边上东西朝向的建筑物数量，避免夏季的过热；可以增加长边上的南北向建筑物数量，增加冬季的得热。但是在大尺寸街区占主导的城市空间结构中，建筑物的朝向并不取决于街道的方位，特别是南北向街道边的建筑物并不一定是东西朝向，而可能是南北朝向的板式建筑物的山墙面，这个时候街区的布局原则必须与街区内部的建筑物的布局综合考虑。街道的宽度对于日照也有一定的影响作用。相对周边建筑物的高度而言，狭窄的街道可以提供良好的遮阴效果，对于夏季炎热的气候条件有利，特别是在夏日的午后，狭窄的街道可以形成气温低点，但是冬天容易形成阴冷的室外环境，因此可以尽可能地利用建筑（如骑楼、出挑等）、绿化等设计方法在夏季为人行道遮阳，使其在冬季依然可以获得日照，而不是简单地减小街道尺寸。

城市内的风主要影响城市的热环境、城市内部的污染物扩散、城市郊区洁净空气输送等。增强或者减弱城市与建筑的自然通风，可以增强或者减弱城市的热岛效应、污染物扩散过程、空气输送等。在小尺寸街区占主导的城市空间环境中，建筑物以"围合式"沿街道布置，因此街道成为城市中近地面主要的通风道；而在大尺寸街区占主导的城市空间结构中，建筑并不完全围合街区，街道不是唯一的通风道，需要将建筑物组成的建筑群作为基本的分析对象，在三维上分析城市空间结构中的通风流线。

在建筑物以"围合式"沿街道布置的情况下，街道方向与风向之间的关系主要有以下三种。

1. 当街道方向与风向平行时，风可以从街道通过，因此对风速影响不大。如果街道比较宽的话，气流很少受到两侧建筑物的阻力，这有利于提高城市整体的通风能力；如果街道较窄而两边建筑物较高大，容易形成"街道峡谷效应"，风受到各个方向的挤压，会加速通过而产生强风、形成急流而影响近地面的城市行人，但是同时有利于城市空气的输送和大气污染物的扩散。

2. 当街道及沿街的建筑与风向垂直时，建筑物之间形成"风影区"，街道上的气流主要是被沿街建筑物反射回来的二次气流。这种情况下，街道的宽度对城市通风影响甚微，可以通过高层建筑的分布所产生的垂直湍流来改善临近地面的风速，以将空气污染带回高空，改善近地面的空气环境。

3. 当街道与风向之间有一倾斜角时，风的流动在街道顺风面产生正压区，在街道逆风面产生的低压区，并且由于沿街建筑的反射，建筑物各个方向都能获得良好的通风条件，并可以避免常年盛行风向平行或者垂直吹向街道时引起的风场分布不均和瞬间强风的危害。在这种情况下，增加街道的宽度，既可以提高城市街道空间的通风能力，也可改善建筑物内部的通风环境。

三、宏观城市空间：邻里-城区-市镇-城市

由于中国城市空间结构在"建筑-街区"及"街区-邻里"空间层级上的特殊性，中国城市中的封闭街区成为中国城市空间结构的基本单元。而且中国城市中的许多封闭街区，包括"单位大院"与"封闭居住小区"，其空间尺度往往可以达到"邻里"的规模。一个或者若干城市封闭街区组成城市的"邻里"，邻里有一个明显的邻里中心，提供邻里单元空间层次上的公共设施，以满足日常的生活需要，如日常的商业设施、小学校、邮局等公共服务设施。在邻里中心尽量不提供停车设施，除非是用于残疾人的停车设施，以鼓励邻里单元层面上的交通出行以步行与自行车为主；而跨越邻里空间层次的穿越性的交通在邻里单元的外围进行，避免过境机动交通穿越邻里；在用地上提倡混合的用地模式，容纳不同的用地类型。

若干个"城市邻里"组成城市的"城区"，城区具有一个明显的城区中心。城区中心有更大规模的商业、公共服务设施等，如体育、文化设施，中学、医院等，以及公园、广场、开敞空间等。城区的中心与其他城区的中心之间由快速的公共交通系统联系，如轻轨、快速公交线等。城区在经济、文化和政治上具有一定程度的独立性。在"城区-市镇"层面上，数个城区围绕一个中心形成市镇，市镇中心是城市生活的中心地带，容纳市镇层面的公共服务设施、商业设施、文化设施等。进一步地，在"市镇—城市"的层面上，数个市镇围绕一个中心形成城市，城市中心是整个城市的商业中心、就业中心、公共服务设施中心、文化设施中心等。市镇中心、城市中心的规模和开发强度依据中心服务的人口规模与经济规模而确定，其空间尺度也会依据中心的规模和开发强度的变化而变化。

四、宏观城市组合

（一）核心城市

核心城市是紧凑城市的极端案例，所有的城市功能都集中在连续的城市建成区域，具有高人口密度、高活动密度的特点。城市住宅主要以多层公寓的形式，而非独栋住宅的形式存在。公共设施、工作场所与居住场所之间的距离很短，城市的场所感很强。核心城市的交通方式应该以公共交通为主，否则私人机动交通将会在城市中心造成堵塞。核心城市的空间尺度有一定的限制，否则会带来拥挤、环境污染等问题，从而导致人们最终逃离城市，产生郊区化的倾向。

核心城市的典型是法国巴黎老城区、纽约的曼哈顿等。中国的城市，如北京、南京、成都等，城市结构均为核心城市的模型，与国外不同的是，我国城市内部的交通方式以自行车和步行为主，其次是公共交通。

（二）星形城市

星形城市具有一个高密度和混合功能的主要中心，沿着从中心放射出去的主要交通干线分布着中等密度的城市发散区，不同发散区之间是深入城市中心区的开敞绿地、农业用地等。星形城市与核心城市相比，城市在扩张的过程中，沿着主要的城市轨道交通线路发展，城市建设主要集聚于轨道站点附近，形成相对综合的城市次中心，容纳公共服务设施、商业设施、工作岗位等。比如斯德哥尔摩注重沿轨道交通廊道上"居住与工作岗位"的平衡，而不是某个城市中心点的"居住与工作岗位"平衡。

星形城市发展演进中的不利因素包括：①当城市的总人口与人口密度一定时，星形城市比核心城市要占据更大的地理空间范围；②如果轨道交通发展不能满足城市交通需要，而使得居民转而依赖私人交通时，城市中心不可避免地产生拥挤和环境恶化，而放射形的机动交通干道也不可避免地会发生拥堵；③当城市发展到一定程度后，渗入城市中心的"绿楔"地块会受到巨大的城市空间拓展的压力，如果缺乏有效的管制，这些地块很容易逐渐被侵蚀、蚕食，最终形成核心城市的布局模式，并造成城市中心环境恶化。

（三）卫星型城市

卫星型城市通常是由中心主城和距离中心主城一定距离之外的一组卫星型城市共同构成。卫星型城市的目的是控制中心城市的规模，使它的增长不再集中于一个连续的城市地理范围内，而是引入主城外围的卫星城，主城与卫星型城市之间以绿化或者农田隔开，以降低主城的环境压力，疏散主城的人口与功能。卫星型城市的设置有以下三种方式。

第一类卫星型城市由于缺乏足够的公共服务设施、工作岗位等，仅提供居住的功能，居民的商业、工作、医疗等需求依然要依赖主城来解决，主要体现在第一代卫星城的建设。

第二类卫星型城市试图形成相对独立的城市单元，尽量在卫星型城市内部实现居住与就业的平衡，在卫星型城市内部满足城市居民的购物、医疗、娱乐、文化等需求。

第三类卫星型城市既避免"卧城"的设计，也不追求卫星型城市自身的独立性，在空间上与主城相对隔离，但是在可达性上通过便捷高效的公共交通，使得卫星型城市与主城紧密相连，相互支撑、相互影响。

（四）带形城市

带形城市是沿着连续的交通线路发展的带状的城市区域。带形城市没有明显的中心，当连续的交通路线为公共轨道交通时，在站点附近会形成高强度的功能混合区。在现实的城市建设中，单纯沿轨道线形成带形城市的案例不容易实现，一般的带形城市形成的原因大多是因为地理条件，如兰州市是沿黄河形成的带形城市，深圳市是沿海岸线形成的带形城市。

（五）多中心网状城市区城市

多中心网状城市类似分散化了的大都市形态，或者说是多中心的城市组团形态。各个组团之间通过复杂的交通网络联系。各个组成城市的城市密度可以有很大的不同：在交通节点上可以有很高强度的城市建设，节点与节点之间的交通廊道上也有集聚的线形建设，而各个组成城市（城市组团）之间是大面积的低密度建设地带，或者填充以大片的绿化、农田。多中心网状城市实际上是其他各种城市模式的组合：沿交通节点的集聚式建设代表了核心城市的模型；沿着交通廊道的开发代表了带形城市的模型；不同组成城市（城市组团）与中心城市之间的关系类似于卫星城市的模型，只不过中心城市与周边城市之间的差异相对比较小；中心城市周边紧临地段的城市建设呈现"微缩版"的星形城市的模型；如果城市节点之间的绿地被低密度的均质城市开发所替代，则体现出蔓延式的住区体系城市模型。

多中心网状城市的关键要素有两点。一是不同城市组团之间交通联系方式应当依赖高效的公共交通体系。因为如果依赖于私人交通，不可避免地会带来交通拥堵、噪声与空气污染等环境问题。二是城市组团之间的开敞空间在城市发展的压力下是否能够得以维持。

总的来说，不同的城市模型具有不同的特征，在满足上述标准方面各有优劣，同时标准之间也相互矛盾。一定的人口密度是实现公共交通的前提条件，而混合的土地使用会降低人们对交通的需求，也会提高服务设施的可达性；高人口密度与绿色开敞空间的可达性、降低环境影响（噪声、拥挤等）之间有一定的矛盾；混合的土地利用与多样性之间是紧密相连的，混合的土地利用本身包含了水平方向的混合利用和垂直方向的混合利用，因此，必然会同时产生独栋式住宅与公寓式住宅的混合，但是这种住宅类型的混合是否能够带来社会的融合性却难以确定。高密度的城市中心的交通如果依赖于私人机动交通，则无可避免地会带来拥挤、堵塞、污染、噪声等环境问题，如果依赖于公共交通、自行车、步行的话，则有可能建立起既高效、便捷，又有宜人环境的城市中心区。

第三节　城市交通模式与空间规划

在从"建筑"形成"街区"，到"街区"形成"邻里"，再到"邻里"形成

"城区""市镇""城市"，直至形成"地区城市"，这个从微观到宏观的"多层次向心式、多中心集中式"可持续城市空间结构推演过程中，"交通模式"与"交通设计"对于不同空间结构的形成，起到越来越大的决定行作用，并且不仅微观空间层次上的交通方式与交通设计可以"由下至上"决定宏观空间层次上的空间布局，宏观空间层次上的交通方式与交通设计对于微观空间层次上的空间布局的稳定、演变，甚至根本性的改变，也具有"由上至下"的影响反馈作用。从时间的维度来看，城市交通与城市空间演化之间的相互作用、相互协调，贯穿于城市发展的整个过程中。在城市发展的每一个特殊阶段，城市交通都会发生相应的变化，而城市交通的相应变化又会对城市空间演化产生巨大的反作用。在影响城市空间演化的诸多因素中，城市交通显示了其独特而重要的作用。

城市交通的发展表现在许多方面，包括城市交通基础设施的增加、运载工具的改进、交通方式（包括非机动交通、私人机动交通、公共交通等方式）的创新和交通方式的结构优化等。城市空间的演化表现在城市规模的变化、城市空间密度（如净人口密度、就业人口密度、建筑密度、容积率等）的变化、城市空间形态（城市用地形态与结构、城市物质空间形态与结构等）的演化等。在不同阶段，随着城市交通方式的更新，人们的活动范围不断变化，城市空间演化的规模和形态也随之发生阶段性变化。

城市交通与城市空间演化是相互影响、相互促进的。首先，土地是交通设施的载体，交通设施本身的建设离不开土地，交通设施用地是基本的土地利用方式之一，城市的交通模式对于城市土地利用结构有着直接的影响。其次，交通投资带来的交通基础设施的发展、交通格局的改善、交通方式的优化等，都会影响土地发展模式，这种影响主要是通过对特定地段或地区的可达性的改变来实现的。最后，城市空间演化也影响交通模式，这是因为人们使用交通设施出行的目的主要是参与各种活动，如工作、娱乐、购物等，这些活动都是与一定的土地利用方式和利用强度紧密联系在一起的，而土地的利用方式与强度从根本上对交通可达性提出要求。因此，从这个角度来说，城市交通规划的本质是通过改变特定区域或者城市空间的交通可达性，调整资源配置方式，并对各利益相关主体之间的关系进行事先协调的物质空间结构规划、设计与实施的过程。

一、交通可达性

交通可达性首先包含空间的概念，它反映了区域或者城市中不同空间节点之间的空间尺度；其次，可达性包含时间的概念，即区域或者城市中不同空间节点之间的距离可以由交通系统来克服，而交通所消耗的时间成本反映了不同空间节点可通达的便利程度；再次，可达性反映了经济价值，到达区域或者城市中特定空间节点的交通所消耗的经济成本越低，则该空间节点的经济价值越明显，吸引力也越大；最后，特定空间节点的交通可达性是描述其作为交通行为的终点相对于其他所有作为起点的空间节点的便捷程度，因此在一定时间限度与经济限度内，能够到达某一特定空间节点的人数占该空间节点所需求总人数的比例，反映了该空间节点有效交通可达性的高低。

而特定空间节点所容纳的各种活动内容和强度是与土地利用紧密联系在一起的，因此，首先特定空间节点的可达性尺度是相对于特定活动的目标参与人群而言的。譬如，小学校的交通可达性是相对于小学生及其父母而言的，而商务办公地段的交通可达性是相对于就业人群而言的。其次，不同的交通工具具有不同的通行能力和通行特点，因此，特定空间节点相对于不同的交通工具和交通方式而言，具有不同的交通可达性。比如，如果强调城市中心区公共交通优先的话，则必须降低城市中心区相对于私人机动交通工具的交通可达性，而提高其相对于公共交通工具的可达性。这些都与交通设施的容量、速度及人口密度等有关。评价交通可达性的方法有很多，如交通时间评价法、交通成本加权平均值法、机会可达性法、潜能模型法、收益法等。

交通可达性对城市空间布局的影响，主要是通过影响居民和企业的选址行为实现的。交通可达性的提高会引起多个可能的结果，如提高相应区位的土地价值和吸引力、降低相应区位的交通成本、促进城市空间的演化等。对城市居民和企业来说，城市交通与其日常的生活、经营密切相关，显著影响着他们的选址行为。这是因为，城市中的不同位置具有不同的区位优势，其中包括聚集优势和交通优势等。在集聚优势相同的情况下，城市中哪个区域的交通设施完善、可达性好，哪个区域就能吸引更多的居民和工商企业。在市场竞争和完全信息的条件下，人们追求自身效用的最大化，企业追求利润的最大化，而交通条件的改善，降低了居民的出行成本和企业的运输成本，能够给他们带来更多的利益，因此，对居民和企业会产生较强的吸引和影响作用。

交通可达性与城市空间布局之间的关系在于，首先，城市交通设施建设可以改变城市中某一区域的可达性，使得人们倾向于在该区域进行生产、工作、休闲、购物等活动，工商企业和房地产建设投资会在该区域聚集，这改变了人们经济活动的空间分布，从而改变了城市的空间形态。其次，土地使用方式和城市空间演化模式具有强化交通方式选择的功能，产生路径依赖。这种强化和依赖，一方面与二者之间的关联性和适应性有关，另一方面与交通方式的转换成本有关。

二、城市交通与宏观城市空间布局

(一) 依赖私人机动交通模式

该模式在城市空间布局结构上没有单一的市中心，城市道路没有放射形的道路网，而是呈方格状的网络结构。高速路组成主要的道路网，干道在高速路围成的区域内连接着高速路与其他重要线路，小的集散道路和出入路则起着连接建筑物与干道的作用。这种路网结构能起到平均分配交通流的作用，使城市交通畅通无阻，适用于私人小汽车的出行。在城市空间形态上，这种模式以低密度的蔓延式扩张为特点。在这种模式下，城市中的任何空间节点相对于私人汽车都具有最高的空间可达性，而相对于步行、公共交通等，具有较低的空间可达性，因此对城市中的步行、公共交通等交通模式必然产生抑制作用。这种交通模式道路占地率较大，与分散的城市空间相对应，交通能耗高。

(二) 限制市中心的模式

该模式在城市空间演化上维持一个市中心的重要作用，但限制市中心的规模向外扩展，鼓励郊区中心的发展。通过放射状的铁路和干线网络，为市中心服务，同时，围绕市中心的环形高速路可以减少穿越市区的交通流。这种模式既维持了市中心的繁荣，又改善了市中心的交通状况。在这种空间模式下，城市中心区内部对于步行、公共交通具有较高的可达性，而城市边缘则对于私人机动交通具有比较高的交通可达性。因此，在城市郊区中心之间、郊区中心与城市中心之间，私人机动交通依然是主要的交通模式。

（三）保持强大市中心的模式

这种模式在城市空间布局上通常都有一个强大的市中心，市中心有高密度的居住区和商业区，市中心发达的道路系统为公共交通提供了条件。为了适应市中心的交通需求，及时疏散市中心庞大的客流，该模式强调建立完善的放射形轨道交通和高速路网系统。

这种空间模式的发展集中于城市中心，城市中心对于步行、公共交通具有较高的交通可达性，会削弱对私人机动交通的需求，而郊区中心的发展受到城市中心的抑制，因此往往发展不够充分，容易形成沿城市铁路与高速公路的大规模、单一结构的居住用地，在郊区与城市中心之间形成强大的通勤交通。对一些古老而人口集中的特大城市，其城市空间规模和结构的特性较为适合该模式的交通网络系统。

（四）低成本的模式

这种模式不主张以大量交通建设来解决交通问题，而是通过对现有城市交通的调整和对城市空间布局的引导，达到城市交通与城市空间演化的协调。该模式强调在市内相应路段及放射形道路上实行公交优先，引导和鼓励沿放射形道路建立城市次中心。

（五）减少与限制交通模式

这种模式在城市建立不同等级的次中心，通过混合开发，使工作、购物、休闲等活动大多集中在相应区域内，以减少交通出行。各次中心之间及次中心与城市中心之间分别建立完善的环状和放射状的道路及轨道网络。同时，这种模式通过控制市内停车场建设等措施，限制小汽车的使用，大力发展市内公共交通。这种模式的主导思想是"需求端控制"，减少出行需求，限制私人交通，发展公共交通。在这种模式下，无论城市中心区，还是城市边缘区与城市次中心区，对于公共交通，特别是轨道交通具有很高的交通可达性，而对私人机动交通产生抑制作用，同时城市形成由轨道交通连接的多中心的组团状城市。

我国目前城市的发展模式有团块状、组团式、星形、单中心圈层同心圆及带形。我国大城市空间结构的普遍模式是单中心圈层发展式；单中心圈层同心圆适合中小城市布局；带形城市的轨道交通沿城市中心轴扩展，城市扩展模式简单。特大城市典型的规划是城市结构由中心区、环状放射式道路、封闭绿带加卫星城组成。但是随着城市规模的不断扩张，城市发展成不同的模式，有团块状的有沿着轨道交通线路星形扩展的，有组团式扩展的。城市的交通模式也处于转变之中，小汽车的发展模式被证明不适合我国的国情，因为小汽车发展造成城市"摊大饼式"蔓延、交通拥挤、环境污染和能源的大量消耗，是不可持续的。而轨道交通是城市的主骨架，决定着城市人口的分布和用地特征、城市的发展模式。根据城市扩展方向，轨道交通引导的发展成为突破城市"摊大饼式"蔓延发展，降低对私人机动交通的依赖，解决交通拥挤、环境污染、降低能量消耗、降低碳排放问题，是实现城市生态可持续发展的必由之路。

第三章　生态视角下城市景观规划设计

第一节　生态景观规划与设计

一、景观生态规划及设计的基本含义

（一）景观生态规划的含义

景观生态规划是运用景观生态学原理、生态经济学原理及相关学科的知识和方法，从景观生态功能的完整性、自然资源的特征、实际的社会经济条件出发，通过对原有的景观要素的优化组合或引入新的成分，调整或构建合理的景观格局，使景观整体功能最优，实现经济活动与自然过程的协同进化。景观生态规划强调景观格局对过程的控制和影响，并试图通过格局的改变来维持景观功能流的健康和安全，尤其强调景观格局与水平运动和功能流的关系，也被认为是修复退化景观的一种行为。

景观生态规划的尺度有生态系统、景观、区域、大陆、全球系统。由于人类和生物的生存对小尺度的景观单元依赖更强，因此，景观生态规划多集中于景观尺度和区域尺度。

（二）景观生态设计的含义

景观生态设计就是用生态学、经济学、建筑学和美学原理对大比例尺小范围（比例尺≥1：50 000）的景观单元进行要素和结构的科学配置和策划，最终实现景观系统结构和功能整体优化的过程。

（三）景观生态规划与景观生态设计的关系

景观生态规划与景观生态设计是景观生态建设的核心内容，属于景观生态学的应用研究范畴，它们在国土整治、资源开发、土地利用、生物生产、自然保护、城乡建设和旅游发展等领域发挥了重要作用，其实质就是在空间上合理安排景观单元以实现整体景观的可持续利用。

景观生态规划是从宏观上设计景观格局，是从较大尺度上对原有景观要素的优化组合以及重新配置或引入新的成分，调整或构建新的景观格局及功能区域，使整体功能趋优。景观生态设计是从微观上，更多的是从局地景观单元和景观类型单元上按生态技术配置景观要素，着眼的范围较小，往往是一个居住小区、一个小流域、各类公园、湿地、廊道和休闲地等。

景观生态规划强调从空间上对景观结构的再调整，具有地理学科中区划研究的性质，通过景观结构的辨识，构建不同的功能区域。而景观生态设计强调对功能区域的具体设计，由生态性质入手，构建理想的利用方式和方向。

景观生态规划与景观生态设计在研究尺度上是从结构到具体单元，从整体到部分逐步具体化的过程，两者既相互联系又各有侧重，在一个具体的景观生态规划与设计中，规划与设计密不可分，景观生态规划中有景观生态设计的内容和思想，反之亦然，两者相互渗透。

二、景观生态规划的原则与方法

（一）景观生态规划的原则

1. 尊重自然的原则

景观规划和设计的目标就是要创建人与自然共生共荣的环境，必须倡导尊重自然、与自然和谐相处的原则。不同地区景观的组成要素、景观结构、过程和功能都存在差异，但每一种景观类型在整体中都有其不可替代的独特作用。因此尊重自然，就应该尊重景观的差异性，尽量保持其原有的特性、神韵和在景观中应承担的角色，而不是人为地、主观地去改变它。遵循这一原则就是要"让自然做功"，让自然去做它应该做的事，将人类的干扰降到最低，以确保自然和人文过程的顺畅和人与自然的安全。

2. 尊重人的原则

景观规划的目标是要创建人与自然和谐的生态系统，但最终目标还是为了人的生存和发展，离开人谈景观生态规划就失去了意义。尊重自然其实也是为了更好地让自然为人服务，但在目前的技术水平条件下，对长时间、大尺度的自然规律和自然过程还无能为力。这就是景观生态规划更应该尊重人的实质所在，即要尊重人性，体会人的需要，设身处地地了解规划区的人到底需要什么，规划出符合当地人文化需求、精神需求、审美需求和感官需求的有地域特色的方案。

3. 时空深度、广度原则

景观生态规划是有等级的。规划时必须考虑等级之间在空间上的联系性和时间上的承接性。空间上，景观生态规划包括大尺度、中尺度和小尺度，它们之间的关系是大尺度规划控制中尺度规划，即大区对景观区有控制作用，而中尺度规划又控制小尺度规划，即景观区控制局地。任何一级景观生态规划，都应将所规划的对象有机地融入更大的背景空间中，协调好上下级之间的关系，实现等级之间的和谐。时间上，景观生态规划有长期、中期和短期之分。无论哪一期规划，都不是静态的，应从动态的、发展的观点制订不同时期的规划。任何一级规划都应注重时空两方面的结合，协调好两者的关系，真正做到既有空间上的可操作性，也有时间上的可信任性。

4. 效益原则

景观生态规划必须以社会、经济、生态效益的统一为原则。仅有生态效益没有社会效益和经济效益的规划是理想的"乌托邦"，最终没有市场，不可能实施。而只追求经济效益的规划，明显不是生态规划。若既有经济效益，也有生态效益，但社会效益差的规划又不会被当地居民认可，最终必然归于失败。因此，要保证规划方案的可行性，强调经济、社会、生态效益的统一，即综合的整体的效益是唯一选择。可能每一个效益都不是最优的，但综合起来却是最好的、可行的。以效益为保证的规划方案必然推动规划区的可持续发展，必然因受到各阶层欢迎而被接受。

(二) 景观生态规划的方法

迄今为止，世界范围内尚未形成统一的景观生态规划方法，各国在编制景观生态规划时，基本上是根据本国国情和景观规划的客观需求采用不同的方法。这里仅介绍三种方法。

1. 分室模型

分室模型，强调人–自然系统的分室化，即把生产性环境、保护性环境、城镇–工业环境和调和性环境四个分室结合起来，以期实现人–自然系统的共生互利。

分室分类标准参数划分为 6 组：群落能量学、群落结构、生活史、N 循环、选择压力和综合平衡。由于农业生产与天然生物生产有较大区别，为表述这种差别，把原来的生产性土地利用分室细分为农业生产土地利用分室与自然生产土地利用分室。分室模型的应用分为三步。首先，根据上述参数组，选择一定的数学方法，把规划区域内的各类土地利用归入五个分室中。其次，计算相同土地利用类型的利用效益，包括经济效益和生态效益。经济效益是指利用后能够获得的生物收获量；生态效益是指在假设利用后的侵蚀破坏程度等，据此确定土地利用后的区域生态效应。最后，计算生态匹配值。它的基本假设是：在文化景观的生态特性与自然景观的基层特性之间存在一种联系。匹配过程可以看作"最适即最好"的量度。先根据不同分室的自然基底功能与土地用途建立生态匹配等值计算表，然后把规划用地分别置于表中估算生态匹配值，进而判断并比较目前利用状态与规划后利用状态的生态适宜度和生态效果，确定最终方案。

2. 土地利用分异战略

土地利用分异战略（DLU）是基于分室模型经过多年的研究和实践提出的，该方法针对分室模型对景观单元间的相互影响研究不足提出了主要利用环境诊断指标（而不是模型模拟）和格局分析对景观整体进行规划。

DLU 的规划分为五个步骤：土地利用类型、空间格局的确定与评价、环境影响的敏感度分析、空间联系和环境影响分析。

①土地利用类型是辨识区域土地利用的主要类型，根据自然度对利用类型排

序，按每一自然度的生境特征，形成可反映土地利用程度和对环境影响的序列。

②空间格局的确定与评价是对由自然度构成的景观空间格局进行制图和评价，获得各类景观的多样性指数和面积百分比。为了提高景观多样性，农业景观中每块农田面积不得超过 $10hm^2$。

③环境影响的敏感度分析是识别近自然和半自然的景观类型及所占百分比，将这些景观类型作为环境影响最敏感的和最具保护价值的地区。

④空间联系是对每一区域的景观单元间的空间关系进行分析，特别侧重于连接的敏感度及相互依存关系的研究，如物质运输的易达性、物种的畅通性、交通的方便性等。

⑤环境影响分析是利用以上步骤得到的信息，评价每一区域景观结构，特别强调影响的敏感性和影响范围的研究。

在利用该规划方法时须遵循三项基本原则：在一个特定区域内，占优势的土地不能成为唯一的土地利用类型，应有 10%～15% 的土地留作他用；集约利用的农业区或城市与工业用地区，至少应保留 10% 的均匀分布的天然生境；避免大面积、均一的土地利用，在人口密集地区单一土地利用类型不能超过 $10hm^2$。

DLU 战略是目前在过程机制难以定量模拟和把握的情况下较为可行的规划途径。尽管这种规划没有与一个系统理论紧密结合，在空间联系的分析上也缺乏手段，但它却为景观生态规划提供了一个较为实用的方法。

3. Forman 集中与分散相结合模型

集中与分散相结合的中心思想是将相似的用地类型集中起来，但在建城区保留一些自然廊道和小的自然斑块，在大型的自然植被斑块的边缘也布局一些小的人为活动斑块。

集中与分散相结合的规划模型被认为是生态学上最优的景观格局。这个模型强调大自然植被斑块、粒度大小、风险传播、基因变异、交错带、小的自然植被斑块、廊道 7 种景观要素在格局中的作用。

①大型自然植被斑块在涵养水源、缓冲干扰、保护低等级溪流网络，为大型的乡土物种提供生境，保护内部物种的进化与维持等方面有重要作用。

②粒度大小在景观中有特殊的作用，粗粒景观为特殊的内部种提供了大型自

然植被斑块，而细粒占优势的景观适宜广泛的定居。

③为防止大的干扰事件对景观的全面破坏，必须考虑风险在景观中的传播。

④对景观而言，干扰对其异质性的发展与维持有重要作用，基因的变异对干扰的抗性很重要。

⑤交错带应减少边界抗性，以利于布局碎斑块，不至于使周围的大斑块显得支离破碎。

⑥小的自然植被斑块在过度人工化的环境中非常重要，它可以保持整个景观的多样性，同时提高景观的异质性与人工环境下人的生存质量。作为临时栖息地或避难所，在建成区和农业区具有非常重要的意义，它们是对大型自然植被斑块的有益补充。

⑦廊道可以是自然植被廊道，也可以是不同的大型用地斑块之间的边界过渡带。

在明确了要考虑的景观要素后，规划时首先要完成集中的土地利用方案，确定大型自然植被斑块的完整性，以充分发挥其在景观中的生态功能；在人类活动占主导地位的地段，让自然斑块以廊道或小斑块形式分散布局于全区；在大型自然植被斑块和建筑斑块之间，可增加一些小的农业斑块。

这一模型适用于沙漠至林区，城市到乡村的各种景观，也适用于从高到低不同尺度的景观，在规划中可根据实际情况对不同用地类型的相对面积、位置做适当的调整，具有很大的弹性。但此模型缺少中等斑块的研究，尚须进一步完善。

（三）景观生态规划的内容

1. 区域景观生态总体规划

区域景观生态总体规划按类型可分为城市景观生态总体规划、农业景观生态总体规划和自然保护区景观的生态总体规划，规划的对象是整个区域，要求规划区内不能有未规划的空白点。按等级，区域景观生态总体规划可分为省、市、县和乡四级。

（1）城市景观生态总体规划

在城市景观生态规划中首先要进行城市不建设区的规划，将保护生物多样性的物种源区、河流的洪泛区、河流两侧足够宽的起净化水质、调蓄洪水的湿地、物种迁移的必经廊道预留出来，将易发生自然灾害或影响人类生产生活的干扰扩散区让出来，让自然做功。

确定城市的合理规模。城市过大和过小都是不经济的，可根据城市的地理位置、地形、人口密度、产业结构和经济发展水平，进行成本与效益分析，根据综合效益的比较，确定城市的合理规模。

确定城市的用地类型和城市的土地利用分区。城市空间可以分为自然生态空间和人文生态空间。就前者而言，就是要根据城市所在地区的自然环境特征，如气候、地质、地貌、水文、土壤和植被等的特点，充分利用自然条件，对城市不同景观类型加以合理布局。这些自然环境的特点将决定城市的布局形态，城市的规模及城市工业区的位置等。由此，充分提高自然景观对城市环境质量的贡献，水体、植被、广阔的农业用地和空旷的景观地段都可以作为城市景观生态稳定的基石骨架。因此，必须注意维护和构筑大的自然斑块，建立大自然斑块之间的联系，人工建筑以小的斑块嵌入其中，保持景观的自然特色和地方乡土气息，促进人文环境与自然环境的和谐。

在进行城市景观生态安全规划时，要处理好城市的历史传统和文化特色、尽量保留城市的历史文化风貌，突出城市的自身特点，人文生态空间具有地方特色和时代特征。城市建筑环境和艺术环境是这一区域的主体，和谐统一的建筑轮廓线可成为该区的象征和标志。精心设计建筑群体的空间构型是改善区域形象，提升城市品质的关键。

（2）农村景观生态总体规划

我国农村的地域差异明显，景观生态规划不可能有统一的模式。根据实际情况，我国农村的景观生态规划方案应满足以下五个方面的需求：

①构建城乡之间的互利互惠关系，使乡村景观成为城市景观生产与生活必需品的供应地和城市居民休憩与观光的场地，让城市景观为农村景观提供更多更先进的技术、文化、信息和人才。

②合理规划农村景观的生态安全格局，将生物多样性保护地、保护水质和水量安全的湿地及自然灾害易发地作为种植景观和聚落景观的不利用地，为农村景

观提供可持续发展的基质。

③合理规划农业景观和聚落景观的构型，聚落景观作为农业景观的一个斑块，面积不能超过区域面积的10%，尽量利用自然能源，建立农业景观和聚落景观之间良性的物质循环，将庭院规划和农业景观规划有机地联系起来，形成互为有利的邻里关系。

④景观的空间构型应遵从自然，在原有地貌、气候和生物等自然属性的基础上，在大自然结构不破坏的基础上，增加新的亚自然斑块和人文斑块，构建符合自然结构组织原则，能与其相协调的新用地结构。

⑤农村景观规划可分两个层次：一是对整个区域的农村景观规划，确定林地、草地、耕地的适宜面积，在垂直方向上进行土地利用类型的研究；二是根据区域内部自然结构的差异性进行分区规划，即在水平方向上进行各类用地的集约化研究，按用地类型的配比关系确定土地利用区。

2. 区域景观生态专项规划

区域景观生态专项规划按区域内景观类型，分为自然保护区景观生态规划、旅游景观生态规划等。

（1）自然保护区景观生态规划

自然保护区景观生态规划必须遵循以下原则。

①生物保护优先原则。根据生物物种对自然环境的需求进行核心斑块、缓冲区和廊道设计。

②系统与个体相结合的原则。自然保护区的建立必须注意不同斑块之间的相互联系，建立合理的缓冲区和生境廊道，在加强栖息地之间联系的同时，促进生物种群之间的基因交流。

③综合性原则。影响生物生存的因子十分复杂。规划时不能仅仅考虑某一个或几个景观因子，要综合考虑所有因子及其组合类型。在景观适宜性评价的基础上，设计合理的核心区、缓冲区和生境廊道。

（2）旅游区景观生态规划

旅游区景观生态规划的目标是给旅游者提供视觉美、心理愉悦、路线畅达、环境舒适且旅游资源可持续利用的旅游场地。旅游区的景观生态规划按旅游资源分类、旅游资源评价、旅游心理调查和制订规划方案四个步骤进行。

①旅游资源分类。旅游资源分类的目的是了解旅游资源的状况、特性及其空间分布，可以根据国家相关规定进行资源分类。

②旅游资源评价。旅游资源评价应包括两方面内容：一是景观美感方面的评价；二是景观敏感性评价，即旅游资源开发的安全性评价。

③旅游心理调查。对现代人旅游时尚心理的调查有助于从旅游观念、旅游消费心理取向等方面探讨"旅游模式"，有助于优化旅游规划。旅游心理调查可通过问卷调查、社会调查、抽样调查等来完成。

④旅游规划。旅游规划应包括以下内容：

旅游斑块的确定。在旅游资源分类和评价的基础上确定区内的优势旅游资源斑块。

廊道构建。在保护和开发并重的前提下，构建既能保护本区旅游资源又能为旅游者提供便捷的旅游通道的廊道，实现旅游斑块之间的有机连接。

设计旅游安全格局。根据旅游区的自然特色和地方文化特色，在满足游客体验、娱乐、观光需要的前提下，对旅游区内的"斑块""廊道""基质"等景观要素进行合理布局，编制规划方案。

效益分析。旅游规划方案的效益分析包括生态效益、社会效益和经济效益（投入、产出）的分析和短期、中期和长期的效益分析。根据效益分析的结果确定规划方案实施的可行性。

三、景观生态设计

景观生态设计的对象是小尺度的景观单元，其设计理念、方法应和景观生态规划大同小异。但由于其研究的对象多为局地尺度的景观单元，更注重"千层饼"式的研究方法，侧重垂直结构的建造和水平方向上友好邻里关系的设计。

（一）景观生态设计的原则

（1）通过设计降低成本

通过降低成本提高综合价值指标。例如，通过使用资源存量丰富的原材料，遵从自然，尽量有效利用可再生资源；采用资源集约度更小的物品数量、部件；提高物品或零部件的使用率等都是设计的可选方案。

（2）通过设计减轻对环境的影响

通过设计减轻对环境的影响提高综合价值指标。例如，通过人与自然共生、设计结合自然、循环再生的"3R"原则（减量、再生、再利用）、仿食物链的设计等充分、有效地利用可再生资源、减少废弃物的输出等都是设计的可选方案。

（二）景观生态设计的内容

景观生态设计的分类体系较多，如根据景观单元类型分为城市景观生态设计、乡村景观生态设计、观赏景观生态设计、畜牧景观生态设计。景观生态设计的分类不同，设计的内容应有区别，但设计的共性可概括为以下内容。

1. 场地识别

生态设计必须落实到具体的地段，查清场地本底是景观生态设计的第一项内容。它包括自然本底和人文社会本底，了解小气候、小地形、乡土物种、地质、土壤的现状及其间的相互关系，了解土地利用和经济、社会发展水平的关系及自然和人文之间的相互关系，确定场地的"自然原型"和目前状态与"自然原型"之间的差距。

2. 设计理念

景观生态设计的目标是要建造一个健康舒适、高效、和谐、可持续发展的生态系统。要设计一个这样的系统，必须在了解本底和目标差距的基础上，确定消除差距、趋近目标，又和场地发展过程相吻合的设计理念，即生态设计的产品是乡土型、保护型还是恢复型景观。设计理念不同，决定了设计方法与设计方案各异。

3. 合理的景观生物群落

合理的景观群落的设计源自对场地结构和过程的分析。例如，从小尺度看，城市的人口密度、不透水斑块或植被的多少都会影响诸多气候因素——热岛效应、降雨的变化，即垂直方向上地表的不透水斑块引起气流的质变，其连锁反应是出现城市小气候。在水平方向上，由于不透水斑块在场地所占的比例不同，亦产生水平方向上生态过程的变异。要改善功能必须调整结构，生物群落的调整应放在首位。首先，要明确哪些是目标内重要的大生境。例如，城中天然林、天然河湖岸、河口及河口湿地，湿地与沼泽（包括河湖湿地、岸滩、河心洲），无污染的天然溪流、河道、草山、草块等，这些都是极为重要的生境。大面积的自然植被可以保护水体和溪流网络，维持大多数内部种群的存活，且抗干扰性强。这类生境要保护好，已经破坏的要尽量遵从自然按自然原型重新恢复，调整垂直结构，改善单元景观的功能。在恢复大面积斑块"源"的同时，充分利用小斑块"生物跳板"和廊道"传送带"的作用，建立相对合理、安全的水平结构，将自然景观包容到人工建筑景观中。住宅区、道路和生活配置控制在一定的比例，并巧妙地设置在保留下来的林地、草地中，形成视觉上给人以美感的景观。合理的生物群落的设计是所有景观设计中必须完成的重要内容。

4. 成本分析

景观生态设计的第四项内容是成本分析。分析原料的选择、配置、消耗过程中是否遵从"3R"原理。例如，欧洲某楼区施工中多选用本地建筑材料，利用报废的混凝土预制板，创作出类似中国山石盆景的园林小品立于主要出入口处，极具情趣。屋顶绿化用的土壤，主要源自施工中挖出的表层土，绿化植物尽量选乡土植物，以减少正常养护管理的费用。在水资源的利用方面也有独到之处，90%的屋面和80%的地面排水通过处理均匀渗入地下，在北边的院落设计一个容积为370立方米的雨水自然渗透系统，使屋面雨水自然而均匀地流入地面以形成一个半湿润的配植有桦木林灌丛的小生境。这个小区充分利用太阳能、让自然做功、保护生物多样性，形成基本上无废物产出的人与自然和谐的生态系统。这样的生态系统，成本分析当然是符合"3R"原理的低投入、高产出的系统。

5. 影响分析

景观生态设计的最后一项内容是影响分析，它涉及四方面内容：环境影响分析、经济影响分析、财政影响分析和社会影响分析。环境影响分析包括自然环境和人工环境两部分内容，涉及土壤、空气、水、植物、动物、能源及环境健康、土地、交通、住宅和公共服务设施等的影响评价；经济影响分析含对GDP、产业结构、就业和进出口贸易等的影响评价；财政影响分析含人口的迁入迁出率、公共服务消费、维护和管理投入等；社会影响分析是对不同阶层的使用者和团体对该产品的反应分析。

第二节　城市绿地景观规划与设计

一、城市与景观设计

（一）城市与景观

1. 景观要素

（1）自然景观要素

自然景观要素即山水、林木、花草、天象、气候等自然因素。在中国的传统文化里，城市的自然景观要素被赋予了丰富的象征意义。自然要素是构成城市景观特色的基础，这就是古往今来的城市建设都十分注重城市选址的原因所在。通过对自然景观要素合理的规划设计，以及对各种要素的运用与组合，形成和产生对景观的认识与情感。

（2）人文景观要素

人文景观要素，即建筑、道路、广场、园林、艺术装饰、大型构筑物等人文因素。它们是人类活动在城市地区的历史文化积淀，表现了人类改造自然与自然和谐相处的智慧与能力。通过直觉、想象、思维等心理综合过程，而产生对人文景观要素的联系、对比。

2. 城市景观设计的空间尺度

城市景观设计总体上是由历史文化和人工构筑物及以植物为主的自然景观所构成的。城市景观的承载主体，是由人行为活动的高度参与的城市开敞空间。因此，人类户外活动需求及其行为规律，是城市景观设计的基本依据之一。人类所表现出的各种行为可归纳为三种基本需求，即安全、刺激与认同。与之相对应，人类的活动也有三种类型：生存活动、休闲活动和社交活动。它们对场所空间和景观环境的质量要求也依次递增。人类在景观环境中的活动，构成景观行为，并形成一定的空间格局。

城市景观环境空间构成与建筑空间构成有所不同。建筑空间是由三维尺度限定出来的实体；而环境空间的三维尺度限定比建筑空间要模糊，通常没有顶面或底面；领域的空间界定更为松散。对人的景观感觉而言，建筑空间是通过生理感受来界定的，景观环境空间是通过心理感受界定的，领域则是基于精神影响方面的量度界定的。所以建筑设计的工作边界多以空间为基准，而景观设计的边界限定要以场所和领域为基准。行为科学的研究表明：有三个基本尺度将景观空间场所划分为三种基本类型，它分别与空间、场所和领域相对应。

20~25m 的视距是创造景观"空间感"的尺度。在此空间内，人们可以比较亲切地交流，清楚地辨认出对方的脸部表情和细微声音。其中，0.45~1.3m，是一种比较亲密的个人距离空间。3~3.7m 为社交距离，是朋友、同事之间一般性谈话的距离。3.75~8m 为公共距离，大于 30m 为隔绝距离。辨识物体的最大视距为 39m 左右。因此，如果要创造一种深远、宏伟的感觉就可以运用这一尺度，以形成景观环境"领域感"的尺度。城市景观设计，要分析城市居民日常活动的行为、空间分布格局及其成因，根据人类行为的构成规律，分析人的行为动机，进行人的行为策划，并赋予其以一定空间范围的布局。

广义的景观空间，由于尺度的扩大化和材料的自然化，其空间性往往趋于淡化而难以明确限定。所以，城市景观设计既要考虑有物质实体的空间构成，也要注重有尺度感的"人的行为"。

3. 城市景观设计的内容

城市绿地景观是由自然生态系统与人工生态系统相互交融组成的综合系统。城市绿地系统是城市人居环境赖以维持生态与发展的资源综合体。因此，城市景观设计应贯彻生态原则，在整体绿地系统规划中寻求平衡。在城市景观规划设计中确立这一基本原则，在进一步的城市规划和城市绿地系统规划中落实体现。城市生态系统和形成城市绿地系统的特征及人类活动对城市生存环境和生物群落的影响。专家们普遍认为，城市应该通过政策、机制的调控，使城市绿地系统与区域生态系统和生物群落具有最大的生产力，使系统内的生物组分和非生物组分维持平衡状态。因此，城市景观设计要充分运用绿地系统的先进研究成果，贯彻生态优先的理念，提供使城市人居环境舒适优美、生态系统健全的空间发展规则。在实际工作中，一套完整的城市景观设计通常应包括：

（1）景观评估与环境规划

景观评估是系统环境规划的依据，主要是在收集、调查和分析城市景观资源的基础上，对其社会、经济和文化价值进行评价，找出区域发展的潜力及限制因素。环境规划则要对区域性的自然要素与社会经济要素，按照区域规划的程序制定环保策略和发展蓝图。

（2）城市与社区规划设计

将城市地区的土地利用资源保护和景观设计过程融为一体的具体环节。其主要对象是城市及其社区形态的建造和环境质量的改善。如荒地、农田、林地和水域开发，绿地系统建立，城市景观轴线、历史文化街区、商业步行街及文化旅游景观建设等内容。

（3）景观设计

目的是对景观要素进行保存、维护和资源开发，确保水域、土地、生物等资源永续利用，促进景观形成平衡的物质体系，把人工构筑物的功能要求与自然要素的影响有机地结合起来，发挥人文景观与自然景观平衡的最佳景观环境效果。

4. 城市绿地系统规划的内容

城市绿地系统与景观设计，是营造城市景观的重要环节。从国内外的发展趋势来看，城市景观与绿地系统的规划建设更趋于一体化。城市景观设计、生态环境和大众行为心理这三个方面日益深入到城市绿地系统规划之中。通过以视觉形象为主的城市景观感受，借助于绿地美化城市生态环境，使居民的行为心理产生积极反应，是现代城市景观环境设计的理论基础。城市建筑形象、城市景观空间、大众活动场地和生态环境质量，已成为衡量城市现代文明水平的重要标志。

（1）宏观环境规划

宏观环境规划是对城市地区土地的生态化合理使用、保护自然景观资源及改善强化城市景观环境美学和功能等。通过对美学的感受和功能的分析，对各类构筑物和道路交通进行选址、布局设计，并对城市及风景区内自然游步道和城市人行道系统、植物配植、绿地灌溉、照明、地形平整改造及排水系统等进行规划设计。

（2）城市各类景观的设计

城市景观具有自然生态和文化内涵两重性。自然景观是城市的基础，文化内涵则是城市的灵魂。生态绿地系统作为城市景观的重要部分，既是人居环境中具有生态平衡功能的生存维持、支撑系统，也是反映城市形象的重要窗口。所以，现代城市的景观与绿地系统规划越来越注重引入文化内涵，使景观构成的大场景与小环境之间，有限制的近景、中景与无限制的远景之间，人工景物与自然景观之间，空间物质化的表现与诗情画意的联想之间得以沟通，使城市景观显得更加丰富多彩。

（二）城市景观设计的原则

1. 以人为本

城市景观设计是城市利用社会经济、科技艺术、自然环境的设计，来营造人们在城市生活环境中的需求，以及以城市为中心带动郊区及其周边乡村发展的需求。任何城市景观设计都应以人的需求为出发点，体现对人的关怀，创造出满足各自需要的城市生活空间。

2. 自然和谐

自然环境是人类赖以生存和发展的基础，其中地形地貌、河流湖泊、城市绿地植物、建筑物、道路交通、居住小区、商业街等要素是构成城市的主要景观资源。改善强化城市景观特征，使人工要素与自然环境要素和谐共生，有助于城市景观环境特色的营造。在钢筋混凝土建筑林立的都市中，积极地组织和引入自然景观要素，不仅对改善城市生态环境、维持城市可持续发展具有重要意义，而且还可利用自然植物的柔性特征"软化"城市的硬质空间，为城市景观注入生机与活力。因此"城市生态化"已经成为城市建设发展的一大趋势。

3. 传承历史与不断创新

城市景观设计许多是在原有基础上所做的更新改造，因此，今天的规划建设就是连接过去与未来的桥梁。对于具有历史价值、纪念价值和艺术价值的景物，要有意识地进行挖掘、利用和保护，以便历代所经营的城市空间及文化景观得以延续。在城市景观设计过程中，对城市文化延续、城市历史遗产保护、城市空间演变等产生重大影响。同时还应运用现代科技成果，创造出具有时代感和地方特色的城市景观空间环境，以满足城市建设发展的需要。

4. 地域特色

地域特色有自身的形成发展的过程，必须强调地域特色的重要性。因此，城市景观环境不单纯是一种形体视觉艺术空间，而应被理解为一种综合的社会场所。将地域文化要素融入城市规划中，无疑是对城市未来空间的发展注入新的活力。城市景观设计是塑造城市形象的重要途径。对城市的地域特色、组成要素的提炼和强化，是体现城市景观地域特色的重要表现形式之一。

（三）城市景观规划设计

1. 城市景观设计与城市总体规划的关系

一座城市的规划，不仅要创造良好的工作、生活环境，而且还应具有优美的景观环境，在选择城市用地时，除根据城市的性质和规模进行用地的调查分析外，还要考虑城市的景观设计要求，对用地的地形地势、河湖水系、名胜古迹、绿地林木、有保留价值的建筑及周围优美的人文景观可供利用等，进行分析研究，以便能组织到城市总体规划布局之中。

城市景观设计，根据城市的性质规模、现状条件、城市总体布局，形成城市景观布局的基本构思。如结合城市用地的客观条件，对城市主要建筑群体组合等提出某些设想，这是城市设计和详细规划设计的基础。根据城市总体规划的景观布局，进行城市空间的组合、河湖水面及高地山丘结合、广场建筑群的组合、城市绿地和风景视线的考虑，以便能全面地实现城市总体景观布局的要求。

2. 景观设计与城市环境的关系

城市总体规划或详细规划中的布局，都要体现城市可持续发展与自然环境的协调统一。起伏的地势山丘、多变的江河湖海、富有生气的花草树木等为自然之美。建筑、道路、桥梁、舟车等为人工之美。优美的城市景观则是城市环境中自然美与人工美的有机结合，如建筑、道路、桥梁等的布置能很好地与山势、水面、林木相结合，获得相得益彰的景观效果。

城市中的广场、道路、建筑、绿地等，均须有一定的空间地域和环境氛围的衬托。人们对城市景观的观赏有静态观赏和动态观赏之分。人们固定在某一地方，对城市某一组成部分的观赏为静态观赏；在乘车或步行中对城市的观赏为动态观赏。静态观赏有细赏慢品的要求，动态观赏有步移景异的要求。实际上，城市的景观风貌常是自然与人工、空间与时间、静态与动态的相互结合、交替变化而构成。在城市景观设计中，应根据城市环境的实际情况，综合加以考虑。

3. 城市景观设计与自然环境、历史文化的关系

（1）自然环境的利用

①平原地区，地势平坦，城市的规划布局有比较紧凑整齐的条件。但为了避免布局的单调，在绿地地段有时可适当挖低补高，积水成池，堆土成山，增强三度空间感。在建筑群的布置上，高层建筑、低层建筑要配置得当，广场、干道的比例尺度要处理得宜，使城市获得丰富的轮廓线。加强城市景观植物配置形成系统，增强城市景观层次感。

②丘陵山区，地形比较大，成熟的规划分布应充分凸显成熟的主要景观，并结合自然环境，多采用建筑量相宜、分散与集合的布置，若将城市中心或一些主要建筑群布置在高地上，或在高地上布置优美的园林风景建筑，会使成熟的轮廓更加丰富多彩。如拉萨的布达拉宫成为城市的标志，给人们留下深刻的印象。拉萨的布达拉宫，建筑群依山建立，将主要的建筑布置在山顶，充分发挥山势的作用，因而有雄伟壮丽的艺术效果。在一些丘陵地区，城市的主要道路系统，如沿丘陵间的沟谷布置，将各个山头包围在街坊或小区之中，并对主要道路在竖向上进行处理，使丘陵城市获得一些平坦城市的街景。

③河湖水域，可利用水面组成丰富的城市景观。位于河湖海滨地区的城市，应充分考虑水资源条件进行城市景观设计。一些休养或风景城市，靠近名山大川或浩瀚的海洋，应要求将绿水青山的自然风光组织到城市中去，建筑群及城市设施的布局应充分与自然山水结合起来。另外，有河流经过的城市，还常有桥梁设施。实用性、艺术性较高的桥梁，富有城市艺术的表现力，往往能组成城市的重要景观点。

（2）文化遗产的利用

我国历史上遗留下来的城市景观包括文化遗产和人文景观，在城市的扩建改造中，应充分利用，特别是城市总体布局的规划建设时，要根据情况，进行保留、改造、迁移、拆除、恢复等多种方式进行处理。有历史和艺术价值的建筑群等，必须保留。如故宫。或在保留原有风格和艺术、历史价值的条件下，组织到城市规划布局中去，在原有基础之上加以利用，可适当处理成为公园或旅游胜地。

二、广场景观设计

（一）广场的功能

在城市总体规划中，对广场的布局应有系统的安排，而广场的数量、面积的大小、分布则取决于城市的性质、规模和广场功能。城市广场是城市居民社会生活的中心，其周围常常分布着行政、文化、娱乐和商业及其他公共建筑。在城市中心广场可以举行节日的群众集会庆祝活动。城市广场的分布在城市总体规划阶段确定，广场应与城市干道和街道相连接。

城市广场通常是汽车、自行车与步行交通集中地，应该按各类不同交通性质、交通量加以组织设计，避免过境车流穿越广场。广场四周的建筑高度、体量应与广场尺度相协调。在广场中布置建筑物、绿地、喷水、雕塑、照明设施、花坛、座椅等可以丰富广场空间，提升城市景观艺术的观赏性。

城市广场一般是由建筑物、道路和绿地等围合或限定形成的永久性城市公共活动空间，是城市空间环境中最具公共性、最富艺术魅力、最能反映城市文化特征的开放空间。当广场以绿地为主时可称为广场绿地，其绿地率可达50%～80%，能取得较好的城市绿地景观、生态和游憩的空间效果。如今人们所追求的交往性、娱乐性、参与性、多样性、灵活性与广场所具有的多功能、多景观、多活动、多信息、大容量的作用相吻合。城市广场绿地景观对现代城市的作用是：可以满足城市居民日益增长的对社会交往和户外休闲场所的需求；增加城市开敞空间，改善和重塑城市景观空间品质，提高城市环境的可识别性。所以，开放的城市空间, 优美的城市景观环境, 是每一个热爱生活的人所向往的。

(二) 广场景观设计要点

1. 广场景观设计原则

（1）整体协调原则

作为一个成功的广场规划设计, 整体协调是最重要的。整体协调包括功能和环境两个方面。功能上一个广场应有其相对明确的功能和主题, 在此基础上, 辅之以相配合的次要功能, 这样广场才能主次分明, 特色突出。另外, 在环境上要考虑广场与周边建筑与城市地段的时空连续, 在规模尺度上也应做到与城市空间时序和性质的相统一。

（2）以人为本原则

现代城市广场规划设计要充分体现对人的关怀, 以人的需求、人的活动为主体, 强调广场功能的多样性、综合性, 强化广场作为公众中心的场所理念, 使之成为舒适、方便、富有人情味、充满活力的城市公共活动空间。

（3）个性特色原则

广场是城市的窗口。每个广场都应有自己的特色, 特色不只是广场形式的不同, 更重要的是广场设计必须适应城市的自然地理条件, 必须从城市的经济发展、文化特征和基底的自然环境及历史背景中寻找广场设计的脉络。

2. 广场景观的设计

（1）广场的面积

广场面积及大小形状的确定取决于功能要求、观赏要求及客观条件等方面的因素。功能要求方面, 如交通广场, 取决于交通流量的大小、车流运行规律和交通组织方式等; 集会广场, 取决于集会时需要容纳的人数及游行行列的宽度, 使它在规定的游行时间内能使参加游行的队伍顺利通行; 影剧院、体育馆、展览馆前的集散广场, 取决于在许可的集聚和疏散时间内能满足人流与车流的组织与通过。

观赏要求方面, 要求广场上的建筑物及其纪念性、装饰性构筑物等要有良好的视线、视距。在体形高大的建筑物的主要立面方向, 宜相应地配置较大的广场。如建筑物的四面都有较好的建筑造型，则在其四周适当地配置场地，或利用朝向该建筑物的城市街道来显示该建筑物的面貌。但建筑物的体形与广场间的比例关系，可因不同的要求，用不同的设计手法来处理。有时在较小的广场上，布置较高大的建筑物，只要处理得宜，也能显示出建筑物高大的效果。

广场面积的大小，还取决于用地条件、生活习惯条件等客观情况。如城市位于山区，或在旧城中开辟广场，或由于广场上有历史艺术价值的建筑需要保存，广场的面积就会受到限制。如气候暖和地区，广场上的公共活动较多，则要求广场有较大的面积。此外，广场面积还应满足相应的附属设施的场地，如停车场、绿地种植、公共设施等。

（2）广场的比例尺度

广场的比例尺度包括广场的用地形状、各边的长度尺寸之比、广场大小与广场上的建筑物的体量之比、广场上各组成部分之间相互的比例关系、广场上的整个组成内容与周围环境，如地形地势、城市道路及其他建筑群等的比例关系。广场的比例关系不是固定不变的，广场的尺度应根据广场的功能要求、广场的规模与人们的活动要求而定。大型广场中的组成部分应有较大的尺度，小型广场中的组成部分应有较小的尺度。踏步、石级、栏杆、人行道的宽度，则应根据人们的活动要求设计。车行道宽度、停车场地的面积等要符合行人和交通工具的尺度。

（3）广场的限定与围合

广场是经过精心设计的外部空间，是从自然环境中被有目的地限定出来的空间。广场主要就是地面和墙壁所限定的。广场空间限定的主要手法是设置，包括点、线、面的设置。在广场中间设置标志物是典型的中心限定。围绕这个标志物，形成一个无形的空间。从广场使用中可以看到人们总爱围绕一些竖向的标志建筑物对于广场空间的形成具有重要的作用，传统的广场主要是由建筑物的墙面围合形成。通过建筑的围合，使广场具有一种空间容积感。广场的封闭形态：①通过道路将广场地面与空间分离，使广场形成独立的空间；②进入广场的每条道路能够封闭视线，增强广场的围合感；③将广场角部封闭，中间开口，形成较为完整的空间围合。广场空间与周围建筑形态的关系：①一般高层建筑物与低层建筑物共同围合形成广场空间，高层建筑物的裙房或低层的敞廊可以与邻近建筑物建立联系；②主体建筑后退，以突出广场空间体量；③有的主体建筑向广场空间内扩展，打破单一的广场空间形式，使广场空间变化多样；④相互联系的广场空间通过廊柱及敞廊的过渡或围合形成广场空间，这种广场形式可以形成多样的、多层次广场的使用功能。

3. 广场的标志物与主题表现

在布置标志物特别是雕塑纪念碑时，除了要按视觉关系进行考虑外，还要注意透视变形校正问题。人们在观察高大的物体时，由于仰视，必然会出现被视物体变形问题，包括物像的缩短、物像各部分之间比例失调，这些透视变形直接影响人们对广场雕塑或纪念碑的观赏。同时，还要考虑重心问题，广场雕塑纪念碑大都是四面观赏的。为了解决透视变形问题，最好是将原有各部分比例拉长，但这要视实际情况而定。

建筑对广场主题的表现至关重要。广场中的主要建筑决定了广场的性质，并占据支配地位，其他建筑则处于从属地位，提供连续感和背景的作用。这种主次关系不仅表现于位置，还在尺度、形态、人流导向上有明显的差异。许多现代广场周边的建筑群功能复杂，形式多样，统一感和连续性差，主体建筑不仅在体量上而且精神上表现得不是十分明显。

广场周边的建筑与广场要有一种亲密关系，特别是对于集会广场。建筑要有较强的社会性，如与广场关系密切的公共建筑有市政府、美术馆、博物馆、图书馆等。另外，须防止过多重要的建筑围绕着一个广场，因为这样做较难解决它们在建筑形式上的冲突问题，同时城市其他部分往往会因为失去某种重要性而变得沉闷。一般来讲，广场周边有一两个重要的公共建筑，并且引入一些功能不同的其他建筑，特别是商业服务建筑，这样有利于在广场中形成变化和连续的活动。

4. 广场的使用与人的活动

广场的绿地、建筑、铺地、设施等具体布置，主要应以公共活动为前提。从行为心理角度考虑，在广场设计中应注意以下五个方面：

（1）边界效应

行为观察表明，受欢迎的广场逗留区域一般是沿着建筑立面的地区和一个空间与另一个空间的过渡区，在那里同时可以看到两个空间。实际上广场上的活动也是如此。驻足停留的人倾向于沿广场边缘聚集，靠门面处、门廊之下、建筑物的凹处都是人们常常停留的地方。只有停留下来，才可能发生进一步的活动。活动是由边缘向中心扩展的。边界地区之所以受到青睐，因为处于空间的边缘为观察空间提供了最佳条件。人们站在建筑物的四周，比站在外面的空间中暴露得少一些。这样既可看清一切，个人又得到适当的保护。所以在广场设计中，要注意广场空间与周边建筑、道路交会处小环境的设计处理。广场的边缘地区要有一定的活动空间和必要的小品布置，这样才能吸引过往行人，使他们自然而然地来到广场上活动。

（2）场地划分

在广场设计中，按照人们不同需要和不同活动内容，适当地进行场地划分，以适应不同年龄、不同兴趣、不同文化层的人们开展社交和活动的需要。在广场设计中，既要有综合性的集中的大空间，又要有适合小集体和个人分散活动的空间。场地划分是一种化大为小、集零为整的设计技巧，要避免相互干扰，广场作为一种高密度的公共活动场所，在空间上应以块状空间为主，尽量减少使用细长的线状空间。

（3）活动的界面

广场上的活动，可以在水平面上划分，亦可将它抬高、下沉或起坡。活动界面的不同，其领域界限、视线、活动及相互联系都有不同的效果。从公共活动的开放性与空间的延伸性角度看，无论是抬高或下沉，都容易影响不同领域间活动内容的联系和视线交流，容易造成视觉阴影形成空间的凝滞，从而成为活动的死区。所以在采用抬高和下沉界面时，须注意开放性设计。

为了界面的变化及领域的划分，可以优先采用缓坡、慢丘、台阶等形式来丰富广场的空间形态。

（4）环境的依托

人们在广场中用于进出和行走的时间只占20%左右，而用于各种逗留活动的时间约占80%。然而，人们活动时很少把自己置于没有任何依托和隐蔽的众目睽睽的空地中，无论谈天、观看、静坐、站立、漫步、晒太阳……总是选择那些有依靠的地方就位。有学者认为，广场的可坐面积达到广场总面积的10%～26%

时，对满足人的行为需要是比较合适的。对于依托物的选择，人们常常选在建筑台阶、凹廊、柱子、树下、街灯、花池栏杆、街道和建筑阴角、两建筑空隙间、山墙、屋檐下。人们在广场中活动除了选择依托之外，还需要有一个不受自然气候和使用时效限制的物理环境，如在烈日、寒风、雨雪、风沙的气候条件下。所以，有不少广场设计利用现代科技手段和建设条件，力求创造一种全天候的广场。

（5）活动的参与行为

人们在广场中充当什么样的角色，是检验广场环境质量的一个重要标准。所以，现代广场十分重视调动参与者的积极性，使人充当活动的主角，而不是处于被排斥或仅以旁观者的身份进入广场。参与活动是多种多样的，拍照、小吃、戏耍、玩水、谈天、观景、使用广场设施、交往、选购等都是一种参与行为。

（三）广场的空间设计

广场的空间设计主要应满足人们活动的需要及观赏的要求。在广场的空间组织中，要考虑动态空间的组织要求。人们在广场上观赏，人的视平线能延伸到广场以外的远处，所以空间应是开敞的。如果人的视平线被四周的屏障遮挡，则广场的空间是比较闭合的。开敞空间中，使人视野开阔，特别是在较小的广场上，组织开敞空间，可减低广场的狭隘感。闭合空间中，环境较安静，四周景物呈现眼前，给人的感染力较强。在设计中，可适当开合并用，使开中有合、合中有开，让广场上有较开阔的区域，也有较幽静的区域。

1. 广场空间的划分与层次

广场空间的设计要与广场性质、规模及广场上的建筑和设施相适应。广场空间的划分，应有主有从、有大有小、有开有合、有节奏的组合，以衬托不同景观的需要。如有纪念性质的烈士陵园的广场空间，一般采用对称、严谨、封闭的设计手法，并以轴线引导人们前进，空间的变化宜少，节奏宜缓，以造成肃穆的气氛。游憩观赏性的广场空间，可多变换，快节奏，收放自由，并在其中增设小品，造成活泼气氛。

广场空间的景观有近景、中景、远景。中景一般为主景，要求能看清全貌，看清细部及色彩。远景作为背景，起衬托作用，能看清轮廓。近景作为框景、导景，能增强广场景深的层次感。静观时，空间层次稳定；动观时，空间层次交替变化。有时要使单一空间变为多样空间，使静观视线转为动观视线，把一览无余的广场景观转变为层层引导、开合多变的广场景观。

2. 建筑物和设施的布置

建筑物是组成广场的重要部分。广场上除主要建筑外，还有其他建筑和各种设施。这些建筑和设施应在广场上组成有机的整体，主从分明，满足各组成部分的功能要求，并合理地解决交通路线、景观视线和分期建设问题。

广场中纪念性建筑的位置选择要根据纪念建筑物的造型和广场的形状来确定。纪念物是纪念碑时，无明显的正背关系，可从四面来观赏，宜布置在方形、圆形、矩形等广场的中心。当广场为单向入口时，或纪念性建筑物为雕像时，则纪念性建筑物宜迎向主要入口。当广场面向水面时，布置纪念性建筑物的灵活性较大，可面水、可背水、可立于广场中央、可立于临水的堤岸上，或以主要建筑为背景，或以水面为背景，突出纪念性建筑物。在不对称的广场中，纪念性建筑物的布置应使广场空间景观构图取得平衡。纪念性建筑物的布置应不妨碍交通，并使人们有良好的观赏角度，同时其布置还需要有良好的背景，使它的轮廓、色彩、气氛等更加突出，以增强艺术感染力。

广场上的照明灯柱与扩音设备等设施，应与建筑、纪念性建筑物协调。亭、廊、坐椅、宣传栏等小品体量虽小，但与人活动的尺度比较接近，有较好的观赏效果。它们的位置应不影响交通和主要的观赏视线。

（四）广场铺装与绿地设计

广场的地面是根据不同的功能要求而铺装的，如集会广场须有足够的面积容纳参加集会的人数，游行广场要考虑游行行列的宽度及重型车辆通过的要求，其他广场亦须考虑人行、车行的不同要求。广场的地面铺装要有适宜的排水坡度，能顺利地解决广场地面的排水问题。有时因铺装材料、施工技术和艺术设计等的要求，广场地面导航须划分网格或各式图案，增强广场的尺度感。铺装材料的色彩、网格图案应与广场上的建筑，特别是主要建筑和纪念性建筑物密切结合，起到引导、衬托的作用。广场上主要建筑前或纪念性建筑物四周应做重点处理，以示一般与特殊之别。在铺装时，要同时考虑地下管线的埋设，管线的位置要有利于场地的使用和便于检修。

绿地种植是美化广场的重要手段，它不仅能增加广场的表现力，而且还具有一定的改善生态环境的作用。在规整型的广场中多采用规则式的绿地布置，在不规整型的广场中采用自由式的绿地布置，在靠近建筑物的地区宜采用规则式的绿地布置。绿地布置应不遮挡主要视线，不妨碍交通，并与建筑组成优美的景观。应该大量铺设草坪，种植、花卉、灌木和乔木，并考虑四季色彩的变化，以丰富广场的景观效果。

第三节　城市街道空间设计与规划

一、城市街道与生态理念的发展

（一）城市生活性街道

1. 街道

街道空间形式：它是一种复合型的线性空间，交通是它的主要功能，在空间形态上，它强调三向界面的空间围合，在精神意义上，它具有不同的人文内涵，能引起人们的精神共鸣；同时，是街道空间的体验的主体是人。

2. 生活性街道的特征

生活性街道存在的首要作用是为市民提供便利。生活性街道不仅是城市的肌理，也是城市文脉的延续，更是用于连通居住区和居住区周边其他城市土地胡的通道。因此，首先要满足交通需求的生活性街道是第一位的。接下来，生活性街道在城市公共空间有着非常重要意义，也是居民日常活动空间，街道是人们最普遍、最具活力的公共场所，是人们对自己生活区域的印象，街道作为城市结构的骨架，将建筑及各种空间串联起来，体现了街道空间的连续性特点从而能够起到引导的作用，与此同时，人们一般都在街道上的活动都有方向性，即空间的序列性。

3. 生活性街道的范围

生活性街道是城市重要构成元素，根据其特点，有以下三种类型：

（1）具有生活功能的城市次干道和支路

在城市中，道路具有生活功能，部分车速相对比较慢的次路与支路，能够为人们的生活（如停车）提供便利，故而，将其称为生活性街道。

（2）传统的城市街道

这种道路是城市历史沧桑变化的见证者，最能反映出就个城市的文化底蕴。在这自然恬静、古色古香的街道上，可以感受到的是惊人的街道活力。熙熙攘攘的街道人来人往，人流带动商业服务业的发展，居民在消费服务同时，也随机发生偶遇、聊天、玩耍、见面、观察等行为。因此，这类街道不仅为人们的出行提供便利，而且还是人们的精神寄托。

（3）城市社区级道路

社区道路对外开放，允许外来车辆和人员进出，并配备商业设施生活服务业务，方便人们的生活，因此也称之为城市生活性街道。

在城市里，此类街道的独特表现形式还包括：

旧城区内部的传统街区、小区和住区级道路、商业步行街（区）、滨江（湖、海）街道、城市水巷、综合步行体。

4. 生活性街道功能

城市生活性街道具有交通的属性，功能主要是满足完成人们旅行的需要，并使人们顺利到达目的地，提供必要的交通通道功能。汽车、自行车和行人等行为要素提供通行功能，如拜访亲戚和朋友，或去工作和学习，商品流通，城市的新陈代谢，等等；与此同时，生活性街道小型广场，各种各样的建筑，各种基础设施提供的服务功能。近年来，城市化的进程越来越快，城市生活性街道空间已成为城市局部区域"骨架"，促使人们形成一种归属感。此外，生活性街道还具有提升区域整体景观环境的作用和社会交互媒介的功能。

（二）城市生活性街道与城市的关系

纵横交错的街道共同构成了城市的脉络，此外，街道也是城市的外显形式。这两个既矛盾又相互依存。

1. 互为存在的条件

第一，街道空间是居民交往的重要场所，是文化信息流通的重要载体。人在街上走，自然会和街道两边的风景相交流，这种交流能够让行人获取一些信息，还能据此生成联想和想象等。街道还存在一些基本活动如游行、驻足、休憩、集会、步行、购物活动，所有这些成为城市生活必不可少的风景。

第二，城市空间的主要形式非街道空间莫属，高楼与周围街道的联系决定了城市的空间格局。此外，街道两侧的绿化布置和楼房都具备区域分割的功能。居民的日常生活（如工作、学习、逛商场及聚会等）都与交通息息相关，而交通的流畅程度依赖于街道的合理布局。当然，一切客运及货运的正常运行也得益于城市的街道。

第三，街道空间的延续暗示着城市的发展。在街道上，也可以看见布置城市基础设施的地方，如电力、电信、供水和排水管网、天然气供暖管道等铺设在城市街道上。故此，城市空间是街道空间得以存在的基础和依托，没有前者，后者也就无从谈起。它表现在以下五个方面：

①提供了街道自身与外界交流联系的信息通道。

②保证了街道的安全。

③影响了街道内部的环境。

④影响街道功能的发挥。

⑤保证了街道的景观价值。

2. 两者在功能上互相匹配

城市与街道有着主要功能层面的匹配关系。每一个城市都有街道，但是并非对所有的街道都是"一视同仁"，每一条街道都有着独具特色的作用。例如，生活性街道，要求慢速通行，且交通工具多为非机动车辆；再比如，中心商业区，这种街道的人流量大、车辆多且速度快，也相对较为宽阔。

3. 两者在形式上互相协调

在一定意义上，街道空间是城市空间的具体的外在表现，代表着这个城市的丰富内涵与深厚的文化积淀。从包含于被包含的层面来讲，街道空间包含与城市空间，二者在形式上的协调包括：

第一，纵向的协调，对城市历史的尊重。

第二，横向的协调，对现实环境的尊重。

第三，自然的协调，对自然环境的尊重。

三点联系起来，成为城市住区中居民交流的媒介。

（三）生态理念对生活性街道景观设计的影响

全球生态环境恶化，生态保护理念深得人心，现在"生态"这个词已经涉及人们生活的方方面面。"生态"单从表面上看，生态行动变得肤浅。城市街道要实现真正的"生态"，首要的任务就是要在保障其生态的前提之下，正确处理各个元素之间的联系。如果人们认识到由于没有处理好与环境的关系而出现生态危机，那么，人们对自然的理解和对环境的态度将发生重大转变。过于强调征服与改造自然并不是最好的策略，自然是一个系统，有其内在的运行规律，只有在遵循其规律的前提之下，才能对其进行适当的改造。总之，就是要处理好人类与自然界的关系，把街道看成自然的一部分，从而发挥其功能性质。生态，在设计者眼中不仅是植树或美化环境，更是指环境和资源的有效利用，要有可持续发展的设计理念。任何对环境的破坏都是对整个社会的伤害，没有社会担当。新的生态伦理观，是在发展的同时也要考虑行为的影响。

二、生活性街道生态化设计目标

设计从街道居民的需求角度出发，旨在给居民提供一个安全、舒适、健康行走的街道环境，运用问题解决、创意更新等不同手法展开街道设计，利用多样的空间界面，改善街道活力和通行能力，丰富居民活动体验，引导社会的协调发展，通过促进多种交通与机动车均衡发展，最终使市民的生活更上一层楼，在城市获得幸福与归属感，并增加城市可持续发展的筹码。具体包括以下六个方面：

1. 以人为本。生活性街道应该表现出热情和包容，保证街道的可通达性、确保安全舒适的街道环境，打造合理的街道尺度，提升街区市民归属感。正如流动的音乐，极具整体性与丰富性，以此增强生活性街道公共空间的社会功能。

2. 高效性。可访问性生活性街道可以缩短里程。避免行车道过宽，确保行人的安全。加大步行空间、自行车专用道投入，以及加大公共交通的投入，有助于减少车辆拥堵与滞留，提高道路交通能力，实现所有的交通工具有效工作。

3. 可持续性。倡导低碳出行，提高运输能力，以适应各种形式的交通方式，有效利用街道美化和灌溉，提供一个凉爽的环境，改善行人感受，从而有效地减少碳排放、热岛效应和水的消耗，实现生态、经济和社会和谐发展。

4. 居民健康。良好的环境不仅可以促进城市的街道的居民低碳旅行，并能有效减少肥胖、糖尿病等疾病的发生概率。

5. 城市品质。给人们提供舒适与愉悦的街道环境。活跃的街道多功能公共空间可以提供富有活力的步行体验，同时促进街道与周围环境的协调发展，提高城市空间环境完整性的美感，树立良好的城市品质。

6. 文化特质。街道充分展示当地的优雅、人文、高品质的形象。街道是人们从"这里"到"那里"的连接空间，也是人们动态生活的载体。每一个街道带给人的感受都是不一样的，这些各具特色的街道共同构成城市景观的特点。颜色、质地、材料、地面、比例、高度、细节，灯光照明、植被、建筑轮廓，等等，这些功能重叠越多，就会给人留下越深的印象。文化特质应该是高质量的生活性街道景观，反映在视觉街景，心理学层面，使环境越来越有连续性。在建筑形式和社会生活方面高度个性化的风格和风俗，植入与街道文化和独特审美产生共鸣的、具备时代气质的新设计和新景观，通过功能混合等方式实现针对历史文化的保护、传承、提炼、升华、演绎，让人印象深刻。

三、城市生活性街道景观生态化设计指导思想及基本原则

（一）生活性街道景观生态化设计的指导思想

针对当前街道景观现状及不足，通过与当地的地理及气候条件相联系，充分

考虑社会、经济、自然及文化的综合效益，实行生态优先，促进资源集中及其节约、高效利用，实现城市可持续发展，建设生态宜居的人居环境，创建生态文明的城市。

（二）城市生活性街道景观生态化设计基本原则

城市生活性街道景观生态化设计应包含以下特点：温暖和谐、节奏缓慢、设计合理、有区域特色等。城市生活性街道景观设计以社会、自然、经济、文化四个方面实现生态化为目标，符合低碳生态的理念。此外，在设计层面，要遵循表现区域特点及精神文化等原则。在社会层面，要遵循生态和"以人为本"的原则，尽可能地满足人的各种物质及精神需求，建立一个自由、平等、公平的社会生活环境。在经济生态层面，要遵循保护和合理利用自然资源及能源的原则，尽可能提高资源回收的效率，实现资源合理有效利用，转变生产、消费、住宅开发模式。在自然生态层面，要遵循保护优先的原则，首先是优先保护自然生态环境，不能过度开发和改造，以免超出了环境的承载极限，从而对自然造成不良的影响。文化生态的原则，是维护当地文化特色，展示地域文化的特点，让个性鲜明的地方文化得以传承，增强文化认同。

四、城市生活性街道生态化设计基本思路

1. 在功能上：要在保障道路的正常行驶与安全的基础上谈生态建设，通过引入生态调节机制，综合分类。尊重当地水资源环境，按照当地自然水文条件，尽可能地减少项目开发带来的损害。在保持原有的水文条件的总体目标的前提下，使用 LID 技术在雨水径流的源头和生成路径上，分散规划一系列的软质雨水管理景观设施，构建一个绿色雨水管理网络，实现对当地雨水水量与水质管理的目的。

2. 在美学上：突出地域特性，尽显当地风情，用朴实、简单的材料进行组合，然后再雕琢细节和艺术感。

3. 在材料的应用上：要选择可渗透并且环保的材料，避免使用无法渗透的表面，研究新技术、新材料的使用。合理利用回收的材料，降低成本。人们在生

活性街道上多偏爱设置艺术景观，然而，对于环境设计师来说，他们更愿意选择利用环保、可再生能源和可回收材料制作的景观来打造景观艺术化与功能现代化相辅相成的高品质街道人居环境。在植物选择上，本地物种维护与管理成本较少，可加大对本地物种的保护和利用。

4. 在项目的运作中：培养公众对街道空间设计的参与热情，调动市民的参与性和积极性，设计师宜将公众意见和建议进行专业引导和过滤，以实现公众参与，科学高效地制定有实施性的发展策略，并让群众参与到项目的各个建设阶段，让每个居民都可为自己对绿色家园所做的贡献而感到自豪。

五、城市生活性街道生态化设计措施

（一）路面设计

1. 透水路面

在街道景观中，路面是最基础，也是最重要的部分。一些研究表明，渗透性混凝土路面具有很强的雨水处理功能，能有效降低雨水造成的损害。渗透性铺设比较容易堵塞，所以铺设的方法和设计知识是不可缺少的。

透水路面分为两种：即透水混凝土和透水沥青，它们既便宜又有效，透水沥青和混凝土这两种材料表面类型是非常相似的，这两种路面都是普通的沥青和混凝土材料构成，而存在于大量不透水路面混合料中的小聚集体和粉末，在这两种路面中是不存在的。作为透水路面，岩石的典型尺寸是1.9cm，没有小岩石和砂砾，液体沥青的黏结剂和混凝土中的水泥将大岩块粘连在一起，在1.9cm的岩石之间留下缝隙，供水流渗透。透水和不透水的沥青、混凝土几乎相同，成本和应用技术非常相似。从外表看，透水表面有些粗糙，但实际上它要比铺装路面更加平滑，而且属于无障碍设计。总之，在任何可以铺设沥青和混凝土的地方，透水沥青和混凝土同样可以铺设，并且它们的费用是相同的。可以在高流量的车道或进入道路上取代传统材料。多孔沥青目前在欧洲各国使用广泛。

要确保透水路面在较长时间透水良好并保持不间断使用。路面表层下面的道路细部设计必须重新考虑，以确保其渗透性，施工中要保证道路渗透功能为第一要务。任何道路或者路面都是由两个部分组成，即坚硬的路面和提供支撑的路基。好的道路设计与建造需要一个良好的地基，保持长久稳定坚固，并较好地支撑路面。并不是所有的土质都可以胜任较好的地基职能，"黏土"就不能作为好的地基材料，因为类似于北方的冻融循环，容易破坏路面；"黏土"的替代品通常为"卵石"，卵石一般是由细砂和中小型石块组成的混合物，当受到上方压力时，它不会发生变形或串动，与黏土相反，它不会因雨水保留在内较长时间而导致雨水冻结，尔后引起路面隆起或开裂。这些土壤结构在透水路面应用中显得十分重要，因为透水路面有坚固、渗透的要求。

人行道断面结构为：基层、面层、垫层、土夯实层，而面层和基层是导致道路不透水的直接原因，所以，面层采用像透水烧结砖、砂岩、透水混凝土等透水材料不透水花岗岩，用各种方式进行组合形成平面，然后基础用透水混凝土，垫层配碎石。在降水量较大的时候，光靠土壤透水进行排水容易积水，所以在碎石层每隔 2 米的地方设置 PVC 万孔管，连接到大排量水沟进行排水。在土路和碎石层之间加增土工布，加强了结构的稳定性，也提高了过滤的作用。

2. 预制混凝土技术

预制混凝土技术早已成熟，尤其是在西方发达国家，已经被大范围地使用。从外观上，预制混凝土模块的尺寸、颜色、材料和花岗岩类似。同时，它具有明显低耗能意义：首先，使用 PC（聚碳酸酯）而不是石材，可以避免大面积开采矿石；其次，在中国，硬质部分的路面多使用混凝土垫层，只要采用硬质路面，不管是用于汽车或行人都不能实现雨水渗透。而预制混凝土的厚度很大，不需要混凝土垫层，因此雨水渗透能力大为增加。

与此同时，PC 可以异形加工、使嵌入式道路铺装成为可能。停车场、消防车道这些规范所要求的硬质路面的面积大，可以提高其视觉效果和生态意义。此外，也可以设计各种 PC 户外构件，如长椅、自行车架等，在模具帮助下，形式可以更加多样化，同时具有较好的耐久性，可以在中国普及。

3. 渗滤沟水渗透模式

渗滤沟水渗透模式是指通行空间不用不透水路面材料的时候，利用用缝隙式明沟盖板排水，从而做到铺地材料防渗防水。根据街道排水的要求，在排水需求小的区域设置缝隙 10 毫米的小排水沟，在排水要求在较大的块边界设置缝隙 15 毫米的大排水沟。然后通过缝隙排水入沟，透过基层透水混凝土，向地下渗透太多的雨水会超过透水混凝土透水能力，如果是少量的超量雨水可以利用每 2 米一个的排水沟中的万孔管排到市政管网，如果它是一个大容量的排水沟，则可以直接排到市政井，实现减缓雨水聚集的目的。

4. 道路横断面设计

交通稳静化的理念引入道路横断面设计，将人行与车行空间一起考虑了进去，强调人性化设计，提供完善的市政卫生服务管理，创造和谐的交通环境与充满活力的街道环境。提出创新性交通策略形成紧凑的步行区和商服区，使交通设计更加人性化，将街道景观设计与人性化交通空间设计相结合，创造更具吸引力的交通空间，给人们提供了一个良好的街道交通环境，让街道生活充满活力，真正做到"以人为本"，实现便捷、通达、规律的街道公共交通。

街道稳静化慢行通道，应尽可能采用色彩鲜艳铺装或者喷涂，还要设置醒目通行标识。慢行停止线应设置在临近交叉口的位置，倡导鼓励优先慢行，并且不能与机动车右转信号设置在一起。应将交叉口转角半径缩小，汽车转弯时可以有效地降低车速，交叉口慢行减小过街的距离，提升交通流量能力，确保慢行通过街道的安全程度。

（二）街道绿化设计

街道平面设计中重要的生态设计方法就是对街道与水资源的利用，雨水直接利用措施有植草沟、生态调节池、雨水种植池、人工湿地等。雨水间接利用采用渗滤沟、低洼绿地等方式将雨水渗透入土壤，储蓄地下水。

植草沟：通常指那些在表层种上植物的用来集水或者排水的沟渠，一般被用来分流暴雨径流或者排除杂质，从而提升水的水质、绿化美化环境、给生物提供栖息的地方，且维持保养费用低廉。

1. 街面绿地

所谓街头绿地，一般是指在街道植树种草等，目的在于改善城市气候，分割行车路线，减少噪声，保持空气清新，美化城市，同时具有防火的作用。两个车行道中间的分隔带就属于分车绿化带；人行道绿化带在人行道和车道中间，路旁的路边绿带在路的侧边，人行道边的道路红线的绿化带。界面绿地的存在既能够使绿地的景观、生态及游憩等基础作用得以发挥，又能够为周边、道路的雨水径流提供蓄滞空间，并和周边的水体、绿地连接，并有针对性地选择适合的耐淹植物。所以，可以使用不同的实际街道绿地方案，既能使街道的形式多样，又能为街道的雨水管理、景观设计提供平台。

2. 交通岛绿地

该绿地作用：一是控制车辆行驶方向；二是确保过往行人的安全。它们的存在既提高了车辆行人的安全性，又为交通岛雨水的疏通提供便利。交通岛绿地多适用于雨水渗透园或人工湿地策略，雨水渗透园绿地的标高低于路面，可以收集人行道表层流入的雨水，这些雨水能润泽植被、初步净化尘土，然后慢慢渗透进入土壤，滋补地下水，没有渗透进入地下的雨水将排入市政雨水管网。

3. 停车场绿地

街道或者建筑两边的停车场，其车位一般为开放式。一般来说，在其边缘位置和拐角处都会有硬底路面或绿地空间，并且不低于规定停车场的规模，若停车场的规模较大，那么一般每个停车位中间还会有一个线性空间，目的在于拉宽车辆的停放距离，提升安全性，并能组织行人交通。

（三）立体绿化

1. 绿色墙体

所谓绿色墙体就是指和水平面之间的夹角在 60 度以内的建筑或构筑物的立面上种植或覆盖植物的技术，也称作垂直绿化。这些土壤是人为铺砌的，并不是自然形成的。绿色墙体是分雨洪管理方法和基础方法。生活性街道建筑立面的绿色墙体处理主要采用立体绿化的方式实现。两种方法最终都是要创造一种人工与自然生机勃勃的共生关系。

（1）街道立面绿化植物配置

①攀缘式，适用于高的建筑立面，在建筑基底种植藤本植物，可以利用挂钩、搭架、拉伸等方式让植物生长后能够遮掩最大部分的墙体面积，普遍用来绿

化楼房建筑。

②下爬式，下垂类植物，可种植墙顶的侧面，也可以在墙体种植攀爬类植物向上爬，两者相向生长，覆盖街道建筑立面等。

③内载外露式，可以在透视式围墙应用，还可以在室内种植爬藤植物或花灌木，然后将藤蔓等景观展露到墙外。

（2）模块式墙体绿化技术

将种植模块安装在预装的骨架上，然后将骨架安装在建筑墙体上，其上可以加载灌溉系统，种植模块可由弹力聚苯乙烯塑料、金属、黏土、混凝土、合成纤维等制成种植模块，一般植物在苗圃中预先订制好，才进行现场种植。

（3）室内生态墙体

最新研究表明，植物确实可以有效地降解空气中的有害物质，实验结果给出的净化空气的标准是每 100 平方米室内安装 2 平方米植物墙，就可以非常有效地净化室内空气污染，并且提供负氧离子。此外，设计师也可以设计一面绿色植物墙体，如此一来，既能分割空间，又能净化空气、美化房舍、打造成艺术作品等。当然了，因为设计在室内，所以所用的材质、植物都需要谨慎地选择。在夏季，墙体通过蒸发制冷，降低空调能耗；而到了冬天，则可以凝聚充盈的湿气。而墙体上的绿色苔藓，则可以散发大自然的芬芳。

攀缘植物分四类：爬墙类、悬垂类、棚架类及篱笆类。北京天通苑的一个小区，工人沿楼体墙侧种植五叶地锦，夏天形成一面面绿墙，秋天树叶变红，美不胜收。以花绕石城著称的石家庄，在城市主干道、社区围墙利用月季进行攀缘绿化，形成花墙。广州市充分利用炮仗花特性，广泛用于垂直绿化，其花期在元旦和春节之间，这为人们欢度佳节提供了非常好的植物素材。用攀缘植物来绿化墙面，是最节省、最生态、最低碳、最持久的墙面绿化方式，可以广泛地使用。

2. 绿色阳台

阳台对于建筑物，就像眼睛对于人，眼睛是心灵的窗口，那么阳台就是建筑的"眼睛"。因此，如果能将其"打扮"得漂漂亮亮的，那么无疑会提升建筑自身的美感，且对城市也起到了美化、绿化的作用。人们通过绿化阳台，除了可以欣赏现代化的城市风景之外，还可以感受自然界的温馨，同时也为城市增添艳丽的色彩。

阳台的材质、模式、装饰及植被的差异给人的感觉都是有差别的。若阳台面朝太阳，则可以选择喜阳的植物，如米兰、茉莉、月季，若处于背阳之处，则要选择喜阴的植物，如君子兰、万年青等。

美化阳台的方法很多，生活中比较普遍的有花箱式、悬垂式及花堆式等。第一种的花箱多设计成长方形，从而节省大量的空间。而悬垂式的方式既能节省空间，又能增大绿化面积，属于常见的立体绿化。最后一种是最常见的方式，即将把各类盆栽按照一定的审美标准摆放在一起，营造一种花团锦簇的感觉。

3. 桥体绿化

所谓的桥体绿化，就是在桥的边缘地带设计种植槽，种植一些往下生长的植物和花卉，如迎春、牵牛花等，也可以设置防护栏、铁丝网等，从而可以栽种爬山虎、常春藤等攀缘植物。

4. 道路护栏、围栏绿化

道路护栏、围栏可利用观叶观花攀援植物来进行绿化。此外，还可以通过悬挂花卉种植槽或者花球进行点缀。在酷夏的时候，水分容易挥发，所以要关注植物的需水情况，要随时保持水分的重组。当然了，在温暖湿润的春天，为防止烂根，春季要少浇水。因为冬天较为寒冷，还会经常结冰，所以冬天要保持花盆内部的干燥，防止冻裂。这种方式能空间延伸"N"倍，使得欣赏价值提升，让人们感到愉悦。但是安装复杂，对支架要求较高，如果支架不强，是一个特定的交通风险。设计师可以选择悬挂类型植物对道路护栏、围栏进行装饰点缀，不仅让人感到愉悦，也会提醒行人注意此处的支架。

5. 立体花盆

立体组合花盆有着特殊的固定装置，可以在路灯杆上、灯柱、阳台等将立体组合花盆固定。立体组合花盆具有节水省工、快速组装拼拆、任意组合、可移动性强等特点，设计师可根据需要，组合成花墙、花球、花柱，营造出的艺术景观能够多层次、多图案、多角度地呈现。

6. 棚架绿化

棚架绿化一般是通过门、亭、榭及廊等方式来实现。一般以观果遮阴为主要目的。通常情况下会选择卷须类或缠绕类的攀缘植物。当然了，猕猴桃类、葡萄、木通类、五味子类、山柚藤、观赏葫芦也是常见的棚架绿化植物。

7. 立体花坛

通常立体花坛在街道中的使用在节日里较多，而随着社会的发展，固定性应用的立体花坛也越来越广泛，木架、钢架、合金架等属于立体花坛设计的基本骨架。此外，还须配置以铁线、卡盆、钢筋箍等，从而生成各种造型的图案。后来，钢管焊接造型出现了，从而生成了许多简洁美观的立体花坛，然后在架体设置储水式的花盆。底部栽植应用各种应季花卉作为配重箱。此外，定期的检查与维护也是不可或缺的，这样才能保证摆放的安全性。要想景观的效果显著，就需要采用较少花卉数量，但种类一定要丰富；由于花架比较沉重，所以最好使用机械安装，实在不行的话，也不能一人单独进行作业，容易发生意外事故。常用的品种有紫罗兰、旱金莲、笑脸蝴蝶花、万寿菊等。

第四章 生态视角下城市绿地系统 的规划设计

第一节 城市绿地系统的设置与作用

一、城市绿化系统的定义和重要性

城市绿化系统是指城市建成区或规划区范围内，以各种类型的绿地组成的系统。其着重表述了人类生存与维系生态平衡的绿地之间的密切关系，同时也强调了绿化对人居环境建设的影响主要是生态功能。

"生态城市"是联合国教科文组织在实施"人与生物圈计划"中提出的一个重要概念。其关注的是社会、经济、自然之间的协调发展，是促进城市可持续发展的目标和途径。强调对自然环境的保护、保存、恢复、修复，强调城市绿化建设，提高城市绿化量，以"绿"为骨架，构筑城市形态，把自然引入城市，同时还强调城市紧凑发展、均衡开发等。

城市绿化系统对于改善城市环境质量、净化空气、降低城市噪声、调节气候、防止自然灾害、美化城市等有重要作用。因此可以说，营造绿化环境，实际上就是在营造生物生存环境，这对于建设生态城市有着不可替代的作用，应重视其规划和实施。

二、城市绿化系统的生态功能

（一）促进有机物质循环

在生态系统的各个组成部分之间，不断进行着物质循环，其中碳、氢、氧、氮、磷、硫等是构成生命有机体的主要元素，这些物质的循环也是生态系统中基本的物质循环。绿色植物在进行光合作用时，吸收二氧化碳和放出氧气的过程是同时进行的，其维系着大气中碳氧的循环与平衡，植物的根茎叶及果实则作为其他生物的食物，促进着其他微量元素的物质循环。

（二）改善小气候环境

绿化以植物群落为主，利用植物叶面的蒸腾水分作用，能使周围空气湿度增高，从而有效地缓解和降低城市热岛效应，促进城市内部空气与外部区域环境进行气体交换。绿色植物具有杀菌作用，有些植物能分泌出挥发性物质或制造杀菌素，能杀死单细胞微生物及病原菌。绿化还有良好的吸音减噪功能，叶面越大，树冠越密，吸音能力越显著。这些生态作用对于小气候环境的营造起着至关重要的作用，使城市环境能处于生态宜居的状态。

（三）防止公共灾害

绿化能有效地防止地表径流对土壤的冲刷，保持土壤水分，防止因水土流失而造成的山洪、泥石流等自然灾害，同时可以降低风速，减少城市降尘，对于城市防风抗灾尤为重要。城市绿地作为防灾避险场所的作用也日益突出，现行城市建设中已经将防灾避险绿地建设作为应对突发性自然灾害的必要环节，并逐渐体现和发挥其重要作用。

（四）保护生物环境

植物是自然界食物链的开始，其通过光合作用将无机物转化为有机物，成为供给其他生物的生产者，而城市中的鸟类、昆虫通过摄取植物的果实、花蜜等途径赖以生存，成为二级消费者或二级生产者，最终形成庞大的自然界食物网。植物群落为这些动植物、微生物提供良好的栖息地和生物环境。因此，营造绿化环境，实际上就是在营造生存环境，对保护生物、生态系统，起着至关重要的作用。

三、城市绿化系统的设置和主要功能

面对城市化的迅猛发展，以人力去限制城市发展往往很难取得好的结果，作为行政管理部门应该引导城市向有利于人类生存的方向发展，其中的重要前提就是保证城市密集区与绿化系统之间的生态平衡，主要包含两方面的内容。

1. 保证这些聚落与开敞绿化的连接，同时避免它们连成一片密实的地区。

2. 在城市聚集区内注意使高层建筑、多层建筑和绿化系统有机融合，用绿化调节高层与多层之间的体积差异，尽量减小高层建筑的大体积对人们造成的心理影响。

（一）自然景观的保护与控制性建筑

海湾、河流和湖泊，这些自然景观既是城市的边界，又是构成城市气候和市民生活方式的一部分。由水面构成的开敞空间往往是城市主要景观的焦点，也是人们活动、游览的主要场所。

城市周围的山峰和市区内的丘陵，也是限定城市区域、使城市景观发生变化的重要因素，在城市地形中，谷地、平原和山丘同样重要，由此而赋予城市以视觉上的高差变化。

与自然地貌相伴而生的绿化区对统一城市格局、形成城市个性、提供公共活动空间具有不可替代的作用，所以在城市规划特别是城市设计中，应首先评价和控制城市用地的性质，并控制和保护开敞空间中的绿化造景地段。

（二）具体的设置手法

在生态性城市设计中，城市设计师应注意保留城市周围的自然景观和绿化系统，并将其作为城市的有机组成部分加以处理。

1. 城市区域内的山丘最好保持其自然地形和生态，可以结合大的公园进行布局。为了使城市其他地区能观察到这个公园和地貌，山上周围宜布置低层建筑，这种清晰可见的开敞空间对驾车人和步行者而言意味着游憩地。

2. 在设计城郊的森林公园、城市内的大型公园时，应组织好机动车流线和行人步行线。为了不破坏自然景色和节奏，应尽可能将机动车停在公园外部，或用绿化分隔机动车道路和步行道路，从而达到使市民接近自然、亲近自然的目的。

3. 线性绿化带和街道中的行道树对构成城市景观具有巨大作用，从城市格局看，线性绿化带可以将公园和其他旷地相互联系并构成有机整体。这种绿化带既可以限定城区范围（如城郊的绿化隔离带），又可以随道路加以延伸。

在过境性街道和居住区内的街道中，有规律地种植同一树种可以加强街道空间的连续感，并打破街道两侧街面的沉闷感。

4. 小块绿化的设置。绿化带周围的建筑体量应妥善控制，通过建筑体量处理使阳光照射到开敞空间中，从而有利于老人、儿童和职工的户外活动。

四、城市绿化分类规划

（一）带状绿地

城市带状绿地是道路绿地、游憩林带，公路、铁路及各种类型的防护林带的总称。其在城市中占据重要地位，像绿色纽带把市区、郊区的公园、游园、庭园、休疗养地联系起来，构成完整的城市绿化系统。这不仅为城市居民的劳动、学习、工作、生活、休息提供了既舒适又美观的环境，同时还在改善城市气候、保护环境卫生、防噪声、防尘、防风及加强城市艺术面貌等方面都起着极其良好的作用。

1. 道路的绿化

道路绿地规划的基本原则，不能仅仅考虑道路红线之内的绿地（如行道树种植带、游憩林荫带、交通岛绿地），还要把不属于红线内的街道旁边的绿地连同城市建筑、交通运输、工程管线、道路设施、建筑小品等综合考虑和统一规划。要把建筑、公共设施中的美景组织到道路沿线上来，首先必须调查、收集资料，内容包括道路的断面形式、路面结构，车往人流方向，流量，地下、地上管线，红线宽度，道路方位及两旁建筑性质、层数等，其次是依据环境、城市造景等因素决定绿化方式。例如，道路有交通性公路、商业性街道、居民区小路等的区别，其绿化要求也应该有所区分。最后，要根据地形和环境特点因地制宜地设计道路绿地的纵横断面。不能强求对称平坦的道路，尤其是山城和丘陵地要随势而筑，斜坡除可栽植乔木外，还可铺植迎春、云南黄馨、麦门冬等花草，使街景显得生动自然。

（1）道路绿地的横断面布置形式

道路的横断面一般由机动车道、非机动车道、人行道、绿化分隔带（即行道树或绿化种植带）、游憩林荫带等组成。我国现有道路横断面的三种基本形式如下：

①"一板两带"。即中间是车道，两边是绿化种植带。其优点是简单整齐、用地经济、管理方便，但当车行道过宽时，遮阴效果差，且显得单调。

②"两板三带"。即在两旁车行道中间设绿化分隔带，在车行道两侧的人行道上种植行道树。

③"三板四带"。由两条绿化分隔带把车行道分为三条，中间为机动车道，两侧为非机动车道，在绿化布置上就可以有四条绿化带，遮阴效果好，比混合车行道的行车速度高，缺点是用地面积大、投资费用大。

实际情况中只允许在一侧布置行道树，则应当考虑当地的纬度、街道的方位、建筑的高度、行人的遮阴及树木生长对日照条件的要求等因素进行规划，不能强求对称。就行人的遮阴要求而论，如果使树投影射在烈日照射得最多的人行道上和建筑物的墙面上，则应该种植冠大荫浓的乔木。

在老城市路面很狭窄、交通又繁忙的道路，没有绿地栽种行道树，应该尽量利用花墙和其他墙面进行垂直绿化，也可充分发挥墙内种花墙外香、墙上花木内外赏的方式，加上装饰花盆等特殊形式，来达到美化城市的效果。

（2）行道树的种植设计

行道树是街道绿化最基本的组成部分，沿道路种植一行或几行乔木，是街道绿化最普遍的形式。

行道树是沿车行道种植的，沿车行道有各种管线，在设计时一定要处理好与它们的关系，这样才能达到理想的绿化效果。

①种植带式。从有利于植物生长的角度来看，人行道有足够的宽度，都是采用带状形式种植行道树和其他花木或者铺设草皮的。种植带较宽，植物材料丰

富，景观多彩，因而提高了城市造景的效果，同时具有隔音、防尘、减震的良好作用。绿化带还可供人们游憩，特别是减少了儿童闯入车行道路的可能，有利于行人和车辆的安全。

交通量大的主干道两旁的种植带宽度一般不应该小于 5m，即使在用地困难的情况下，最少也不得窄于 1.5m，否则不利于行道树的生长。

我国有些城市会在人行道（车行道边缘至建筑物红线之间的绿化地带称"人行道绿化带"）中间增设一条行道树种植带，靠近建筑物的一条供人们进出商店使用，如北京西长安街的东单到王府井路北段。

行道树株距要根据各种树种成年树的冠幅大小、郁闭效果而定，通常采用 5~8m 的株距。悬铃木、香樟的株距一般为 8~10m，但刚种上的树苗，中间尚可插种其他临时性速生树种，到树冠影响永久性树种时，再伐去临时性树种，采用远近结合、快慢结合的种植形式，可提早见效。

行道树分枝点的高度，应该视道路的功能要求和树木的分枝习性来定。从卫生防护意义上来说，树冠越大防护功能也越高，分枝点越低。在车辆稀少、以行人为主的街道上分枝点定在 2.5m 左右。在主要交通干线上的行道树的分枝点，高度要提高到 3~3.5m 为宜，否则会影响行车的有效宽度。树干特性为笔直生长的树种，如钻天杨、毛白杨、水杉等，分枝点适当降低也不会影响车行道的使用效率。

②树台式。行人多、人行道又窄的街道，经常将栽树范围的周边比人行道设置得高8~10cm，避免行人踩踏栽树区而使土壤变硬，影响水分和空气的渗透与流通。树台形式有正方形、圆形、长方形、六边形、八边形等式样。树台式由于面积有限，不仅会影响树木正常生长，而且还会增加铺装费用，因此街道上应尽量采用种植带式较好。

③行道树的选择。由于行道树从光照、通风、土壤条件等方面远远不能与生长在大自然条件下的树木相比拟，再加上街道上的建筑、路面形成的特殊环境，辐射热度大，空气干燥，烟尘量大，有害气体多，人为损伤大，同时上有电线、下有管道，这无不影响和制约着树木的正常生长与发育，因此应选择体形端正、冠大优美，能适应这种环境条件生长的树种。

选择行道树的条件可以分为四个方面：一是具有抗病、抗虫害、抗污染能力，适应性强、生长旺盛；二是树干通直、姿态优美、冠大荫浓、叶色富于变化、花朵艳丽芳香；三是春季早发芽，秋季迟落叶，开花结果无臭味，不招惹蚊、蝇，无飞絮，干枝无刺，落花落果不影响和玷污行人及造成滑车跌伤等事故；四是树龄长，耐修剪，根深，根茎少萌蘖。

重要的行道树种一般有两类：一类是落叶类，如法国梧桐、糙叶树、七叶树、柳树（垂柳、馒头柳、大叶柳）、毛白杨、钻天杨、喜树、重阳木、鹅掌楸、银杏、长山核桃、胡桃、臭椿、刺槐、枫杨、三角枫、椰榆、白榆和朴树等；另一类是常绿类，如广玉兰、香樟、雪松、女贞、紫楠、天竺桂、湿地松和火炬松等。

（3）街旁绿化

街旁绿化是指沿街建筑和红线之间的绿化地带，可为居民创造安静、舒适、卫生、优美的环境。街旁绿地只有在宽度达 5m 以上、人行道宽度不小于 3m 时才能种植乔木与行道树及其他花木，来布置成林荫小径。

在公共建筑物前的街旁绿地，可根据实际情况设置花坛（花台）、树坛（树台）或小建筑组景，但要方便行人进出商店或接近陈列橱窗。街旁绿化色彩要鲜明，造型要轻巧，平面构图要活泼自然，与周围环境要相协调，要精心设计，这对形成花园城市的面貌具有关键作用。

2. 游憩林荫道

游憩林荫道是属于特殊绿化的道路，如杭州西湖的白堤、苏堤，其作用是为人们提供散步和休息的场所，在城市建筑密集、绿地缺少的情况下，可以弥补城市绿地分布不均的缺陷。在风景区，游憩林荫道是不可缺少的组成部分。

（1）游憩林荫道的规划设计类型与形式

①游憩林荫道的规划设计类型。依据游憩林荫道规划布置的位置可分为三种类型。一是布置在道路中轴线上的游憩林荫道这种游憩林荫道。可供两侧居民休息，能有效地组织车流。但行人和居民穿越车行道，既影响交通又不利安全，只有在步行为主和车流量很少的街道上布置才适宜。二是布置在道路一侧的游憩林荫道。这种游憩林荫道（包括滨水路）往往代替了普通类型的人行道，应充分

利用地势进行绿化以达到风景秀丽的效果。三是布置在道路两侧的游憩林荫道。这种游憩林荫道是最理想的形式，但常因城市绿地紧张，缺乏足够宽度，一般难以实现。朝鲜平壤市道路两侧的游憩林荫道宽达 30 多米，是世界上不多见的典型。

②游憩林荫道的规划设计形式。游憩林荫道的规划设计形式取决于街道的性质、景观的要求，以及它本身用地的宽度等因素，一般有三种形式：一是简式游憩林荫道。最小宽度为 8m，外缘部分用单行乔木和灌木丛或绿篱围成，其中游步至少宽 3m，道旁设置休息椅，形式简单朴实。二是复式游憩林荫道。宽度在 20m 以上，其中可设置两条游步道，游步道旁可设置宣传栏、座椅、园灯等，通常布置较为华丽。三是游园式林荫道。宽度在 40m 以上，其中会布置花坛、草地、喷泉、雕塑、花架、小型广场及造型优美的小卖部等，艺术性要求较高，植物品种选择多样，构图丰富多彩，如杭州西湖苏堤。

（2）游憩林荫道的设计要点

①根据不同性质和功能要求规划。如居住区内的游憩林荫道宜根据老人、青少年和儿童需要，适当布置些活动场所。风景区滨水游憩林荫道，造景时必须依据景区的功能要求。

②要把游憩林荫道作为景点呈带状分布的绿地来规划。依景观功能进行分段分点，但分段不宜过多，长度以 75～100m 为宜。各段应该在统一的前提下取得变化，形成不同的景区特色。分点为提供较多人流需要，往往设计成各有特色的绿化小广场。要分析风景视线，运用借景、漏景、框景等组织手法，将城市中具有较高艺术价值的街景、自然风景组织到游憩林荫道和城市滨水游憩林荫道中来。

③休息和儿童活动地段常安排在分段的中间部分，以利清静安全，宽度大的林荫道可布置在两侧，但要与车行道有适当距离。

④植物的配置，在南方以遮阴为主，在北方要兼顾冬季获取阳光的要求。林荫道两侧应该用浓密的乔灌木形成绿色屏障做隔离，确保内部的安静与卫生。在车行道一侧应以卫生防护为主，靠人行道和游步道一侧要考虑观赏功能。

（二）综合性公园绿地

公园是城市绿化中最丰富、最精致的组成部分，是城市绿化不可缺少的因素。城市公园是建立在最大限度地满足人们物质和精神享受的基础之上，是为广大的人民大众服务的，对发展国民经济和现代化建设起着积极的作用。

我国新发展的城市公园，由于大多结合当地实际情况，除供给当地人民优美的绿地环境外，还结合着文化科学宣传、文娱体育、展览及讲座等群众性活动，所以许多公园都设有各种专门设施与分区，可以称之为综合性公园。

1. 公园专门设施与分类

①群游群乐类。群游群乐类包括娱乐活动、游戏、音乐、戏剧、电影、节目表演、跳舞等。

②体育运动类。体育运动类包括体操、田径、球类及溜冰、水上运动等。

③儿童游戏类。儿童游戏类包括供学前儿童游戏的专用设施和供小学生专用的各种设施。

④文化教育类。文化教育类包括各种展览馆、书报阅览室、宣传栏、科技画廊等。

⑤服务行业类。服务行业类包括饭店、茶室、小卖部、摄影部、园务管理处、花房等。

2. 公园规划设计的一般原则

①充分分析公园的性质、任务和条件，为总体规划提供足够的依据，这是最基本的原则。

②每个公园都必须规划有一个布局的中心，成为主题突出、重点美化的中心，并结合游人的行进路线和导游路线，设计富有节奏变化的连续景区或景点。

③充分利用原有条件、地形、地貌，因地制宜地进行规划设计，切忌景观千篇一律。

④对观赏植物要有统一规划。观赏植物是公园最主要的组成部分，可以说没有观赏植物就没有公园。因此，在总体规划中应该按地形、土壤条件等特点及公园的功能和风景要求，确定其骨干树种和各区的主要植物种类，以便形成良好的

景观效果。

⑤公园是城市居民节假日游玩的主要场所，也是进行文化艺术教育的空间所在，所以应该依据自然条件和居民的风俗习惯，对公园进行独具一格的艺术造型设计，使各景区都有精美的艺术品再现。

⑥由于资金等的限制，不可能很快地建成精美的公园，所以必须考虑远近结合，分期概算，逐年完成，但必须有具体的完成年限。

⑦由于公园主要是供居民使用的，所以必须把规划公布于众，听取群众的合理意见，认真修改。

3. 公园中各种活动内容的设计安排

①文娱教育区。一般为方便游人进入公园参加文娱活动，文娱教育区多设置在主要出入口附近。本区的活动内容不宜过分集中，要注意其一定的绿地比例，否则会失去公园的感觉。大型的露天剧场还可有单独的出入口，有时为了解决人流疏散，更有独自组成一区的布置。群众文娱活动区比较喧闹，要有适当的隔离。本区往往是整个公园的主要部分，建筑艺术和一切设施都应该做得比较好，一些服务设施也大多集中于本区。

②安静休息区。安静休息区专供游人散步、练拳、休息、欣赏自然风景和垂钓。本区要利用绿化基础较好、树木较多和地形起伏的地方，区内也可设置阅览室、展览馆、科技画廊、棋艺室、茶室等设施。大片的林间空地还可兼设一些可供打太极拳、羽毛球的场地等。面积大的安静休息区，有山有水的地形还可结合观赏植物专类园，形成山清水秀、鸟语花香的画面。

③儿童活动区。一般来说，在城市公园游玩的以青少年居多，其中儿童就占整个公园游玩人数的30%左右。因此，在公园中为儿童设置一些多样化的活动器具是很有必要的。本区要选择日照良好、安全、自然景色开朗的地方，最好用绿篱或栏杆围起来。布置应该适合儿童心理使其产生兴趣，并易于理解，色彩要明快，式样要新颖，尺度比例也要适合儿童要求。

④体育活动区。群众对体育活动的要求是多方面的，如登山、划船、游泳、球类比赛等。广州越秀公园设有游泳池、旱冰场、划船场所、羽毛球场、乒乓球场等，内容丰富多彩。当然公园体育活动内容要因地制宜，因群众所方便使用而

定。本区出入口安置在公园入口附近，甚至也可专门设立出入口。游泳池的绿化树种应该选择不脱落叶片的树种，如棕榈、芭蕉等，既可保持水质清洁，又具有南国风味，池边还要设草坪、日光浴场、更衣室、淋浴器具、服务部等设施。

⑤园务管理区。园务管理区的内容设施要根据公园大小而定，一般安排有办公室、食堂、工具（农具）房、职工宿舍、温室、花圃等。考虑到对园林管理的方便和对外联络的方便，设在出入口区域比较好，通常选择偏于一角、游人不常到达之处，也有与花圃、花房结合布置的，以作为公园中的游览区。

第二节 城市绿地的布局与规划设计的生态策略

一、城市绿地的结构布局

绿化系统的布局结构是城市园林绿化系统的内在结构与外在表现的综合体现，其主要目标是使各类型园林绿地合理分布、紧密联系，组成城市内外有机结合的园林绿化系统整体。

（一）城市园林绿地布局形式

城市园林绿地选定后，根据城市园林绿地总指标及有关指标进行规划布局城市园林绿地的形式，根据城市各自不同的具体条件，通常有块状、环状、楔形、混合式、片状等几种布局形式。

1. 块（点）状绿地

块（点）状绿地是在城市规划总图上，将市区公园、花园、广场等园林绿地呈块状或点状均匀分布在城市中。这种形式具有布局均匀、接近并方便居民使用的特点，但因绿地分散独立，各块（点）绿地之间缺乏相互间的联系，对构成城市整体艺术面貌的作用不大，也不能起到综合改善城市小气候的作用。块状绿地布局形式多在旧城改建中采用。

2. 环状绿地

环状绿地是围绕城市内部或外缘，布置形成环状的绿地或绿带，用以连接沿线的公园、花园、林荫道等的绿地，特点是能使市区的公园、花园、林荫道等统一在环带中，使城市处于绿色怀抱之中。但在城市平面布局上，环与环之间联系不够，显得孤立，市民使用不便。一般多结合环城水系、城市环路、风景名胜古迹来布置。

3. 楔形绿地

楔形绿地是以自然的原始生态绿地（如河流、放射干道、防护林）等形成由市郊楔入城区呈放射状的绿地。因反映在城市总平面图上呈楔形而得名。一般多利用城市河流、地形、放射形干道等，结合市郊农田和防护林来布置。特点是方便居民接近，同时有利于城市景观面貌与自然环境的融合，提高空间质量，对城市小气候有较好的改造作用。而且将市区与郊区或临近发展轴线相联系，绿地直接伸入中心。但它很容易把城市分割成放射状，不利于横向联系。

4. 混合式绿地

混合式绿地为前三种形式的结合利用，是将几种绿化系统结构相配合，使城市绿地呈网络状综合布置。特点是能较好地体现城市绿化点、线、面的结合，形成较完整的城市绿化系统。其优点是能够使生活居住区获得最大的绿地接触面，方便居民游憩和进行各种文娱体育活动。有利于就近地区气候与城市环境卫生条件的改善，有利于丰富城市景观的艺术面貌，与居住区接触面大，方便居民散步、休息和使用。它既能通过带状绿地和楔形绿地与市郊相连，又能加强市区内的横向联系。这种形式使绿地联系密切，整体效果较好，有利于城市通风和运输新鲜空气，并能综合发挥绿地的生态效能，改善城市环境。现在我国的城市园林绿化系统规划多采取这种布局形式。

5. 片（带）状绿地

片（带）状绿地多数是利用河湖水系、城市道路、旧城墙等因素，形成纵横向带形绿带、放射状绿带与环状绿地交织的绿地网，主要包括城市中的河岸、街道、景观通道等绿化地带及防护林带。特点是能充分结合各城市道路、水系、地形等自然条件或构筑物形状，将城市分成工业、居住、绿地等若干区块。绿地布局灵活，可起到分割城区的作用，具有混合式的优点。带状绿地布局有利于改善和表现城市的生态环境风貌，对城市景观形象和艺术面貌有较好的体现。这种绿地形式可以使市内各地区绿地相对集中，形成片（带）状，比较适于大城市。

每个城市具有各自特点和具体条件，不可能有适应一切条件的布局形式，所以规划时应结合各市的具体情况，认真探讨各自的最合理的布局形式。

（二）城市园林绿地布局手法

城市园林绿地的规划布局，应采用点、线、面相结合的方式，将城市绿地有机地连成一个整体，形成生态、卫生、美丽的花园城市，真正充分发挥城市绿地改善气候、净化空气、美化环境等功能。

1. 点

点是指城市中的星点状的各类花园布局。面积不大，但绿化质量要求高。

①充分利用原有公园加以扩建，提高质量。

②在河湖沿岸、交通方便处，新辟各类综合性公园、专题公园、植物园、动物园、游乐园等。但要注意均匀分布，服务半径以居民步行 10～20 分钟为宜。街道两旁、湖滨岸边适当多布置小花园、小游园，供人们就地休息。儿童公园要注意安排在居住区附近，便于儿童就近游玩。动物园要稍微远离城市，防止污染城市和传染疾病。

2. 线

线是指城市道路两旁、滨河绿带、工厂及城市防护林带等，将其相互联系组成纵横交错的绿带网，以美化街道，保护路面，防风、防尘、防噪声等。

3. 面

面是指城市中居住区、工厂、机关、学校、卫生等单位专用的园林绿地，是城市绿化面积最大的部分。城郊绿化布局应与农、林、牧等规划相结合，将城郊土地尽可能地用来绿化植树，形成围绕城市的绿色环带。特别是人口集中的城市，在规划时应尽量少占用郊区农田，而充分利用郊区的山、川、河、湖等自然条件和风景名胜，因地制宜地创造出各具特色的绿地，如风景区、疗养区等。

4. 部分类别城市绿化布局要点

盆地中的城市，为了防止夜间冷空气下沉，易形成雾霾，可在城市周围的坡地上，按等高线方向环形布置乔、灌木林带。

沿海城市或风沙城市，常有台风和强风危害，应在迎风面垂直风向设立防风林带，其宽度为150m左右。

无风或少风的城市，可在郊区顺常年风向利用或设置楔形林带，形成通风走廊，引风入城，从而改善城市空气的流通。

石油、冶炼工业城市，应在工业区和居住区之间建立稳定的防护绿化带，种以大片林地，形成较稳定的生态系统。

矿石采掘城市，首先应充分利用被破坏和堆放矿渣的用地，采用大片的林带来保护居住区；其次还可利用高低起伏的闲置地形建立公园、风景点及疗养绿地，保护居民的健康及农作物的安全。

光学仪表、电子工业、精密机械工业城市，应充分实现全城绿化，提高绿化率，大量栽植卫生防护林带，布置花园和林荫道等，组成严密的绿化系统，以保证产品质量。

江南城市，地少人多，应尽量少占郊区农田，充分利用山川河湖等自然风景名胜创建风景区、疗养区。

地震带城市，应规划宽广的林荫道和街头绿地，尽可能布置更多的花园、公园，以适应防灾避灾需要。

二、城市绿化系统规划与设计的生态策略

（一）突出绿化系统规划的生态整合功能

大城市绿化系统规划研究强调宏观的整体性原则，谋求经济、社会、环境三种效益的协调统一发展。城市地区在宏观层次上要构筑城市生态大环境绿化圈，强调区域性城乡一体、大框架结构的生态绿化；中观层次上要在中心城区及郊区城镇形成"环、楔、廊、园"有机结合的绿化体系；微观层次上要搞好庭院、阳台、屋顶、墙面绿化及家庭室内绿化，营造健康舒适的生活小环境。通过保护

和营造生态绿地，建立纵横有序的物种生存环境结构和生物种群结构，疏通城乡自然系统的物流、信息流、基因流，改善生态要素间的功能耦合网络关系，从而扩大生物多样性的保存能力和承载容量。

（二）绿地设计遵循自然生态规律

绿地设计应遵循自然生态规律，针对不同地区的具体条件，制订不同的生态建设规划，采取不同的资源与环境保护对策，避免绿化建设脱离城市绿地的生态目标。在设计中应以模仿当地的自然生态结构为主要手段，按照生态学中营养结构越复杂生态系统越稳定的原则，以乡土树种为基调，谨慎使用外来物种，运用地被、花草、低矮灌木与高大乔木的层次和组合，创造自然植被群落。室外铺装尽量使用透水砖、石子、网格等有利于雨水直接入地的材料，给树坑覆盖木屑类有机质以增加树坑对雨水的吸收能力。在城市的低地势区，大面积保留天然植被地带，设计大量的"低洼渗透"景观，同时，重视建设城市内延伸渗透的楔形绿地，使得各绿地斑块能形成有机的"生物廊道"，促使生物自然演进得以延续和发展，让城市不仅成为人类宜居的空间，也成为自然生物赖以生存的和谐空间，达到人与自然和谐共处的关系。

（三）提高城市建设中的生态意识

地球上所形成的原始森林及其他自然植被，是千百年来物竞天择的产物，其区域生态系统是经过长年累月不断沉淀而形成的，是维系该区域生态平衡的关键因素。人类在改造和适应自然的过程中，应该遵循这种原始生态性，强调"生态优先"原则，保留有价值的原始生态植被。城市规划建设中应更多地考虑开放空间的绿地因素，尽可能地保留原有较好的自然植被，将其建成公园或风景区，作为"城市绿肺"，继续发挥其自然生态效益。

提高全社会的生态意识，特别是要增强城市建设管理者的生态意识。城市绿化系统的规划和建设，要在优先考虑生态效益的前提下，尽可能贯彻"绿地优先"的城市用地原则，积极推进"规划建绿"战略，采用"绿色先行"的城市规划理念，保持园林绿化系统规划与城市总体规划及其他相关规划的同步性和连通性，在城市建设开始之初，就强调自然环境和建筑环境之间的协调互利，以及与人工设施之间的协调互动关系，保证有价值的生态环境得以良好保留或采取最优的处理方案，以较主动的方式去建设、管理、维护、恢复，甚至重建绿色空间网络，而不是被动地适应和补救。

第三节　城市生态公园的近自然设计

近自然设计理念是城市生态公园可持续发展的规划设计新思路，可以成为未来城市生态公园营建的主要方式之一。而在理论实践研究的基础上，实施近自然设计理念已得到了良好的效果，这也说明城市生态公园的近自然设计是具有可行性实施潜力的，应该得到进一步的推广。

一、城市生态公园与城市生态公园近自然设计

（一）城市生态公园的基本内涵

1. 城市生态公园的含义

根据我国公园分类系统，城市生态公园宜作为与基干公园、专类公园并列的一类，并且可由其他公园类型转化而来，是城市公园的新兴类型。城市生态公园可以看成是城市公园发展的一个较高标准，其形式多样，标准也是开放的，原有其他类型的公园可以通过营建逐步达到更高的生态标准，成为城市生态公园。

城市生态公园是为了应对生态环境的变化而发展的一种新兴类型，其概念可以从"城市的""生态的""公园的"三个方面界定。首先，城市生态公园处于人口密集、用地紧张的城市而不是郊区，它代表的是自然地理空间与社会属性的双重界定；其次，"生态的"是指针对宏观、中观、微观三个层面，它们相对应的是全球生态系统、城市生态系统、公园生态系统，角度虽有不同但都对应的是构建过程中所遵循的生态原则、自然规律，以及包括人在内的生物个体之间的良性互动；最后，其本质还是公园，是城市公共绿

地的一种类型。

2. 城市生态公园的内涵特点

城市生态公园是随着人对自然理解的加深而新兴的城市公园类型，我们可以从整体性、多样性及其过程三个方面加深对城市生态公园内涵与特点的理解。

首先，现代生态哲学的发展对人与自然的关系有了更加客观的理解，人类只是整个生态系统的一部分，人类生存在自然之中，城市生态公园本身的生态系统既不孤立，也不封闭，而是具有开放性的，它的物质、能量与信息可以与整个城市、区域甚至全球的生态系统相互循环流动，它的整体性针对整个生态系统的平衡与发展，符合新时代生态环境的全球一体化的现实。

其次，城市本身包含地域性，项目基址受自然环境和社会条件双重影响，城市生态公园会产生差异性，而城市生态公园包含的多样性含义丰富，包括了生物、景观、文化及功能等层次丰富的多样性。此外，城市生态公园的内涵特性与目标都是一致的，但是具体形式一定丰富多彩。

最后，城市生态公园包含复杂多样的生物与生物环境，而人与生物群落的演替过程之间存在的互动，是一种长期的动态的发展过程。而这个过程也是城市生态公园保护和改善生态系统的途径与方法，而从公园营建初始到发挥应有的生态效益也是一个长期的过程。此外，从社会发展的角度来看，城市生态公园从出现之初到现在，它的设计理念也不是一成不变而是不断改善与发展的过程。

由此可见，全面理解城市生态公园的内涵特点对我们在以后的规划设计的影响是根本性的，而通过实践可以加深我们的认识与理解。

（二）城市生态公园的近自然设计内容

1. 近自然设计的含义

近自然设计是指在尊重原有的现状条件和自然环境下，顺应且适应自然的法则，并以新时代的哲学理念思考人与自然的关系，并把人作为自然的一部分而看待，注重人与自然的交流和互动，利用设计方法创新，模拟与接近自然状态的规划设计，争取以最小的人力投入与人为管控来达到最大的生态效益和自然感受，促进人与自然之间的生态平衡关系，充分考虑动植物之间的生存空间与和谐共生的关系和物质能量的循环利用，恢复自然环境更新演替的原动力，使人在自然感受中寓教于乐，并融合改善不同层面的生态系统。

2. 城市生态公园的近自然设计含义

城市生态公园的近自然设计以可持续发展理论为基础，构建动植物自我更新演替的动植物生境是一个长期复杂的过程，考虑的不仅是公园内部的结构和功能营建，还是与自然的良性交流互动，以及促进不同层面的生态系统的稳定性。在设计理念上强调对原有的自然环境、自然条件与自然资源的考察与利用，并且注重物质能量的节约与循环利用，以自然之力重塑自然；在营建过程中应该避免使用不可再生材料与能源，而且针对场地现状分段、分期、分区域进行，避免对原生环境干扰，尤其在植物的种植过程中，充分考虑其生长习性与不同时期生长状态；在后期的养护管理过程中，要尊重自然的生物进化优胜劣汰的规律，提倡通过自然方式筛选优势种，同时提供生物足够的生存空间，以较少人工管理与投入促进自我演替更新的自然原生力。

因此，在城市生态公园近自然设计的过程中，加深对近自然设计与传统设计方法的理解，充分地协调园内及其周边各种物质能量与自然资源的循环流动，有利于生物的多样性不同层面的生态系统的稳定性。

二、城市生态公园近自然设计方法

（一）城市生态公园近自然设计原则

城市生态公园的生态效益良好，但是人力管控投入大，人为痕迹较为明显，如何运用近自然理念使城市生态公园的设计更符合自然规律，拥有自然系统本身的演替更新能力将是我们的研究目标。而在城市生态公园的近自然设计过程中，重要的是遵循场地现状、区域特征，尊重和适应自然本身规律，减少人为干预与投入对场地本身环境，尤其是有违自然的冲击，使城市生态公园的一些物质能量信息要素模拟自然且循环更新，发挥最好的生态效益。

1. 自然保护生态优先原则

城市生态公园近自然景观设计的核心就是以自然为本，回归天然风貌。所以场地中的自然景观要集中保护起来，并且使自然景观尽可能发挥更大效用，保护人与自然共生。此外，植物、水体、硬质、照明景观从设计理念到表达形式都达到近自然的效益和感受。需要注意的是，近自然景观与自然式景观的不同，后者是中国古典园林的主要形式之一，强调景观的意境表达和观赏性。而近自然景观设计是一种接近及模拟自然的设计理念，注重生态效益。

同时，强调生态系统组合的合理性，以生态节能为原则，在时间、空间上与周围环境形成和谐共生的有机体，创造与自然接近的景观效果，最大限度地改善生态环境，维护整个生态系统的平衡与安全。以节约型园林作为城市生态公园近自然景观设计的重要指导思想，将资源的合理和循环利用原则，综合运用到前期踏勘、规划设计、施工、养护等方面，最大限度地节约物质材料，提高资源的利用率，促进资源、能量的循环利用，减少能源消耗，是获得社会效益、环境效益、生态效益与自然效应最大化的最主要途径。

2. 节约与可持续原则

城市生态公园的场地现状包括各种因素，而气候、土壤、地形、水文等各种条件都要作为我们考虑的对象，而只有充分考虑到这些自然条件才能顺应自然规律的变化。此外，在设计过程中充分运用乡土动植物资源，本地建筑铺装石材等易获得的材料来源，避免人力管控投入过大，并且使场地内相关资源能够相互良性利用，为彼此提供活动空间、生存条件，互惠共生。

节约包括对资源和资金投入两个方面的节约和高效率利用，并且是二者的综合考虑。比如，在水节约与循环利用方面，利用绿地、雨水花园、透水铺装、地面径流、建筑排水引流、施工工艺等创意设计方式收集雨水，并且在水体净化方面利用营造的动植物群落生境、自然砾石层等本身成景的公园设计景观结构过滤降水，净化收集的雨水又可以重新运用到公园绿化生态用水和周边水系的水源补充。

城市生态公园的近自然设计应该减少场地过度设计，节约原料本身及运输成本，回收废旧材料，保留与利用原有自然资源，运用设计的创新思维，改造与建设可持续的循环利用系统可以减少人力与资金投入，也可降低人为干预。

（二）城市生态公园要素近自然设计

1. 植物景观近自然设计

在城市生态公园中，每个生态系统都需要完整性，才能实现功能的全面与完善，进而才能使小范围系统与地球总体生态系统融合。一个自然平衡的生态系统，免不了有多样性植物构成的生存环境，相同地，若植物群落能健康稳定地繁衍生息，也间接证明了这样的生态系统是有活力的、接近自然演替的。一般来说，植物群落的选择，特别是在以环境保护与修复为主要目的的城市生态公园中更应谨慎小心。

城市生态公园的近自然植物景观设计最主要的是尊重自然平衡，避免出现违反自然、违反初衷的行为。以少人工干预为目标，遵循植物的自然生长形态。修剪植物耗费了大量的人力物力在人为美学上，所以近自然植物设计不需要这样的异形植物形态，以遵循少人工干预原则。

同时，在陆生植物与水生植物方面都要选取乡土植物，不要为了所谓的美化、创意、造型等人类意愿而造成生态系统的不稳定，所带来的损失会得不偿失。乡土植物种类因为得到了自然长期的考验，往往有较强的适应性和抗逆性及抗病虫害能力，易于养护管理，在自然的条件下可以更快地繁衍成林，且生态效益更佳。采用复层种植模式，以当地优势种建群，提高植物群落的多样性，另外，注重营造植物景观的近自然观赏性。城市生态公园不仅具有生态恢复的特性，也是提供游客观赏、游憩、运动休闲的地方，以满足自然生态系统的功能完善性和植物本土适应性为基础，在植物配置上要运用美学原理，将自然的美通过人类的设计，以植物群落为载体，充分地展现出来。

2. 水体景观近自然设计

由于城市化发展迅猛，道路、广场、建筑等硬质景观不透水面积不断扩大，雨水难以下渗补给地下水。加上自然环境破坏、水土污染及城市水资源紧缺等问题日益严重，城市生态公园的水体近自然设计就显得尤为重要，这对于水资源的保护、城市自然生态环境改善与重建有着十分重要的意义。

城市生态公园水体景观的近自然设计主要关乎三个方面：水体的形态、水循环利用、驳岸的设置。遵循近自然设计原则，首先，在城市生态公园规划设计中，水体形态要根据场地原始自然环境，不能为了水景而开挖土方，而是要随着地形和周围水文状况而确定水体形态。其次，水景不仅要满足城市生态公园游人观赏、亲水的需要，也要形成一个降水收集、降水净水、降水利用的循环系统以减少城市生态公园人力管控的投入。最后，在驳岸的设置中，要充分考虑陆生、湿生植物、动物的交流，不要轻易用水泥混凝土式的规则驳岸，这会阻隔物质能量信息交流。

3. 硬质景观近自然设计

硬质景观是针对软质景观提出的，是以人工材料营建而成的一类景观，以道路铺装、建筑小品等为主，这类景观的人工痕迹严重，看似难以成为近自然景观，但是如果稍加改造并加以创意设计，会使游人的近自然体验升级，并且与植物、水体等软质景观融为一体。

在城市生态公园中，道路与场地的铺装应遵循避免人为痕迹过重的原则，在保证游人基本观景、游览功能完善的前提下，注重与植物、水体空间的相互交流，园路近自然设计要借用原有地形的纵坡、横坡设置园路，线性上蜿蜒曲折，在尊重场地原有地形的变化前提下，保证游人体验自然、亲近自然的游览功能的完善。

在城市生态公园建筑及构筑物的近自然设计中，首先，使用的材料要遵循生态优先原则，不使用不可降解材料，注重废旧材料的改造利用；其次，在形态组合方面要借鉴主动设计途径的美学设计手法，避免干扰周边自然环境；最后，要注意建筑物外形与颜色的借景，力求与周围环境融合。

4. 照明景观近自然设计

照明是人类伟大发明，改善了人们的生活，但在另一个方面，城市生态公园照明景观的人为痕迹较为严重，如何让景观照明变为一种近自然景观是我们要关注的问题。首先，照明景观的外观造型应该与周围环境相协调，以功能性为主要导向，外观设计应注意它的藏幽处理。其次，节约能源是可持续生态建设的核心理论之一，尤其是北方地区夜晚时间长，夜景照明持续时间长，应注意节能灯具的选择，并且注重太阳能的利用。

（1）减少人为痕迹

城市生态公园的夜景照明近自然设计以满足人的基本功能需求为出发点，在满足基本照明功能的前提下，减少光照对生态公园的影响，减轻人为痕迹的存在与影响。

（2）生态节能

城市生态公园的夜景照明可以引入太阳光能源，节约能源的消耗和后续人力的投入，并且分时段分区域控制，部分灯光采用声控或光控的形式，能有效节省能源的使用。

（3）注重场地特色

考虑到城市生态公园场地特色表达的重要性，夜景照明设计从具体的类型、外观到整体的氛围营造，都要表达出城市生态公园的地域性特色与文化内涵。

第四节　城市边缘区绿色空间生态规划设计

近年来，人们在反思"城市病"由来的同时，开始关注"生态城市""绿色城市""低碳城市"等城市发展理念，期望通过合理调节城市与自然之间的关系，来缓解城市的无序蔓延、生态失衡等问题。生态规划作为一种可持续的规划手段，强调对自然资源的合理利用与生态整合，能够使自然资源在被开发利用的同时得到妥善的保护。因此，将生态规划运用于城市边缘区建设之中，可有效引导城市边缘区的发展方向，为解决现有城市边缘区出现的问题带来了机遇。

一、城市边缘区及城市边缘区绿色空间

（一）城市边缘区

1. 城市边缘区的概念界定

城市边缘区是介于城市与乡村之间独立的地域单元，是城市建成区延伸至周边广大农业用地融合渐变的区域。其范围是城市发展到一定阶段，以城市建成区

的基本界线为内边界，以具有城市指向型的物质要素如工业、居住、交通、绿地等的扩散范围为外边界，它不仅涵盖了狭义的城市边缘区，还包括了部分中、远郊的范围，如在乡村用地上建设城市型功能区，以及其与周围乡村的接合地带。

2. 城市边缘区的基本特征

（1）区域的过渡性

城市边缘区位于城市中心建成区与广大乡村地区之间，是城市向周边区域发展的产物，也是用地逐步城市化的某个阶段，城市与乡村的各种要素在边缘区内分布。在人口方面，这里是城乡人口混居及城市社区和农村社区混合交融的地带，农业人口占多数，人口流动大；在经济层面，其在原有农村经济的基础上叠加了城市经济要素，使得产业结构发生变化，出现了多样化特点；在社会文化层面，城市文化不断向边缘区渗透，出现了城乡文化特征的二元并列。

（2）区域的动态性

城市边缘区的扩展是时空一体化的过程，其土地利用结构可变性强，空间优化潜能高，因此，城市边缘区具有一定的动态性。随着城市规模、辐射强度及城乡关系的变化，城市边缘区的边界与内部各要素也发生着变化，本时段的乡村有可能成为下一时段的城市边缘区，本时段的边缘区有可能成为下一时段的中心城区，而同一地段在不同的时期，也会因社会经济发展水平的不同，进行城镇体系与行政区划等的调整，呈现出"平衡—发展—再平衡"的动态发展过程。

（3）区域的非均衡性

通常情况下，城市发展的压力在各个方向上并不均衡，并且由于受到自然条件（山脉、河流等）及人为因素（高速公路等）的限制，边缘区的扩展具有明显的方向性；同时，边缘区的空间扩展也会随着经济的发展产生周期性的波动，从而形成在边缘区内部不同要素的分布密度、水平和功能分布的不同及变化梯度大等现象。

（4）区域的互补性

城市边缘区的发展依附于城市，同时为城市分担着压力，二者形成一种经济职能带动和功能互补的关系。

首先，随着城市的不断发展，边缘区凭借优越的区位条件，缓解城市在住宅、交通和就业等方面的压力，城市通过建设区域的交通网络及互补的空间结构，将部分职能从中分离出来，在满足和解决各种基本生存需求的同时，为其发展开辟新的拓展空间。

其次，各种城乡要素及其功能在城市边缘区内呈现出频繁的物质和能量交换，使得城市边缘区成为城乡之间的活跃地带。它吸收和接纳了来自城市的技术、资金与信息，以及来自乡村的劳动力，在其内部形成互补与竞争的关系，并反作用于城市与更广阔的农村，最终成为城乡之间的联系枢纽。

（二）城市边缘区绿色空间

1. 城市绿色空间概述

（1）城市绿色空间概念界定

绿色空间一词最早出现在城市空间规划的相关研究中。随着城市的不断发展，许多自然景观遭到破坏，城市生态失衡，引起诸如热岛效应、空气污染、水土流失等生态环境问题。为平衡社会经济发展与自然资源的可持续利用，实现经济效益与生态效益的双赢，城市绿色空间的规划思想被人们提出，并逐步发展起来。它将城市各类生态要素有效地组织起来，为城市生物多样性和自然资源的保护及管理提供平台。

城市绿色空间是位于城市内部的一个复合生态系统，其以城市绿地系统为基本骨架，将城市各类生态要素组合起来，共同构成一个生态网络，能够有效缓解城市生态问题，为城市居民提供良好的生活、休闲空间。

（2）城市绿色空间基本功能

①生态功能。城市绿色空间作为城市生态系统的重要组成部分，具有净化空气、调节小气候、削弱噪声、保持水土、降低城市热岛效应、调节城市生态平衡等生态功能。

②休闲功能。城市绿色空间包含各种公园绿地、市民广场等休闲活动空间，能够为城市居民提供休闲娱乐、科普教育等服务功能。

③美学功能。城市绿色空间由植被等自然要素组成，可以给人以美的享受。同时，不同城市的绿色空间所拥有的自然资源不同，能够突出该城市的个性，创

造出丰富多彩的城市空间体系。

④避灾功能。城市绿色空间可以作为灾难发生的避难地，在灾难发生时，为灾民提供临时住所，同时可以作为物资储备及发放的临时空间，具有避灾功能。

2. 城市边缘绿色空间概述

（1）城市边缘绿色空间基本概念

通过以上对绿色空间的分析能够得出，作为城市内部的一个复合生态系统，城市绿色空间对城市的景观、生态和居民的休闲生活有着积极作用，能够起到维持生态平衡、休闲娱乐等作用。城市绿色空间亦对城市结构塑造、城市风貌体现有着至关重要的作用，影响着城市的整体形象。

在城市边缘区内，应该同样存在着类似于城市绿色空间的一个体系，它由各种绿地、水体、农业用地等自然与近自然空间组成，能够对塑造城市边缘区的空间结构、维持区域内的生态平衡起到重要的作用，在进行城市边缘区建设时，应该对这个体系加以重视，合理地保护和利用，这将对城市边缘区乃至整个区域的可持续发展有着重要的意义。

本书在总结城市绿色空间定义的基础上，将其命名为城市边缘区绿色空间，结合景观生态学理论，定义城市边缘区绿色空间为：位于城市边缘区内，由植被及其周围的光、水、土、气等环境要素共同构成的自然与近自然空间，在地域范围形成由不同土地单元镶嵌而成的复合生态系统，具有较高的生态保护、景观美学、休闲游憩、防震减灾、历史文化保护等生态、社会、经济、美学价值。它的形成既受自然环境条件的制约，又受人类经营活动和经营策略的影响，承担着城市边缘区形态建构、社会空间融合、城市可持续发展维护的重要职能。

（2）城市边缘绿色空间功能

由于地理位置的特殊性，城市边缘区绿色空间受城市和乡村的双重影响，其内容根据人们的开发与需求逐渐复杂化，除了具备城市绿色空间的基本功能外，还承载了其他更多的功能，这样能够更好地适应边缘区的复杂性，为人们提供多功能的场所。

①维持城市与城市边缘区内部生态环境平衡的生态功能。城市边缘区绿色空间的首要功能，就是为城市及区域提供生态保障。城市边缘区内分布着大面积的

自然资源、防护林地和水体网络，它们共同构成绿色空间系统。该系统能够净化城市产生的废气、废物，抑制环境污染，还能够有效调节城市周边气候，舒缓城市生态压力，是城市外界的生态保护屏障。在城市边缘区内部，该系统能够维护生态平衡，调节小气候，为当地居民提供良好的居住环境和生活环境。

②城市无序扩张的抑制功能。城市边缘区是城市扩张的主要对象。城市边缘区绿色空间对于边缘区整体环境塑造与结构非常重要。当城市边缘区绿色空间被合理布局，并达到一定的规模时，其对城市的无序扩张能够起到有效的抑制作用。

③为城市提供农副产品的生产功能。城市边缘区绿色空间内有大量的农田林地、水产养殖地，是城市发展所需物资和能源的供应地和集散地。城市边缘区不仅为城市发展提供了充足的后备土地，同时也为城市居民的生产和生活提供了丰富的新鲜农副产品。

④具有特色观光旅游的休闲功能。相对于城市绿色空间，城市边缘区绿色空间具有更大的自然属性，其丰富优美的自然景色，加上邻近城市的特殊地理区位，能够吸引市民周末前往观光，进行短途旅行，具有观光休闲功能。

除了游赏自然景观，城市边缘区内的民俗旅游、农业观光也是各具特色的休闲项目。目前，城市边缘区处于农业的转化时期，地理优势使得边缘区更易从城市获得智力、技术方面的支持，并有着明显的市场优势，为其农业观光提供了发展前景。在城市边缘区开发农业观光等项目，不仅能够为市民提供科普、教育、游乐、农业示范的场所，还能够起到一定的生产作用。通过景观结合生产，边缘区的农业观光建设在补给城市物质能源的同时可以打造特色城市边缘区。

⑤文化的衔接功能。随着城市的发展，边缘区内各种产业结构发生改变，这些文化资源多少会受到影响与破坏。城市边缘区绿色空间将这些文化资源纳入其中，对其进行保护与传承，并在空间内融入不同类型的文化景观，能够起到城市与乡村不同文化的衔接作用。

⑥城市与自然物能流通的廊道功能。城市与自然是相互依赖的，二者通过一系列的生态流来实现互通，如城市和乡村之间的物质交换流、城市对乡村的污染流、乡村为城市输送新鲜氧气的气体流、动植物在两者之间进行迁徙、物种的传

播等，城市边缘区绿色空间能起到一个绝佳的生态流廊道作用，连接城市与自然，促进二者和谐相融，共同发展。

二、城市边缘区绿色空间景观生态规划与塑造

（一）城市边缘区绿色空间景观生态规划

1. 城市边缘区绿色空间景观生态规划的目标

①优化城市边缘区绿色空间格局，缓解城市无序扩张。面对当前快速的城市化进程，城市边缘区绿色空间格局显得尤为重要。在城市边缘区内，一个合理的绿色空间布局将建成区融入绿色基底，能够避免城市连片式的发展，缓解城市的无序扩张。城市边缘区绿色空间景观规划设计的重要目标之一，就是将其进行合理的空间布局，在城市边缘区内形成绿色生态复合网络，以保证城市–城市边缘区–乡村的和谐发展。

②丰富城市边缘区绿色空间的内容与层次，确保其功能的发挥。良好的城市边缘区绿色空间具有维持城市边缘区内部生态平衡，连通城市绿色空间与乡村自然空间，满足城市及城市边缘区居民的生活、休闲需求等生态、生产、休闲功能。通过城市边缘区绿色空间的景观生态规划设计，对其内容与层次进行丰富，以确保其诸多功能达到最大的效益，为城市边缘区的各种生物、居民提供良好的生存和使用空间。

③调整城市边缘区绿色空间的产业结构，达到经济效益与生态效益双赢。在城市边缘区绿色空间的景观规划设计中，通过对其内部相关产业结构进行一定的调整和转型，使其更加适应城市边缘区的特殊背景条件，达到经济效益与生态效益的双赢。

2. 城市边缘区绿色空间景观生态规划的原则

（1）系统整体性原则

系统整体性原则强调城市边缘区绿色空间内部各要素之间的协调性、连贯性和一致性，通过对内部各种景观实体要素进行整体性的控制和创造，连同区域内的其他环境景观，共同形成整个区域的绿色空间系统。

理想的城市边缘区绿色空间是由一系列生态系统组成的、具有一定结构和功能的整体，是由景观主体、景观客体及二者之间的相互运动组合而成的复合生态系统。城市边缘区绿色空间的系统性表现在其内部各景观要素达到结构功能稳定及和谐共存的状态。因此，在进行景观生态规划设计时，应从整体性着手，把景观单元视为有机联系的单元，寻找彼此之间的联系，形成一个体系，实现空间的可持续性、整体性、有机性与和谐性。

（2）地方性原则

由于地理、历史、文化背景等条件的不同，不同的城市边缘区所呈现的面貌也各具特色。因此，城市边缘区绿色空间规划设计要本着地方性原则，尊重地域文化与艺术，在此基础上，寻求多元化的发展。

地方性原则要求在进行边缘区绿色空间规划时，尊重场地、因地制宜，寻求场地与周边环境的密切联系，突出当地的历史文化和特色，保持其特有的地域风格。在进行景观生态塑造时，要用发现的、专业的眼光去观察和认识场地原有的特性，而不是刻意创造，同时尊重生物多样性，善于运用当地材料创造景观，减少对资源的掠夺。

3. 城市边缘区绿色空间的景观生态规划途径

（1）基础分析

城市边缘区绿色空间的景观生态规划应以充分的分析为基础。任何场地都不是空白的，而是随着时间的变更，逐渐形成的具有自身属性的空间，并与周边环境紧密联系。因此，不能孤立地站在待开发、待整合的场地上进行分析，而是应当以更宏观、更全面的角度对现有空间进行综合分析。对于位于城市与乡村交错地带的城市边缘区绿色空间的基础分析，所需要分析的内容更加综合与复杂。总体说来，可以从区域尺度层面、场地内部层面及历史层面来分析。

①区域尺度分析。城市边缘区与城市及其城市化进程是密不可分的，城市化进程带来了边缘区绿色空间的破裂。在区域尺度下进行分析，能够从一个宽广且动态的角度来更好地把握城市边缘区绿色空间发展的脉络。区域尺度上具体涉及区位地理、城市化程度及气候要素等。

②城市边缘区内部要素综合分析。每一个城市边缘区都有自己的特征，应对

城市边缘区内部各要素的形式与结构进行综合分析，为规划一个生态的土地使用配置模式提供基础。一般内部要素主要包括区域的自然因素、建成区的景观、区域的产业分布、地域的文化特征等。

③历史边缘区的生态分析。城市发展进程中，人类活动与自然力本身对环境造成的改变是不可逆的。在进行规划时，某一历史时刻的生态系统可以成为参考点。在土地使用的实践变迁与现状调查中，大部分的模式改变都是朝着自然程度降低的方向发展。可以从时间变迁的调查中，找出变迁以前的模式，作为回到高自然度土地使用模式的参考。

在城市边缘区绿色空间的规划过程中，可以通过不同年份的航空照片或卫星影像为基本资料，用人工判断的方法绘制出不同年份的土地利用现状并进行叠图工作，经由数字化和地理信息系统进行图档管理及斑块面积和数量的计算，观察并度量各种景观结构的变迁性质，包括斑块数量、斑块大小、内部栖息地数量、连接性程度及边界长度等指数的变化，通过这种调研，规划人员就有可能找到规划设计的突破口，这将给区域重建和再生、融入周边系统带来机会。

（2）建立生态评估体系

对城市边缘区绿色空间内部要素进行生态评估，是生态规划的基础，也是规划过程中不可或缺的部分。建立生态评估体系的目的在于，通过认识城市边缘区绿色空间内部景观生态的格局和过程、分析人类对绿色空间内不同景观类型的干扰程度与干扰方式，将用地进行分级，用来指导城市边缘区绿色空间格局的合理规划，建设良好的人居环境。

①景观生态评估体系。城市边缘区绿色空间的景观生态评估体系立足于景观生态特征、人地作用特征、生态系统可持续发展能力等方面，从原生度、相容度、敏感度、美景度、连通度与可达度几点对城市边缘区景观进行生态评估。

②景观分级。城市边缘区绿色空间的生态评估体系能够判断城市边缘区绿色空间的环境质量、衡量其现有功能的发挥程度、为合理调整和设计城市边缘区绿色空间提供了科学的依据。通过运用该评估体系，对城市边缘区绿色空间的现状进行综合的生态评估后，进行分级，用以确定每一级别所要完成的任务，便于之后的具体规划、管理和操作。

（3）构建城市边缘区绿色空间形态

面对当前快速的城市化进程，城市边缘区绿色空间的形态显得尤为重要，一个合理的空间布局能够发挥景观和生态方面的最大效益。在对城市边缘区绿色空间的基础分析和评估分级后，可从以下三个方面构建城市边缘区绿色空间形态：

首先，重整边缘区绿色空间内现有资源的布局，通过连接和整合各个生态要素，包括绿地、水体、交通、文化景观等方面，形成一个复合的生态网络；其次，将城市边缘区绿色空间通过生态廊道的形式，与城市内部绿色空间相联系，将自然引入城市；最后，创建具有弹性的城市边缘区绿色空间发展框架，为城市发展预留更多的弹性空间。

（4）构建生态产业

产业系统被视为生态系统的一种，也可以用物质、能量、信息的流动与分布来了解，因为人类整个产业系统所需的资源来自生物圈，两者无法分割。与自然系统相比较，产业系统中物质的合成与分解速度已然失去平衡，需要透过各种政策与技术的手段来改变这种失衡的关系。城市边缘区内有着大量的农林产业，一些工业园区也选择建立在边缘区内，近年来的城市边缘区旅游产业也逐渐兴起。这些产业对城市边缘区环境及发展方面产生了一定的影响。可以通过城市边缘区绿色空间的建设，对其进行良性引导。例如，开展特色的绿色产业、文化产业及休闲产业，将生态与经济进行整合，对提升边缘区的生态效益与经济效益具有重要意义。

（二）城市边缘区绿色空间景观生态塑造

我国正处在城市化的快速发展阶段，大规模的城市边缘区建设难免会忽视对城市边缘区绿色空间的保护，进而导致出现了一系列的生态环境问题，并呈现更加严重的趋势。这种情况需要及时制止，并弥补之前已造成的破坏。在进行城市边缘区绿色空间塑造时，分析和预判城市化过程，应从不同尺度来进行，包含从区域到城市，再由地区到边缘的空间层面，以期形成良好的城市边缘区绿色空间格局。注重时间维度的塑造，并介入生态设计手段，合理地引导其变迁的方向，对现有资源进行保护和复育。设计师也要对边缘区绿色景观的空间形式和形态进行创新设计，塑造具有地方特色的环境。

1. 空间尺度的塑造

城市边缘区绿色空间的景观建设贯穿于整个区域的发展，从城市战略到边缘区生态空间结构，再到某一具体的基地景观塑造。由于设计对象的尺度不同，其所具有的空间过程和格局不同，在不同尺度上所呈现的生态过程和规律也不同。在进行塑造时，要从区域、城市、边缘区到基地由大到小的尺度空间阶层出发，并结合各种水平与垂直的空间图层进行表达。

（1）宏观尺度范围

由于城市边缘区绿色空间系统具有复杂性，城市发展具有不可预测性，因此在进行大尺度的景观生态规划时，要强调空间环境脉络，进行以策略性为主的定位，依据区域生态过程塑造区域景观生态格局特征，注重区域地方性的生态特色，制定用地保护的开发策略，规划绿色空间网络结构与内容，并严格按照规划落实。

（2）中观尺度范围

中观尺度范围是对边缘区绿色空间框架的具体构建，如各环节的主题分析、内部各大要素的关系网络及各项指标的量化等，具体内容有：维护和恢复河道、湖泊、湿地、堤岸及滨水地带的自然形态，贯通水系；保护森林资源，修复破损山体，与城市绿地系统进行有机结合；开发各类绿地，完善绿地系统；分散和溶解公园，使其成为边缘区内的绿色基质或斑块；对农业用地集中合并，保护和利用特色优质农田作为边缘区内的有机组成部分；对部分农业用地进行退耕还林，退耕还湿，为野生动物提供栖居和生存的环境及迁徙廊道；整合大众运输系统与原有自然系统中的生态廊道，共同构成绿色空间网络；规划设立行人、自行车专用的非机动车绿色通道；规划绿色历史文化遗产廊道等。

（3）微观尺度范围

在满足上述控制性指标的基础上，对基地尺度范围的设计，即具体某一个地块，强调景观与环境意向的塑造。设计从场地的自然环境出发，关注场地的地形、地质、地下水、地表水、地方物种、风、日照等各种生态因素。在此基础上，进行景观形态与空间的塑造、植物群落的配置、景观材料的使用等。用科学与艺术的手段来协调自然与人工景观，使二者达到一种最佳的平衡状态，带给使用者舒适的感觉和美的享受。

2. 时间维度的塑造

景观在时间的轴向上，是一个不断变迁的过程，城市边缘区是城市建设活动的高发地区，在时间轴线上有强烈的不稳定性，稍不注意，就会丧失大量宝贵的自然资源。在进行城市边缘区绿色空间的景观塑造时，也应该考虑和强调景观在时间维度上的变化。通过在时间维度上监测城市发展对自然系统的扰动，分析城市发展政策、目前人口分布、经济发展等综合因素，对城市边缘区发展进行预测，在重要节点处优先划设绿色空间，预留出城市发展的弹性空间，在恰当的时间介入人为影响，引导其向良性发展。

（1）可持续性设计

在进行边缘区绿色空间塑造时，只有处理好人与自然之间的关系，注重对自然资源实施保护利用、重复利用及再生利用，才能够保证边缘空间的可持续性，使其在时间轴线上能够恒定地发展。在进行设计时，要充分分析及规划如何合理地利用城市边缘区珍贵的自然资源，合理地组织边缘区内的各种绿地，形成边缘区生态基础设施，以各类生态流动穿透自然与城市，创造具有弹性及流动性的边缘区绿色空间。

（2）过程性设计

过程性设计是借由生态手段，介入场地原有的过程，通过时间的作用，慢慢融入场地，进而对场地长期存在的固有动力的一种推动方式。在进行设计时，并非对场地进行强加的、硬性的人工改造，而是包含物质性、生态流动的过程，同时，也受到公共空间的性质、地方政策与社区等因素的影响。

（3）适应性设计

千百年来人类强行改造自然的后果已经证实，用强硬的手段去抗衡自然只会带来更严重的后果。因此，换一种处理方式，以一种柔性的手段去适应场地的条件，利用人类的聪明才智，将场地的不利因素转为有利因素，是适应性设计的宗旨。随着科技时代的到来，一些对自然力应用的技术已经不是问题，并能够更多地应用于景观设计，如对太阳能、风能、潮汐能的利用，水的有效循环等。

在设计过程中，这种环境敏感的地区往往又表现出区域景观的突出特征，因此，适应性的景观塑造方法应该强化对这一地区的保护，通过调查、分析与评估，掌握其发生规律，遵循自然固有的价值和过程，根据土地的生态要求规划和布置各种空间用地，并智能地将场地条件转为有利因素，实现人与自然的共生。适应性设计基于场地内固有的特性，同时又是人类智慧在场地内的延续。

3. 景观实体的塑造

景观最终要落到具体的场地之上，同一块场地，不同的设计师通过不同的设计语言，会诠释出不同的景观效果，使得参与和使用地块的人们，产生不同的观感。城市边缘区绿色空间多为未开发的自然资源，具有良好的生态功能，合理保护与适度开发，塑造具有地方特色的景观，是尊重自然的设计态度。

（1）塑造功能多样性的景观

城市边缘区绿色空间所承载的功能复杂且综合，在进行景观塑造时，应结合不同的景观类型，创造满足不同功能的景观实体，例如，结合边缘区内的湿地、森林等自然环境，满足城市边缘区对城市的生态保障功能；结合农田、果园、林地、郊野公园等满足其兼具补给的观光功能；结合水体、交通绿色基础设施等生态廊道，满足城市交通服务及自然物能流通的功能；结合内部绿地的设计，满足周边居民的休闲使用功能等。在这些用地内，根据功能需求，设计不同的基础设施，发挥其作用。

（2）塑造连续性景观

城市边缘区内的绿色空间是多样化的、天然的，正因为这种自然特征，它才是最宝贵，也是最脆弱的。因此，面对着城市扩张所带来的危害，在设计时应尽可能地保护自然连续性和自然过程，并通过人工景观的补充，形成连续的景观。可以通过对用地边界的巧妙处理，如植被的栽植方式、边界构筑物的材料选择与形态设计，将设计地块与周边自然的肌理融为一体。对于自然过程已被破坏的地块，也可以通过塑造视觉连续性的景观及人工景观的方式来弥补。

（3）塑造地域性景观

地域性景观是指一定地域范围内的景观类型和景观特征，它是与地域的自然环境和人文环境相融合，从而带有地域特征的一种独特的景观。比如沼泽地、海岸、沙丘等自然要素，都应该尽量地保护利用并且让其成为设计的重点。许多人为因素所形成的景观与肌理，比如田埂、鱼塘、采矿沉降区等，也是值得延续的地方特质。

在进行边缘区绿色空间塑造时，应以自然为基础，以人文为外延，对场所中各种特征化的肌理进行挖掘，如生活在这里的人们对它的情感，适应了这里的气候而生长的特殊植被等，将这些自然、人文、社会方面的信息进行叠加和解读，对场地原有的一切物质与非物质形态进行改造和再设计，最终体现在景观设计中。

利用不同的材料来塑造景观，是景观设计中不可缺少的方式。对于城市边缘区绿色空间的景观塑造，其植物材料的选择，应尽量运用乡土植物；在砖、石、木材等材料的运用上，结合工艺与做法，形成符合当地与现代气息的景观；一些废旧材料的运用，也可以为创造具有地域特色的景观加分。保留原有的材料、地域象征性强的标志物及植物栽培方式等，作为显示地块地域特征的元素。

第五章　生态视角下的城市荒野景观设计

第一节　荒野景观的基本理论及与城市的相关性

一、荒野景观与城市荒野

（一）荒野景观

"荒野"一词在多种的文化背景或者学科领域给出了多种概念阐述，在自然保护领域和风景园林领域均有所探讨。在学术界以荒野为中心衍生出的多个术语，如荒野景观、荒野地、荒野保护地、城市荒野等，下面将梳理各领域和学者对其概念的解读，并对其关系进行辨析。

1. 荒野

不受人类干预并经历自然演替过程的区域，基本上会保留其原始的自然外观，或者受到轻微干扰的陆地或海洋区域仍会保留其自然特征，并且没有永久和明显的人类居住区，该地区通常受到保护和管理以保持其自然状态。荒野是由自然作为主导因素的区域，自然过程可以在大尺度的空间里发挥一定的生态作用，使得当地的生物在本土的生境上自由生长。该区域不曾被人类建设所改观，并无人类建设所涉及的设施或者聚落。

2. 荒野景观/荒野地

荒野景观为自然主导而非由人主导的土地景观，特别是指存在自然演替过程的地貌景观，并且能够呈现出植物自然生长景象。"荒野地"为具有自然过程占主导、人类干扰度低、人工开发度低、面积足够大、能提供孤独体验、具有多重价值等特性的野性自然区域。此处的"荒野地"把荒野当作一种景观类型，强调这类土地的自然性和低干扰性。

本书的荒野景观是指，具有较低的人类干扰程度和较高的自然主导特性的，不同尺度的土地景观或空间，在这里是由自然主导着生态系统的发展和演替过程。

3. 荒野保护地

大面积保留其原始外观或稍做改动的区域，保留了自然特征和影响力，并且没有永久或明显的人类居住区。该区域受到保护和管理，以保持其自然状态。在世界自然保护联盟的保护地分类中，荒野保护地是与国家公园等具有同等重要性的保护地，是无法相互替代的。荒野保护地也可称为荒野区或者荒野保护区，荒野保护地强调其作为一种自然保护地类型，受到法律与政策的保护，依据明确的保护地边界，对其进行保护管理。荒野保护地是荒野地中受法律保护的那一部分，经过科学识别，划分出明确的边界，并且依法依规实施管理措施。

（二）城市荒野

1. 城市荒野的概念

所谓的城市荒野，泛指城市区域中的荒野景观。城市荒野是城市中自然主导而非由人主导的土地景观，尤其指在自然演替过程中呈现植物自然生长景象的地貌，比如，自然山林、自然湿地、河道、无人管理的田园、被遗弃的棕地等。城市区域的荒野景观，是指城市内部或者城市周边区域的，具有较低的人类干扰程度和较高的自然主导特性的，不同尺度的土地景观或空间，在这里是由自然主导着生态系统的发展和演替过程，荒野自然与人居环境共存，野生生物与人类和谐共存。

2. 城市荒野的特殊性

城市荒野所指的城市区域中的荒野景观具有一定程度的特殊性，因为此类荒野景观在区位上更加靠近城市，所以受到人类活动的影响要大于城市区域以外的荒野景观。由此可以得出，从荒野景观所具有的特征的角度来看，城市荒野景观的面积尺度、自然主导性、人类远离性、原生保持性等均小于一般情况下的荒野景观。并且，此类荒野景观位于城市区域范围中，作为城市绿色空间，充分发挥其生态价值、社会价值、经济价值与审美价值就有了更大的意义和必要性。然而，实现其各方面的价值必定需要少量人为因素的加成，这就与荒野景观的特征形成一定程度的对立。

综上，通过对以荒野为中心衍生出的荒野景观、荒野地、荒野保护地及城市荒野几个概念的阐述，得到以下的逻辑关系：荒野景观是荒野地貌植被的景观性呈现，荒野地与荒野景观所强调的角度相同，荒野保护地是荒野景观中受法律保护的一部分，城市荒野是荒野景观中位于城市区域的一部分。

二、荒野景观属性

（一）荒野景观的构成

1. 自然要素

构成荒野景观的自然要素主要是指自然的植被、水体、山体地形及自然生态系统中的野生动物。自然要素是荒野景观构成要素的主体，通过保留场地原生的地貌与生态系统或者主动干预生态系统再野化的方式呈现，充分尊重植物群落的自然演替。自然要素的呈现状态是多样的，可以是原生的山林、湿地、湖泊等，也可以是重新被自然控制的城市废弃地，如长期无人干预的工业废弃地、棕地、次生的林地湿地、淤泥填埋地等。

在植被方面，自然野性的植物群落是荒野景观区别于人工园林景观重要特点之一。植物群落呈现自然生长的状态，其中乔木、灌木、草本、常绿树、阔叶树在群落中所占据的地位和比例是随着自然的演替过程而变化的，植被的种类主要由本土树种组成，对外来入侵树种进行人工干预和控制，避免其泛滥成灾。植被风貌展现出当地典型自然植被风貌景观，可作为当地自然风貌识别的名片。

在水体方面，荒野景观中水体多呈现原生的湖泊、湿地、溪流等状态，充分展现当地水域特征，与其他类型的自然要素组成和谐的生态系统与景观。也可以是次生的植物群落的林地湿地、淤泥填埋地等。

在山体地形方面，尊重场地原生的地质地貌，包含自然形成的山地、丘陵、陡坎、崖壁等。

在野生动物方面，荒野景观中存在的兽类、鸟类、鱼类和昆虫等动物种群，它们在自然生态系统中自由地生存繁衍。景观中动物的出现反映出该场地的低干扰属性，动物与人类存在一定程度的冲突，因此在开展再野化实践之前要做好扎实的调研与科研。

2. 人工要素

人工要素可以分为两种：一种是指人工设施停止使用之后重新被自然主宰的次级荒野景观中的历史遗留人工设施，例如，废弃的铁路、机场、交通站场、工业用地等；另一种是指在景观设计营建时人为参与到荒野景观中并设置于其中的要素，包括道路、建筑、构筑、小品等。人工要素在荒野景观中为次要因素，道路、建筑、构筑、小品等要素在其中主要起到辅助人们参与其中的作用，是人们欣赏荒野景观、进行运动活动及科普自然知识等功能所需要的设施。通常人工要素的选择要与自然相融，比如材料的选择，选用天然材料为主，比如石材、木材等，这样可以更好地与荒野景观中的自然要素融为一体，更好地成为自然生态系统的一部分。

（二）荒野景观的类型

1. 按照人类干预程度分类

将荒野景观作为研究主体，在风景园林的视角下，将荒野景观按照人类干扰的程度分为三类：初级荒野、次级荒野及类荒野。其区别可简要概括为，初级荒野是人为干扰的原生野性自然景观，次级荒野是在停止人为干扰之后由自然重新主导的景观，类荒野为人工营建的类似荒野的景观，这三类的人类干预程度逐渐递增。

在社会生态学领域曾将荒野分为两类：初级荒野与次级荒野。初级荒野指的是以没有明显人为干预地块为主的荒野环境，很多国家为保护其原生的自然生境及物种多样性而设立自然保护区，在明确的边界内将此类荒野保护起来，在法律和管理层面上严格界定，对人们的使用方式、使用时间等进行限制；而次级荒野是指，自然接替人为重新开始控制的荒野区域，开始主导生物以及环境的变化，比如，城市废弃地在长期自然的主导下发生了植物群落的次生演替。与原生的初级荒野相比,次生的次级荒野在城市中更加常见,也更加适应城市人居环境的更替与发展,次级荒野也是城市荒野景观研究中的主要的研究对象。除了初级荒野和次级荒野以外,还有类荒野景观,类荒野景观是一种完全由人工建造的荒野景观,呈现植物自然野性生长的状态,是人工运用植物材料模拟荒野的特征而建造的。类荒野景观的区位也主要位于城市区域,是城市绿地中经设计师人为营建的类似荒野环境特征的景观,比如呈现自然演替植物风貌等。

2. 按照尺度分类

将荒野景观与城市并置研究时,荒野区域受到城市发展建设的空间限制,比较不同区位的荒野景观的尺度,可以发现距离城市区域越远的荒野景观尺度越大,位于城乡交融处的荒野景观尺度居中,位于城市中的再荒野化区域的尺度更小,此外还有城中的小型的荒野生态系统。西方学者针对城市及周边荒野区进行过分类的研究,将中欧地区的荒野景观按照荒野区域的尺度和与城市的区位关系分为国家公园、城市中的荒野区域、城乡再荒野化区域、城乡小型再荒野化生态系统。最大尺度的国家公园规模一般会达到1000ha以上,是具有生态系统服务功能但远离城市的大片自然保护区,由于其超大规模的特性,具有多方面的功能,包括生物多样性的保护、生态服务、大型动物栖息、娱乐活动及科学研究。城市中的荒野区域是位于城市中的中型自然保护区域、开发空白区或者人为干预较小的区域,规模一般小于1000ha。城乡再野化区域是废弃的工业或农业用地再野化区域,规模一般小于500ha,承载更多人类参与性的功能,比如教育、生态过程展示等。城乡小型再野化生态系统是指城市及周边的小型荒野生态系统,如公园边缘、峡谷、溪流、水塘等,规模一般小于10ha。

(三)荒野景观的特征

1. 自然主导性、动态性与高生态效益

自然主导性、动态性与高生态效益是荒野景观完整的定性描述。荒野景观是由自然过程所主导,它的主要特征体现在高效的自然过程、高质量的生态系统服务、较高的生物多样性、突出的自然美感、遥远感或孤寂感等。针对尺度较大的远离城市的荒野景观类型其特征还表现在具有足够大的面积，例如大于 20 平方公里，使之在保护的同时可以进行利用，并且具有地质、生态等科学价值，风景、教育、文化历史价值等。针对中小尺度的城乡再野化区域或者城乡小型再野化生态系统，荒野景观的特征还表现为存在自然演替过程的地貌景观，呈现植被自然生长的状态。

2. 自然度与遥远度

荒野景观的特征在空间上量化衡量的话可以梳理为两个方面，即生态方面和感知方面，分别对应"自然度"和"遥远度"，自然度是生态或生物物理意义上的，遥远度是直观可以感受到的与人工设施距离程度。

荒野景观的自然度是指荒野景观生态的完整度、较少受到人类活动的干扰程度，是生物物理意义上的；遥远度是指荒野地块与人工设施距离的远近程度，比如与最近的机动交通、聚落点的距离，人工设施包括交通设施、工程设施等，如道路、桥梁、铁路、机场、港口、电线、水坝和其他工程设施。随着自然度和遥远度的增加，地块的荒野特征更加明显。

荒野制图是大尺度荒野景观的荒野特征量化描述的一种途径，简单概括来说，荒野制图是基于荒野连续图谱概念对荒野地进行空间上的荒野质量识别，识别主体的规模一般为地区/保护区尺度以上。荒野制图是指在荒野连续图谱概念的基础上，以自然度和遥远度作为衡量荒野景观的荒野质量的指标，通过 GIS 地理信息系统处理相应数据，量化上述指标，构建模型，进行评估与分析，最终得到荒野地图，这个过程称为荒野制图。其中用于建模的数据类型包括地表覆盖、交通、设施、地形及人口。荒野制图的理论基础是荒野连续图谱，其概念主要体现的是荒野景观的相对性，荒野质量与自然度和遥远度呈正相关的关系。反映自然度的生态数据一般采用地表覆盖和现代人工物的缺乏度作为依据，反映遥远度则是通过测量该区域与机动交通等的距离得出，最后再将各指标的制图叠加，得到反映荒野质量整体格局的复合指标，按照荒野质量指标数值进行分级划分，落在荒野地图上呈现分区的形式，得到荒野质量也就是自然度和遥远度由高到低的不同分区。

（四）荒野景观的维度

1. 空间维度

荒野景观的在空间维度可以从空间尺度和空间位置两个方面进行阐述。一方面，不同空间尺度下研究荒野景观的方式不同；另一方面，指荒野景观所处的空间地域区位不同，所呈现的风貌则有着不同的特点，会展现该地区独有的地域风貌或文化景观。

荒野景观的研究可以分为两种空间尺度，即宏观尺度和微观尺度。在宏观尺度上，进行荒野制图，依据地理信息数据，运用 GIS，量化荒野特征，分析得出荒野质量分级，得出野性分区，从而划分严格的荒野保护地，为荒野实践做基础。在国土尺度、区域尺度和保护区尺度荒野景观的研究都可以采用荒野制图的方式展开。

空间地域区位不同的荒野景观也具有不同的风貌特征，特定地理空间的荒野景观展现着本土地貌、水文、气候及生物群落等自然地理特征。人们对自己家乡的土地风貌的精神依赖是难以割舍的，荒野景观也会在地域文化的渗透下呈现特有的风貌。比如在废弃的林地、农田、梯田上次生发展起来的荒野景观，其所呈现的风貌定是具有明显的地域特征。本土荒野景观的营造可以展现出地域的风土人情、历史文脉和民俗习惯，甚至是该地域的思想意识、道德伦理、审美情趣和生活习惯等内容。

2. 时间维度

荒野景观时间维度上的过程性是指，荒野景观中的生态系统是由自然主导形成的，经过长时间的自然选择、自然淘汰而逐渐演替达到的相对稳定的状态，不是具有固定外观的景观，而是经过时间的沉淀，经历过物种的优胜劣汰，呈现动态变化的演替过程。荒野景观是在时间维度上不断更新、不断自我完善的动态自然系统。

种种事实都体现着自然力量驱使着荒野景观在时间维度上呈现动态变化，并且这种动态变化同时具有生态价值和社会教育价值。变化的生态价值可以体现在荒野景观的生态系统服务功能和完善当地的物种多样性上，社会教育价值体现在可以通过科普等亲近自然的手段，让城市中的人们了解认识到自然力量的结果。

三、荒野景观与城市的相关性

（一）荒野景观与城市的关系

历经多年来现代化城市的建设，人类对荒野认知的观念存在着一定的变化，这种变化也意味着人类与自然关系的改变。首先，从城市建设的角度来看，城市中的荒野是在多年城市变迁中留下的，城市对于荒野的态度也经历了从开发到保护利用的转变；其次，从城市生态环境的角度看，荒野景观可以为城市提供稳定、高效的生态系统服务，此时荒野景观与城市是生态服务上的供需关系；最后，从城市居民的角度来看，荒野景观可以作为城市居民体验自然、感知自然力量、学习自然知识的城市绿地载体。

1. 荒野景观是城市变迁中留下的自然系统空间

城市中的一部分荒野地是在城市发展建设的过程中，逐渐向外围建设扩张所容纳进城市区域中的，他们原本是城市周围的初级荒野，或者是被废弃后发展起来的次级荒野。城市荒野作为城市变迁中留下的自然系统空间，城市规划开发建设者们对待它的态度是发生过转变的。曾经盲目的开发建设导致了一系列生态环境问题、资源枯竭问题等，严重影响到人类与城市的发展，由此，公众开始逐渐关注荒野景观之于城市的价值。

从城市建设的角度看，城市荒野作为城市中不可多得的近自然系统，城市规划开发者逐渐认识到其在生态、社会、经济及美学方面的价值，意识到保护荒野景观的重要性和必要性，荒野景观也就从被城市开发与征服的对象变成了被保护的对象，实现了关系的转变。对于城市发展中存在的不平衡、城市规划中的不合理，在人类的干预退出的时候，自然的力量会利用各种机会来弥补人类的疏忽，进而形成荒野环境。在新一阶段的城市化建设中，保护好城市中各类自然系统空间是至关重要的。

2. 荒野景观是提供生态系统服务的城市绿色空间

城市荒野与城市中其他经过精心设计管理的城市绿地相比，在提供生态系统服务方面往往更具有优越性。城市荒野的生态系统是自然主导的，近自然的、稳定的，在管理方面是低成本维护并且是可持续的；而人工管理的城市绿地的生态系统单一、薄弱、不稳定，系统自身完善和修复的能力较弱，养护与管理的成本也较高。因此，荒野景观作为城市绿色空间的一种，能够更好地提供城市环境与居民所需的生态系统服务，在低成本、低维护、低影响的条件下，将生态价值发挥到最大。生态系统可以为人类和城市提供的服务包括调节、供给、支持与文化服务，例如，调节城市气候气温，调节水量水质、提供淡水、食物，实现养分循环、土壤形成及植物授粉等。荒野景观的这些生态能效都是人工绿地无法比拟的。

城市荒野在保护城市物种多样性方面也具有绝对的优势，当人的干预不再出现在土地上时，当地的乡土树种就会开始生长，与其相伴的野生动物将会逐渐出现。城市荒野在很大程度上丰富了城市生物多样性，是具有高生态价值的城市绿色空间。

3. 荒野景观是城市中联系人与自然的绿色载体

在城市荒野景观作为城市绿地的规划管理中，可以在合理的范围内给予城市居民深入荒野、体验野性自然的机会。城市荒野可以通过分区规划，划分出一定的区域进行荒野自然的科普教育、健康疗养、感受本土地理风貌、徒步健身等与人有关的活动。人在荒野自然环境中，可以放缓心跳频率，舒缓降低血压，缓解压力，也可以在其中进行徒步、观鸟等深入自然的活动，感受自然，认识自然。除此以外，城市荒野比人工园林景观更能体现本土的地域性特征，欣赏城市荒野是居民认识故土地理风貌的重要途径。

因此，城市荒野可以作为城市绿地的载体将人类、城市与自然联系在一起，使得三者可持续地和谐发展下去。

（二）荒野景观与城市的矛盾与平衡

1. 自然主导和人工主导的矛盾

荒野景观和城市其实是大地景观的两个极端，环境和风貌差异很大，甚至是截然相反。荒野是由自然主导的、具有一定的原生自然风貌的区域，在这里，自然特征和影响力得以保留，没有明显或者永久的聚居点；而城市是人类靠自己的力量对大自然进行改造形成的区域，是人工主导的。因此，城市中应该没有严格意义的初级荒野，处于城市区域中的荒野景观大概率很少存在尺度非常大、完全没有人类涉足的荒野区域。

荒野景观与城市的矛盾体现在它们主导主体的区别，即自然主导和人工主导。荒野景观区域存在城市中，就很难避免人类活动渗透其中。因此，设计师应重点探讨如何在荒野景观中保证自然主导生态过程的情况下，最大化地发挥其生态价值、社会价值、经济价值以及美学价值，使自然与人工得以平衡。

2. 自然系统和人工系统的平衡

城市中存在着自然系统和人工系统这两个重要的系统，这两个系统是相互平衡的。人工系统和自然系统两者虽然不同，但相互依赖，缺一不可，两者同时存在可以提高人类生存的条件和意义。这里自然系统是指能够真正按照自己的演变进程发展的系统。城市中的荒野就是这样的自然系统的一部分，健康城市中的人工系统与自然系统应该相互交融、相互作用，才能达到平衡。

自然系统之于人工系统的作用在于，为人工系统提供环境稳定支持、生态系统服务。自然系统如果与人工系统交融，各类绿地穿插于城市设施之间，那么就可以更好地发挥自然系统的作用。城市荒野是城市中自然系统重要的一部分，因为其生态系统是自然主导的，城市荒野在为人工系统提供生态系统服务方面可以发挥更大的作用，尤其是与城市中那些以满足人的需求为主要目的建造的、生态结构单一的、维护成本高昂的绿地相比。

实现以荒野景观为代表的自然系统和人工系统的平衡，有赖于城市规划者对荒野自然空间价值的认识，只有如此，才可以保证自然系统在城市中的空间体量。城市的人工系统不只需要人工绿地，更需要有自然力量主导演替繁衍的自然系统，也就是荒野。城市荒野的存在使民众在城市中感受野境的独特，也可以使民众在野境中欣赏城市，感受人类发展建设的力量。

（三）城市中荒野景观的价值

1. 生态价值

城市荒野的生态价值体现在它可以为城市提供高效的生态系统服务，以及促进城市生物多样性的提升。

荒野景观为城市提供高效的生态系统服务，人类从调节服务、供给服务、支持服务和文化服务四个类型的服务中均可获得益处，荒野中的动植物由自然主导形成最适宜场地气候环境的种群模式和优越稳定的生态系统。荒野景观与城市中精心设计建造的城市绿地相比，更具优势，能够提供更为丰富和高效的生态系统服务，在调节、供给、支持与文化方面均能有效服务于城市，更加有助于维持和改善城市生态环境、丰富城市栖息地类型。

城市荒野可以促进城市生物多样性的提升。城市中的荒野景观对于城市生境和栖息地维护起到了重要的作用。荒野景观的自然主导属性，使得城市的生境、栖息地类型及物种多样性均得到了丰富。外国学者的研究显示，城市绿色空间的相对野性程度和生物多样性之间呈现正相关关系，提升野性程度和降低管理强度等措施可以促进城市绿色空间自发的生态过程，进而使城市生物多样性得到提升。

2. 社会价值

城市荒野的社会价值主要体现在教育、文化、游憩、疗养等方面。

教育方面，在城市中的荒野景观中进行自然教育是连接人类与自然的重要途径，城市荒野也在自然教育方面具有独特的优势；一方面，由自然主导的时间维度上的生态演替变化是荒野景观所独有的；另一方面，城市荒野在物种多样性上也有一定的优势。

文化方面，城市荒野在市民对当地的故土情结和文化认同上，也有很大的作用。因为荒野景观的风貌是具有地域性的，人们对地域产生的归属感和认同感在一定程度上是当地文化和自然结合而产生的。本土荒野景观可以展现出地域的风土人情和历史文脉等。

游憩方面，城市荒野为市民提供归隐体验、野外探险等游憩活动的场所，机动出行的方式在这些区域是被限制的，仅限非机动的方式来旅行，如徒步、划独木舟等。

疗养方面，城市荒野可以为人们提供荒野疗养的场所，大量学者的研究表明，自然环境可以促进人的身体健康和心理健康，在多种生态疗法当中，荒野疗法是重要的一种促进身心健康的方法。

3. 经济价值

城市荒野的经济价值体现在其作为城市绿地的低强度管理和低成本维护，以及可持续发展理念的运用。首先，荒野景观的保护与维持过程中，低强度管理和低成本维护是必要条件，因此节省了一大笔建设和人工管理的费用。其次，对城市区域中荒野景观的保护是遵循可持续发展理念的体现，可以平衡人类与自然资源之间的关系，为后世城市经济健康稳定发展提供保障。

4. 美学价值

城市荒野的美学价值可分为短期价值和长期价值：短期来看，城市荒野景观丰富人群审美观念，为都市人群欣赏到多元的自然之美提供途径；长期来看，荒野审美奠定当代美学基础，为未来城市规划建设提供美学指导。

在培养市民的荒野审美方面，城市中的荒野作为原生的生态自然，可以成为都市人群认知与体验的对象，多维度体验到荒野自然之美，才能更好地找到生命的意义。通过接纳荒野、靠近荒野或者与荒野共荣共生，可以在欣赏荒野之美的过程中实现人性的圆满、人与自然的和谐，进而完善人类美学思想体系。

在提供城市规划的美学指导方面，人与荒野审美关系的建立也是现在城市与荒野自然审美关系的建立，随着人类与荒野关系的演变，人类对荒野的认知观念发生变化，突破了曾经的人类中心主义，对荒野自然产生审美趣味，奠定了现代人类美学思想的基础。在城市规划建设的初始阶段，只有美学主导，才能解决城市建设中保护生态与发展人文的矛盾，实现生态与人文的统一。在新的城市化建设中，只有保护好城市中的自然空间，容纳与保护荒野，才能更好地建设生态文明，无论是原生的荒野还是次生的荒野，均值得我们保护。

第二节　城市荒野景观的审美价值

城市荒野景观在诸多研究中被证实具备生物资源等生态价值，但作为生态立场的城市景观，仅用传统审美对其进行欣赏必然会使人们难以感受到其美，进而影响人们对城市荒野景观的接纳，影响城市荒野景观的价值实现。

当代荒野审美是以解决工业文明带来的生态环境问题、人与自然环境的发展问题为出发点，它不同于传统美学对自然风景的欣赏，而是一种生态美学及生态文明美学视角下，借助生态知识、生态伦理对自然进行的审美欣赏。因此，需要从城市荒野景观所提供的生态价值去认识与理解其独特的审美价值。本节在此理论基础上，对城市荒野景观提供的生态价值、城市荒野景观的审美特征、荒野审美与城市荒野景观生态价值的关联进行分析，研究生态视角下如何理解与展现城市荒野景观的审美价值。

一、城市荒野景观提供的生态价值

（一）丰富生境类型和保育城市生物多样性

城市荒野景观作为自然主导演替的城市生态系统，为城乡野生动植物提供了更加适宜、空间异质性更高的生境与"踏脚石"。同时，由于人工干预减少，城市荒野景观内的生物种类明显高于人工绿地，具有较高的城市生物多样性保育功能。

其中，生物多样性一方面得益于复杂的生境条件。有研究发现，土壤多样性、地质多样性和景观多样性与荒野景观植物物种的丰富度呈正相关。这是由于城市荒野景观大多在短时间内形成，植被的发育严重依赖于人为基质的特性。而这些人为基质受到人类日常活动、生产活动的影响，土壤理化性质发生改变，加上交通运输加速物质交换和循环，城市荒野景观的生境形成与自然原始生境存在差异化甚至完全不同的栖息地结构。并且，城市荒野景观受自然水文影响形成的微地貌更加丰富，有利于提升水热组合的丰富度，较之规整的人工绿地更易形成差异化的异质性栖息地。同时，基质与环境的丰富则使得内部生长的动植物形成多样化的群落结构，促进更多型类的生境产生。有研究发现，城市荒野景观中的蝴蝶、虎蜂等野生传粉昆虫的种类明显多于人工绿地。

另一方面，城市荒野景观内植物种类由本土物种与外来物种共同建立，能形成更丰富的基因库。其中，大多数物种无法克服原始森林和城市之间的距离，因此，城市荒野景观内的外来物种主要是由周边城市环境迁移过来的物种决定，这也使得城市荒野景观较之原始荒野能够保育出更独特的生物物种。此外，这样丰富的植物种类还能够形成一定屏障，有效抑制入侵物种与生物同质化。

随着植物物种的多样性提升及荒野斑块扩大，为动物提供了更有利的生存条件，为动物物种多样性的产生提供更多的助力。

（二）提供城市生态系统供给服务

城市荒野景观具备高度自我调节的生态过程，可以为城市提供良好且可持续的生态系统服务，对城市居民的生存与健康福祉具有重要意义。供给服务是指人们从生态系统中获取各类自然资源，包括粮食、药物、各类加工原料等。在相关研究中，城市荒野中存在着许多药材、食材、饮用水、矿物等资源。在部分食物来源不稳定或贫穷地区，这些城市中的野生植物还起到食物补充作用，为城市居民提供了维持生计的传统药物和日常食物。此外，供给服务在非贫困区也存在，供给服务不仅满足了部分人的生计需求，还回应着人们的生活习惯。因此，在城市荒野中建设的食用型景观进行食物采集活动可以延续其供给服务，也是提供居民管理公共自然资源和与自然深入互动的机会。

（三）提供城市生态系统调节服务

调节服务是指用生态系统的自我调节过程来获得良好的生活环境，包括城市水体净化、水源涵养、气候调节、疫病调节等。特别对于城市中的棕地而言，其上生长的荒野景观对场地生态修复、微气候调节、污染净化及碳汇积累等都具备积极作用。通常可以为雨水径流提供临时蓄水池，减少洪水风险；可以运用各类植物吸收空气中的二氧化碳或一些污染物；也可以通过蒸散作用降低环境温度，改善城市微气候、减轻城市热岛效应。

（四）提供城市生态系统支持服务

支持服务是指生态系统为以上服务的良性运作起到的基础支持作用，如产氧、土壤形成、植物授粉、物质循环、初级生产等。其中，物质循环中捕食者的增加是使得荒野景观生态系统优于人工绿地重要一环，捕食行为是不同级生物遵循营养级联形成的能量转换过程，捕食者可以有效调节其他动植物数量，防止某物种泛滥引发危害，它们的存在有效促进了动态、高效、完整的生态过程，能够维持生态平衡，构建健康的城市自然生态系统。

（五）提供城市生态系统文化服务

文化服务是指生态系统为人们提供的非物质服务，如文化、精神、历史、休闲体验、科学教育、治疗等。从文化、精神、历史来说，荒野是人类精神文化之源，为人类诸多思想、艺术等诞生提供了灵感源泉。人们在城市荒野景观中与自然互动时通常也刺激着精神实践，借助自然进行分享、祈祷、捐赠、纪念等活动，实现自我精神满足。同时，不同地域的文化及自然特征孕育出不同文化的自然多样性，提醒人们独特的地方文化和价值。例如，西北地区黄沙草甸体现的豪迈地方文化，江南地区江水荷塘体现婉约的地方文化；从休闲体验来说，城市荒野提供城市绿色空间及荒野体验空间；从科学教育与治疗来说，更有诸多研究证实荒野为人们提供放松、联系自然和反思的机会，有益于人们生态认知与身心健康。

二、城市荒野景观的审美特征

（一）生态系统和谐稳定美

环境美学受生态学将自然群体或集团关系作为研究视角的启发，提出以"整体主义"的视野来感知、理解与体验群体自然生态之美，认为自然界物能使自己所属物种健康发展，并对所属生态系统有机性、稳定性所起到的不可替代的支撑功能。人们在欣赏这类自然生态美时便是欣赏群体自然内部的关系及内在意义，理解特定关系对于利益相关方具有不可或缺的生存价值。

较之人工绿地，城市荒野景观往往具备更多生物物种，更独特、复杂的自然关系。城市荒野景观中的次级荒野生长于曾被人类文明控制的区域，其生境类型与物种来源因人类活动影响而呈现多样化，构建出了动物、植物、无机界间丰富的生存关系。这样多样化的生存关系随着生态演替的发展，使得荒野斑块规模逐步增大、食物网复杂度得以增加、自然内部获得更为稳定的自我调控能力，有利于更多生物的生存，继而形成稳定的生态系统，修复城市薄弱的生态，实现城市生态系统的整体健康与功能完善。

因此，这样的生态系统多样性、物种丰富性、基因多样性构成的生物多样性，以及荒野景观内部自然对象间功能性、生存性的多样互依关系是城市荒野景观独特的美之所在。而感知理解体验自然个体、个体关系对生态系统整体健康起到的作用，以及多样化生物间、生物与遗留的人工基质间构成共生互依的关系即是城市荒野景观的审美特征。

（二） 家园感的物质精神建构美

家园感是人们对环境认同的最高层次，是环境美的根本属性。生态文明美学引导下，城市荒野景观作为与人们生活在临近空间的自然应当是人类家园中的一部分，为人们"宜居""和居""乐居"的生活提供生态与精神支撑，协助人们构建家园感。

"居"是指环境的居住功能，不同的居住功能包含不同审美意味。自然生态塑造不同层次"居"的功能性，城市荒野景观作为城市中最为纯正的自然生态，自然为不同层次的生活提供相应的支柱，也提供了不同的审美趣味。其一，城市荒野景观为城市提供的生态资源与生态功能为人们提供"宜居"的生活环境。其二，城市荒野景观天然的、附近的、普泛的、亲和的特性为强调"人与自然和谐"的"和居"生活提供自然基础。其三，"乐居"是居民对环境情感精神的需求，荒野景观承载着丰富的精神象征与情感内涵，自古作为心灵与精神的归宿，常带有寄情的功能，能满足居民独特的情感需求。并且，每个城市的荒野景观具备不同的个性特色与历史文化底蕴，能构建出一个区域的历史感。

总之，城市荒野景观提供其空间特性、生态特性与精神特性，为人们构建了自然生态环境优良且与自然和谐相处的居所，满足人们对环境情感的需求，促使人们对生活的环境形成认同感和归属感，产生家园感的审美感受。因此，人们在城市荒野景观中欣赏到的是自然作为家园的一分，是自然对家园的建构、对自我家园感的建构。

（三）文明的传承发展美

城市荒野景观走入大众审美视野是文明的产物，人们对荒野景观的审美本质仍是欣赏文化引导下自然的美，其审美特征不仅蕴藏于生态文明生活方式中，同时还有对过往文明的传承与发展。

城市荒野景观的审美特征既是集工业文明、农业文明对自然的审美特征精华，又有所创新发展的。一方面，对城市荒野景观的欣赏是一种科技基础上对自然的欣赏。城市荒野景观有一部分存在城市棕地之中，城市棕地是工业文明科技加持下对自然进行认识与索取的结果，展现出工业文明对生态平衡的破坏。而荒野景观能够进行生态修复的科学认知吸纳了工业文明发达的科学技术，但又在其基础上加以超越，使人们认识到尊重友好自然才能获得更好的生存与发展空间。因此，对城市荒野景观的审美不限于欣赏农业文明的诗意想象，还有对生态文明先进科技理念支持下人与自然关系提升的欣赏。另一方面，对城市荒野景观的欣赏是一种带有自然崇拜的欣赏。城市荒野景观的生境、肌理因场地原先的人工活动而丰富多变，从而具备神秘性、无限性，使得人们在具备自然科学知识基础上依旧能感受到人类的认知有限而自然无限，进而产生一种类似农业文明时期对自然的崇拜欣赏。综上，人们在荒野景观中欣赏到的是生态文明优于工业文明的科技理念，是人与自然的平衡和谐（生态理念），是文明的传承与发展进步。

（四）人与自然并行发展美

生态文明美学认为生态文明美的本质在于人与自然的和谐，这种和谐是指"自然与人相向而和"，是借助高科技实现的人与自然的双赢，是一种人类与自然都能从彼此赚取更高收益的状态，因此，人们对城市荒野景观的欣赏还在于人与自然并行发展，在于人与自然实现高层次的共生。

实现人与自然并行发展以及高层次的共生需要获取两个方面的满足：一是自然要能满足人的需要；二是人满足自然的需要，为自然生存提供基础，参与自然生态平衡的修复。于人与城市荒野景观的相互关系而言，首先，城市荒野景观中的次级荒野在短期内形成，其生境与生物大多依赖人工环境和人类活动的影响，人们由此欣赏到人类活动对自然产生贡献。其次，城市荒野景观为人们带来独特的资源价值，并协助完善城市生态系统、维持城市生态健康，提供城市绿色空间。最后，人们又以爱护敬畏的心理保护这一自然生态，用珍惜节约的态度开发这一自然资源，如此不仅实现生态平衡的维系，更有利于人类文明可持续的发展。以上三层共同促成人与自然高层次的共生。由此，人们对代表节约资源的朴素形式也会产生审美欣赏，同时，人们通过理解、保护与观赏这些生态资源感受到自然对人的价值反馈，也能获得满足愉悦。

三、荒野审美与城市荒野景观生态价值的关联分析

（一）可感知生物多样性实现"生态系统和谐稳定美"

生物多样性被认为是生态系统和谐稳定的判断标准之一，同时美属于文明范畴，离不开人的感知。基于此，生态系统和谐稳定美的实现需要满足客观基础、主观感知两个条件，具体来说：一是城市荒野景观中生物多样性的存在；二是通过利用生态服务功能，让人们能够感知生物生境的多样化，及其对生态系统和谐稳定的支撑作用。

城市荒野景观中生物多样性包括生态系统多样性、物种多样性、遗传多样性，在前文生态价值分析中，城市荒野景观中具备生境多样化、物种来源多样化，还带有人类活动遗留的干预影响，能够促进以上各类多样性的产生。而多样化的生物构成了相互之间复杂的种间关系，使食物网结构更为复杂。其中丰富的食物源更吸引各类捕食者，诸如狐狸、鸟类、猞猁等，确保营养级联内能量转换过程、有效调节物种平衡。由此，生物多样性为荒野景观内的物质流、能量流、基因流提供了多样化渠道，保障生态系统实现稳定的自我运行与调节过程。因此，城市荒野景观保育生物多样性并能稳定生态系统的生态价值毋庸置疑，也为生态系统和谐稳定美奠定了客观基础。

人们感知生物生境多样化，以及感知生物多样性对生态系统和谐稳定的支撑功能是依靠感官对生物生境多表现在化形象的感知、对生物多样性推动生态系统

发挥调节和支撑服务的感知。城市荒野景观中生物、生境形象多样化多在自身种类和组合形式，便于人们视觉、听觉感知。城市荒野景观中物种池丰富，涵盖本地植物、周边绿化、交通运输带来的外来物种等，具备多样化的植物形象；植物物种间构建的丰富的群落结构更为多类野生动物、濒危物种提供栖息空间，构成多样化的自然群体形象、带来诸多鸟鸣虫鸣；另外，荒野景观中城市遗留的不同人工沉积物增添了土壤基质形式，建筑、铺装道路、场地附近人们活动与自然塑造等导致荒野景观的生境分裂呈现多样地质景观，不仅为场地动植物物种多样化提供助力，同时也创造了丰富的生境形象。生物多样性推动生态系统发挥调节和支撑服务，表现在改善场地的生态条件，并时常发生授粉、捕猎等自然行为，人们在整体体验评估环境时便能感知。

以上论述了城市荒野景观中的生物多样性如何为场地生态系统的稳定提供帮助，又如何吸引人们的感官感知。可感知的生物多样性显现出自然界物对各类生物和生态系统健康起到的不可替代的作用，揭示了群体自然内部相互的依存关系，促使人们产生对该区域生态环境和谐良好的评价与审美喜爱。

（二）生态系统的服务与地域性特色实现"家园感的物质精神建构美"

城市荒野景观生态系统的供给服务及与人类为邻的状态为人类新时代的家园建构提供物质基础，同时其生态系统的文化服务与地域性的多样自然形象为人类家园认同的情感诞生提供物质支持。以下从三个方面具体阐释城市荒野景观生态系统及生态系统服务功能如何实现人们家园、家园感的建构：荒野景观的生态系统供给服务与系统模式促使人们构建地球家园；生态系统的表现形态激发人们的精神文化；区域性的生态系统构成地方人群家园认同感。

其一，荒野景观的生态系统供给服务与系统模式促使人们构建地球家园。这句话又可以从两层进行理解。一是指人与城市荒野景观为邻的状态构成互供互需的家园状态。城市荒野景观内包含着地球诸多生物及非生物资源，其间能量转换和动态生态过程为人类生活所需提供必要物质支持，对人类的生存以及健康福祉都具有重要意义。因此，人们可以将城市荒野景观视为家园中构成的一部分。二是对荒野景观的系统特征的认识促成人们家园意识的拓宽。不同的家园是不同文明性质与特色的体现，随着生态文明生态品位、科学技术的提升，人们对荒野景观的生态系统知识与系统观念有了进一步认识，并意识到人类与自然相互影响本应属于一体，生态文明时代的家园是人与荒野景观共同构成的地球家园。

其二，生态系统的表现形态激发人们的精神文化。生态系统的文化服务包含诸多内容，荒野景观的生态系统的形象为人们的精神发展创造了更大的空间，对人类的文化、精神塑造具有重要意义。首先，生态系统的形象通常可以塑造一个文明的基础。其次，生态系统的形象为一个民族的艺术、思想等提供了想象来源。对于中国而言，荒野景观生态系统良性运作的形象及文化服务为中国传统的文化、艺术启迪提供了灵感源泉，形成中国人独有的传统哲思。因此，当代中国人再次接触这一灵感源头，又常能与自我民族精神产生共鸣。

其三，区域性的生态系统构成地方人群家园认同感。荒野景观的形象某种程度可以提醒人们自己民族独特的起源与演变，中国幅员广阔，不同地域的文化及自然条件孕育出不同的自然形象，提醒人们独特的地方文化与价值，并激发自我历史意识。荒野景观中具备自然地形地貌，常生长多样化的地域性动植物及居民日常可见的城市植物，能激发人们对家乡的形象记忆，以及衍生出的文化、历史记忆。另外，荒野景观生长的城市废弃地，在某种程度上更促生了人们的过往记忆与"乡愁"。

基于以上分析，城市荒野景观生态系统的各类服务以及地域性生物、生境多样化，满足了人们的物质生存基础，为人们精神发展及精神认同提供相应支撑，从而促使人们建构宜居、和居、乐居的家园，并产生对自我家园的依赖感、归属感及认同欣赏。

（三）复杂的工业生境辅助实现"文明的传承发展美"

人们对城市荒野景观的生态价值重视折射出生态文明倡导的科技理念、生态理念，呈现出对工业文明、农业文明诸多成果的传承与发展，激发人们欣赏文明的传承发展美。在城市荒野景观的生长场地中，城市棕地更能突出体现工业文明与生态文明在科技、生态理念的对比。其中，荒野景观的神秘性、废弃工业环境的衬托为人们感知文明的传承发展美提供了客体条件。

　　城市荒野景观的神秘性来源于人们在科学认知基础上仍然无法完全预判自然生态过程，预知自然发展结果。在城市生态学研究中，对城市棕地在不同生态演替阶段所表现出的不同特征植被进行分类：先锋植被、持久杂草植被、高草本植被、自发林地，四种特征植被大致的外观形象被有所归纳。然而，城市棕地中异质性栖息地条件、多样化的植被组成、随机的人为干扰等，使得每一类特征植被的具体形象无法被人们完全预知。并且，荒野景观时常处于动态的过程，在四季和年复一年的自然演替过程中，荒野景观往往能呈现更丰富的视觉画面。人们观赏到荒野景观为适应各类生境而不断变化、复杂多样的形象，更易认识到人的认知有限而自然无限，从而体会到农业文明时期人们对自然的崇拜、敬畏之情。

　　在城市废弃工业环境的衬托下，首先，荒野景观具有较明显的隐喻场地内涵信息的能力。工业废弃地中生长的荒野景观，因受场地早先工业生产活动及工业构筑物等影响，会形成更为复杂的生境条件与自然系统，其间自然植被依照各自需求形成丰富的荒野斑块，这些荒野斑块的形象也在一定程度上折射出场地的各类信息，如：荒野景观适应环境、修复场地生态的不同状态，以及场地曾经的肌理、生产内容等，构成了城市荒野景观内涵的复杂神秘。使得在其间穿梭游览的人们不仅能感知自然与人工构筑共同塑造的复杂形象，还能认识工业文明为荒野景观提供的"助产"。

　　其次，荒野景观展现出生态文明继承工业文明后科学技术、发展理念的提升。工业文明时期人们对自然的一味征服严重破坏了自然平衡，危及人类生存，工业废弃地中的污染与生态破坏便是工业文明发展理念的产物。荒野景观对场地的生态修复、给予人们生态服务，体现出自然修复污染等科学技术的提升，并体现出生态文明发展理念的结果——人们尊重自然从而获得自然的认可与支持。

　　总而言之，城市荒野景观的生态系统在科学意义上建立了自然的神秘感，又在废弃工业环境衬托中显露生态文明优于工业文明的生态与科技品位，从而使人们发现并欣赏文明的传承发展美。

（四）良性生态互动实现"人与自然并行发展美"

　　场地过往的人类日常活动、生产活动为荒野景观提供生存基础，而荒野景观随着生态系统发展成熟，为城市提供生态建设与生态系统服务，同时，人们以尊敬爱护的心理对待这一自然资源从而形成良性循环，实现人与自然并行发展美。

人类活动对城市荒野景观而言，不仅在于提供特殊的工业生境为大量物种提供了栖息地，还能对荒野景观的生态系统进行少量干预，去除荒野景观中完全自然主导而存在的不利生态平衡的物种、改良生境条件，以此为生态系统的良性发展提供辅助作用。

城市荒野景观对人类而言，提供了更加可持续的良好生活环境及更加易于与自然亲近的城市空间。荒野景观的生态系统服务中供给服务、支持服务与调节服务为城市居民提供了食物药物等自然资源，还保护了城市排水过程，连接了城市生态网，并能稀释、代谢、降解、转化城市棕地土壤中存在的污染物。此外，城市荒野景观带来的自然福祉在于其提供的文化服务，在于能够被人们感知与享用，获得生活的乐趣与精神的满足。

同时，人们在接受城市景观提供的生态系统服务时与自然保持和谐，与野生动植物保持适当距离，维持了生态平衡；在日常生活中以朴素节约的心态，对荒野景观进行评估、保护、利用，以此带来可持续的发展。

以上人类与城市荒野景观间的良性生态互动表明了自然与人类生活紧密的联系，促成了人与自然的双赢，也使人们意识到尊重自然也能为自身创造更大的发展空间、赚取更多利益收获，以此激发人们对人与自然并行发展情景的审美欣赏。

城市荒野景观为城市提供的生态价值包含丰富生境类型和保育城市生物多样性、提供城市生态系统供给服务、调节服务、支持服务、文化服务，有对自然自身生态系统和谐运行的保障，也有对人类提供的生态服务。从生态美学、生态文明美学的视角对当代荒野审美进行分析，可以发现，城市荒野景观的审美特征围绕生态系统自身和谐以及高科技引导下的生态与文明和谐共生的状态来展开。具体可分为生态系统和谐稳定美、家园感的物质精神建构美、文明的传承发展美、人与自然并行发展美，分别阐释了人们对于荒野景观实现自身生态系统稳定、建设人类精神与居所、证实人类文明进步、提供可持续发展状态的欣赏喜爱。

由此，城市荒野景观的生态价值为人们的审美感知提供了客体条件。其中，可感知的生物多样性保育能力及提供的多样化栖息地（生境）为人们欣赏生态系统的和谐稳定奠定基础；生态系统的地域特色以及为人类提供的供给、文化等服务为人们家园感的建构提供物质条件；复杂的工业生境辅助形成了动态的不可预知的自然形象，生态形象与废弃工业环境形成对比，引发人们感知欣赏生态文明对农业、工业文明的传承与发展；生态的良性互动则促成自然提供更加健康可持续的生态系统服务，激发人们对人与自然并行发展状态的审美。

城市荒野景观是兼顾实现生态价值与审美价值的综合体，它在提供生态价值的同时为其审美价值的体现提供了基础。从具备生态性的审美视角塑造城市荒野景观展现其独特审美价值；反之，也为培育人们生态主义价值观、实现人与城市荒野和谐共生、推进生态价值实现提供助力。

第三节　城市中类荒野景观规划设计手法

一、类荒野景观在城市建设中的设计目标与定位

（一）指导思想

荒野保护是我国生态文明建设领域十分重要的环保理论和景观保护实践。如今，我国处于发展阶段，要提早加强对生态文明的建设。很多政府文件已经明确提出了我国需要实现绿色发展道路的迫切性，而实现绿色发展便是以生态环境和自然承载力为前提并将生态保护作为我国可持续发展的重要支柱。荒野，是保证和提高自然承载力的重要基石，在荒野中能够衍生出多样的生态系统、生态链，同时也蕴含着丰富的自然资源，因此，我国生态文明建设必然要树立科学的荒野保护观，进行可行的荒野保护实践。

（二）发展目标

荒野型景观在人文上能够反映一个地区的历史特色，具有历史价值；在环境

上能够稳定范围内的动植物群体，具有生态价值。将类荒野景观定义为城市中前荒野时代进行推进实施，发展成为城市中具有教育与纪念价值的功能性场地，满足居民室外活动需求。

目前，就我国来说，荒野景观对于城市是陌生的，在城市中发展荒野景观具有较强的抗拒力。实施类荒野景观作为前荒野时代出现在城市中，在减少摩擦点的同时，逐步发展到荒野时代，最后进入后荒野时代，使自然中的生态能够按照土地自身的发展方向前进；此过程中，将类荒野景观作为荒野景观与城市融合的先导阶段，在能够有效控制荒野景观的同时，使城市接受荒野景观，使两者相辅相成，相互促进。

（三）设计定位

我国处于经济发展的高速阶段，对荒野景观建设与保护的重视程度虽然未达到西方发达国家的水平，但已经在摸索前进的路上；城市丰富生境的消失、生物栖息地的减少和生物物种数量的降低都与荒野密切相关，所以在城市中发展荒野景观是丰富物种多样性和完善城市生态系统的有效解决办法。

经济基础决定上层建筑，受经济水平条件的限制，我国荒野景观的发展可以分为三个阶段进行实施，即：前荒野时代、荒野时代和后荒野时代。前荒野时代根据城市的情况制订相应的荒野发展计划，使城市和荒野景观能够较好地融合，并且其价值能够得到认可并有效发挥各方面的作用；事物的两面性决定了荒野时代是在人们能够接受荒野景观作用与价值的基础上，弱化荒野景观带来的负面影响，使之能够与城市契合共生；后荒野时代则是荒野景观内部健全的生态系统及社会、经济、文化价值给城市注入新的活力与生机。

二、荒野景观思想指导下的类荒野规划设计原则

（一）可持续发展原则

可持续发展的原则要求类荒野场地在构建时要尽可能降低对生态环境的影响，充分发挥人工要素的低损耗、低影响和场地自然要素的生态作用，提高生态

效益，改善生态环境。场地内人工构筑物建设尽可能做到资源最优化配置，环保材料的着重使用；植被选择本土树种，根据地形按照生态学优化栽种，力求在符合生态的基础上减少工程量。

（二）地域性原则

荒野景观往往能够反映一个地区的历史状况，自然演替的景观会带有强烈的地方烙印，独特性和地域性使场地景观具有纪念价值和艺术价值。这就要求类荒野景观的设计要因地制宜，结合区域条件选择合适的设计思路，使景观能够最大限度地发挥地域特色。在注重自然的基础上，融合当地的文化特色，使用景观语言对地域进行表达，突出历史文化和特色，自然景观形成过程中保持独特景观风貌的同时能够展现地域文化特征。在尊重地域文化的基础上，多元发展，跟随时代满足城市需求，发挥地方性和可持续性。如植物品种选用乡土树种，建筑材料选用当地特色环保材料，运用当地特有的施工工艺进行施工，是历史的留存也是地域文化的展示。

（三）功能多样性原则

类荒野景观的塑造，需要跨学科多专业对区域考察研究，根据区域环境，结合场地自身条件创设出类自然空间。与周围绿色资源空间结合，满足对城市的生态保障功能；与周围城市基础设计结构结合，形成生态廊道；与城市空间结合，形成物质能量流通道；相较其他类型绿地而言，类荒野景观具有优越性，能够更好地对城市环境问题进行疏通、改善，保障城市生态安全。类荒野景观安全可控，对城市居民而言，场地能够满足精神压力的释放、休闲活动等功能；对于社会，能够承担科普教育、医疗、体验等多方面功能。

（四）过程性原则

荒野景观不能一蹴而就，由人类利用技术手段模拟生态环境，给予场地最初形式，在时间的作用下，景观经过土壤、气候、太阳等一切自然因素作用，发生演变，进而融入场地，符合场地的特征，和场地共生；在城市内，除最初给予场地基本形态外，尽可能地减少人为干预；通过生态设计手段加强自然系统的物质和能量激发场地活力，进而促进场地内的小环境气候和生物多样性。管理者跟随场地的自然演替过程，视场地发展情况进行增益性干扰。

尊重场地内部的自然过程，包括场地内自然恶化的景观，是场地局部特征在景观上的体现，是自然根据场地能量及物种的当前状况进行的环境调节，属于自然内部协调，对内部生境环境具有调和作用，保障基址的整体稳定。

三、类荒野景观场地规划设计

（一）场址选择

就目前中国的城市现状来看，荒野景观很少存在于城市内部：一方面是由于城市土地寸土寸金；另一方面即便为公园场地，也大多为人工造景，土壤失去活力。前荒野时代，类荒野公园规划场地选择在城市周边区域，可呈星状布局在城市周围；场地后期景观稳定形成良好的生态环境，将星状布局的荒野景观联动起来，向内辐射反哺城市，带动城市活力。

荒野景观除生态价值之外还有教育、经济、文化等各方面的价值，因此，场地的选择还要考虑交通条件、与城市的距离，使城市人群能够便捷抵达。

（二）功能划分

类荒野公园的功能分区要在保护场地生态、最小人类活动影响情况下根据生态的功能价值进行划分，分为生态核心区、观赏区、边缘区和入口景观区。

生态核心区：荒野景观作为自然保留地提出的概念，自然场所必不可少，是场地的重要片区，是整个场地完全野性的空间，也是场地后期发展的核心区域。将其布置在距离出入口较远处，以降低游人活动对场地内部生态环境的影响。

观赏区：观赏区的主要功能为景观欣赏和生物科普；科普教育场所在场地内的分布应呈现为一主多点，以宣传性的科普教育场所为主要集中区域设置在主入口空间内，能够亲近观察的体验区点状散布在场地自然生态区周围适宜位置，体验区作为小型观察点主要分布在观赏区内，能够近距离观察自然、感受自然，同时分散的人群能够降低单位时间内人类活动对自然环境的影响。

边缘区：场地不设置硬质边界线，利用植物和地形围合形成与城市界线分明的区域，此区域是荒野景观和城市景观的过渡区域。一方面保护场地生态核心区域不受城市污染；另一方面边界密集的植物种植能够给生物营造良好的藏身地，是场地内部和城市的生物通道。场地生态核心区也能够带动边缘区正向型转变。

入口景观区：包括科普文化场馆和入口广场在内，承接科普功能，满足游客基本需求等服务问题的场所。公园内部不适宜出现大型的硬质场地，交通道路选择环保、耐腐蚀材料，尽可能减少人工材料对自然的影响。

四、景观元素设计手法

（一）生物生境规划设计

1. 鸟类生物生境营造

动物是场地活力体现的载体，类荒野景观公园要给动物们留足生存空间。随着人口的增长，动物栖息地遭到破坏，人类活动引起的气候变化等因素的影响，鸟类的消失成为全国性现象，其中常见鸟类的消失速度更快；类荒野建设作为恢复自然控制力的生态概念，营建鸟类栖息地就显得十分重要。鸟类可以分为游禽、猛禽、攀禽、鸣禽、涉禽、走禽六大类，华北地区城市中鸟类大多以游禽、涉禽、鸣禽三类居多；它们对生境条件、筑巢材料、觅食地的要求各不相同，常须穿梭不同生境以满足生存要求；游禽喜欢水中取食和栖息，涉禽适应沼泽和水边生活，从水底、污泥中获得食物，鸣禽多栖息在林地；为了满足多种鸟类的不同需求，需要提高生境的丰富度。

良好的生境条件才能留住鸟类，生境创设需要从栖息地的稳定、筑巢材料的可取性及生存食物的供给三个方面作为切入点；首先栖息地要求水量的稳定及丰富水体周围植被结构，公园内丰富的植物群落，高大的乔木提供筑巢场所，低矮灌木和地被植物丰富环境景观层次；其次筑巢材料的可取性，游禽、涉禽采用芦苇、水草等筑成水面浮巢，鸣禽采用树叶、草茎、草根、苔藓等筑成球状巢，因此场地内须有相关植物以供鸟类筑巢需求；最后是生存食物的供给，场地中要有能为鸟类等小动物提供食物的植物品种，如柿子、瓜、果树等可食用品种，其他食物来源如合适的水环境中的鱼虾河蟹等小型生物，植物种子、各种昆虫等。鸟类与鱼虾河蟹水草等形成的食物链能够保证水生环境及生物物种的不泛滥，鸟类携带植物种子能够扩大植物的生长区域，还能够促进生态环境良性循环。除上述三个切入点之外，还需要注意人类活动对鸟类栖息的影响，因此，科普教育体验区应该距离鸟类栖息地 50～100m 的距离，以降低后期公园运营过程中的干扰。

2. 其他生物生境营造

小型哺乳动物如兔子、松鼠、野生小动物等的生境营造：为保证野生小动物在场地内长期留存并进行生态演变，需要保留场地原生树种，保持地域特色。小型哺乳动物在地表行走，植物竖向的丰富层次能够作为小型动物藏身环境；特别是在小型动物生存的高度区域内，植被层次的复杂性能够提高种群数量，因此，需要不同高度、多样化的灌木及地被植物配植。

昆虫的生境营造应考虑三个方面：与植物之间的关系、生境环境及生境与公园景观的融合。植物能够给昆虫提供食物和栖息环境，要有满足昆虫寄生的植物品种，需要根据当地昆虫类型选择相应的寄主植物；蜜源植物是观赏性植物，也是昆虫的补充食物；地被植物覆盖在地表，生命力强，扎根土地能够稳固土壤，净化空气，同样能够为地表栖息的土壤动物、昆虫等提供生存环境。因此在公园植物种类中，要有满足昆虫生存所需的植物。

（二）软质景观规划设计

1. 水体规划设计

水是自然景观的重要景观元素，是生命之源，是景观发展的基本要素，具有调节空气湿度的作用。场地内水体的位置要根据场地具体情况来定，有水源的地方或者是相对较低的地方，水源可以利用高水位的地下水，或者是附近溪流。水体景观包括水环境和驳岸设计。

水环境能够决定场地的景观状况，对生物生长、景观构成有决定性作用；水体走向不仅能决定植被空间走向，还能决定动物的栖息地布局；水体环境质量可以反映场地的健康状况，良好的水体环境，可以选择水生植物形成自然式生态沉降池，通过过滤、沉降杂质，降低水体污染，优化水质，采用配置合理的挺水植物、浮水植物和沉水植物组合形式，在带来美好水面景观的同时能够给水生动物创设合适的栖息地环境。在水中要增加边缘的浅滩环境，丰富微地貌，浅滩土壤营养丰富，是微生物、小型动植物良好的发源地，也是修复生态环境的基础。通过生物和生态手段的联合运用，在水体边缘打造微生物景观带，充分发挥浅滩环境的生态功能。

驳岸采用生态驳岸，要保证岸线的通透度及水陆的物质交换；岸线尽量蜿蜒曲折，局部设计闭合的浅水湾和生态岛，增加鸟类的栖息地；严禁使用硬质混凝土铺设，使用复合材料或者使用石材、植物、木材等天然材料构筑软质生态驳岸，有利于淤泥附着，形成水陆交接带，可以给更多生物提供潮湿的孕育繁殖环境。自然形成的岸线，沿岸可以置石、叠石，增加水流阻力降低对土壤的冲蚀，还能够栖息多种小型生物，生态系统稳定。采用树桩、草袋、竹篱等可降解再生材料塑造生态护坡，选择适宜植物品种栽种，随着植物根系的生长可以与有机材料共同加稳定固岸线。人工建造的驳岸，还要经过人类干预驳岸的生态结构，经过重建为生物提供生态稳定的居所，动物的活动与植物对水土的固定，可形成良好的驳岸岸线自然景观和稳定的生态功能。

水环境中的植物景观多选用水生、湿生的本土品种营造水体景观，同时要对水体起到良好的过滤、净化作用；水体植物的空间布局要依据植物的生态习性，根据水位的高度划分种植区，形成高低错落的垂直效应层。生态驳岸中植物环境是鸟类栖息地环境，也是其食物来源，在水边界浅滩处，优选既可提供遮挡，也能食用的挺水、浮水植物等，并放置一些枯树干，为某些鸟类提供筑巢和遮挡场地；还要参考季相性选择植物，不同季节不同的植物色彩，形成微小型植物景观带，此后场地与树种互相适应，适者生存。水体周围的潮湿环境，丰富植物竖向景观层次，选择耐水湿的高大乔木、中乔、小乔到灌木植物由内向外辐射。

2. 地形塑造

高低起伏的地势形成场地独特的地形地貌，不同地貌环境景观不同。顺应地势、营造合理的地形是景观建设重要部分，地形塑造深刻地影响着自然要素的发展，是其他景观的环境基址。城市中受地理环境影响，地形自然形态多样，人工景观和自然景观都依附地形建设，随地形变化的景观变化蕴含着地域文化。荒野思想指导下的类荒野景观营造提倡对原地形的合理利用，尊重场地，在整体规划的基础上，根据功能要求，适当挖填土方调整空间形态，营造微地形打造稳定的生态环境。

根据各种动植物的栖息地环境需求，在公园内创设不同类型的微地貌环境，如水体陆地交接处的微地貌环境处理，大空间预留场地的微地貌处理。公园场地的铺设多利用黏土、木板、砂石等环保材质，材料之间的缝隙能够保证底层土壤及生物的呼吸空间。

土壤作为地形的全部要素，是植物生存的基础。植物根系和土壤直接接触，植物根系分泌物改良土壤，土壤给植物提供维持生命所需的水分、养分、空气和热量等，二者互相影响、相互作用形成一个微生态环境。城市建设中，土壤受到不同程度的破坏，在一定程度上会影响植物根系、影响植物长势。若场地内土质欠佳，要对土壤进行改良，外通过植物改善，内通过化学药剂、生物药剂的使用或者添加改良材料，改善土壤状态，提高土壤使用功能；土质糟糕的情况下，要适当换土，使场地能够以最佳状态进行后期演变。

3. 植物规划设计

植物作为软质景观，是所有构景要素中的重中之重，既能体现自然美，又能有效地预防空气污染，净化空气；是类荒野公园的生态、美学基础，又是生态保育和地域文化的载体。根据场地功能定位选择合适的植物配置，要考虑时序景观，也要形成一定的空间变化。荒野景观是自然的景观，是原发性景观，因此类荒野景观在营造时，植物选择一定要注重乡土树种的使用，突出地域性。有研究表明，生态破坏的重要原因之一是本土植物群落被外来树种入侵取代，结果导致植物群落失去树种丰富度和动态生长过程；因此，不可过多地引入外来物种，避免本土植物因生存威胁导致衰败或者死亡，有违类荒野景观建设的初衷。本土树种具有地域性，是与当地环境相契合的树种，能够减少后期的维护及管理。多样化地选择本土树种，自然演化形成错落有致的植物景观。植物种植要参考当地的自然植被分布特点，充分考虑各类植物的生存关系，避免种间竞争；对于伴生关系树种可以结合种植,增加树林的抗逆性;对于竞争树种,要分开栽种。

场地内的植被特别是从密林到水域环境的植被群要具有渐变性,形成不同的空间类型;通过乔木、灌木、地被和水生植物组合依次形成密林、疏林、岛状林、灌丛、开阔地、浅滩、水域的植被群落类型。在丰富水域生境基础上,根据实际环境加强植被群落结构层次,满足不同鸟类对食物及栖息地的生存生活需求;密林形成的遮蔽空间可以成为鸟类的自然保护屏障,减少人类活动对鸟类的干扰;在树种选择上密林区应优先选择供鸟类营巢栖息的树种,以及多枝权的灌木;考虑到边缘效应,采用疏林、岛状林和灌丛包围密林,丰富生境。

密集林木种植区域,避免单一种类的林木建设,要重视阔叶林在群落结构中的主导作用,在环境适合的情况下可以优先种植阔叶林。阔叶林较之于针叶林能够给人类营造良好的休闲环境,还能够给动物提供生存空间及食物。为保证景观效果,采用慢生树和速生树相结合的方式,不仅能够减少树林成型时间,还能够保障树林的后续景观空间。除林冠层乔木,灌木及地被植物的选择对类荒野景观空间的营造十分重要;选用野生植物,管理粗放、适应性强、扩散快的特点能够形成自发景观,符合原生自然景观特征;禾本科植物的野性美感能够体现类荒野景观意境,色彩鲜艳趣味十足,如蒲苇、芒草类、狼尾草、粉黛乱子草及苔草等。植物设计中,要考虑到场地不同区域内要有预留空间给自然发挥。

(三) 硬质景观规划设计

1. 道路及铺装规划设计

道路主要功能为交通,串联场地内分区和各节点,还可以通过道路引导视觉景观效果。类荒野公园中道路的布置在保证交通需求的基础上避免随意穿梭破坏场地完整,在核心区尽可能地减少交通,或者架高交通流线以减少道路对场地的破坏。

道路通常需要硬化,材料选择不当不仅会造成经济浪费,还可能会对场地内土壤乃至动植物有一定的影响。道路材料的环保性对整个场地的生态维护具有重要的意义,为了不影响场地内土壤的活力与功能,秉持简洁原则,选取碎石块、复合型木板、植草沟和混凝土等进行铺装,次级交通也可就地取材使用场地内多余的枝干、树桩等材料或者是卵石碎片，在对场地自然景观影响最小的情况下，根据道路等级确定铺装材料与形式，做到全园形式和谐，风格统一。

公园内广场需要大面积的铺装，作为荒野景观公园，不提倡多数量的大面积铺装广场，在综合服务区设置广场给人们提供活动场地及起到疏散作用即可。铺装同样能够作为文化载体，通过材料的选择、色彩的搭配及图案的展示等可以展示地域文化。铺装可以选用现代新兴材料或者本土材料，现代新兴材料代表新，自然景观代表史，新旧交融寄托人与自然情感；本土材料能够使广场融入公园大环境，与自然场地的历史韵味结合，体现城市风貌。铺装色彩对整体氛围起到带动作用，不宜过深或者太暗，应根据公园整体格调，选择适合的色彩。对于广场铺装图案，可以选取公园内部动植物的趣味图案或者当地传统文化的代表性 LO-GO，增加广场的文化性和景观趣味性。自然区域内不设置大型广场空间，留出小体量的自然风格的休憩空间即可。

2. 景观建筑规划设计

园林中的建筑是不可或缺的，是园林景观中的焦点。响应公园自然性质，提倡生态建筑节能降耗、舒适实用、可持续发展的性能，建材选用生态的可循环材料，达到生态关怀。生态建筑包括三个方面：形态自然、环境舒适、节能生态。建筑形态顺应自然地形地势，减少角点增加圆润度，与自然环境呼应；建筑内部空气的流通性及光影的运用塑造给人舒适、愉悦心情；使用可再生能源给建筑提供电能。对于必要的建材部分，从节约建筑内部的附加能源角度出发，在材料可再生的基础上，选用当地建筑材料降低成本，同时要注意材料的耐久性和景观性。

3. 景观小品与设施规划设计

景观节点小品作为公园必需装饰景观能够反映公园性质，在实际应用中，首先考虑使用功能，要符合人的行为习惯，满足心理需求；其次是地域文化的展现，提取当地文化转化为景观元素，融合在类荒野景观环境中；最后是观赏功能，不论是材料还是风格上都应形式简洁、自然流畅，使观者身心愉悦。

景观小品与设施在景观环境中具有较多的表现形式，雕塑、设施坐凳、指示牌、灯具、垃圾桶、护栏等，应做到风格统一，贴近自然。自然环境中的基础服务设施不需要密集布置，综合服务区内设施以能够满足游客需求为准。夜晚的灯光照明集中在综合服务区，给自然空间内的生命物种保留夜晚空间。在必要位置为保证游客安全或保护景观区域，设置护栏。

第四节 基于荒野审美与审美偏好的城市荒野景观建构

一、强化生物感知途径建立生态形象

（一）自然主导型城市荒野景观的生态系统和谐稳定美

自然再生主导型的城市荒野景观是指充分尊重场地内的自然过程，通过自然演替的方式发展成兼具可达性与使用性的荒野地，其中特别强调保护和再利用其特殊生态价值。由此，生态系统的和谐稳定之美是此类城市荒野景观呈现的重要审美趣味，人们主要感知自然界丰富的生物物种和各类生物间独特、复杂的自然关系这类自然元素，以及与自然元素的良性互动产生审美体验。

此类城市荒野景观将人类干扰降至低微的程度，为生物多样性的产生提供了有效助力，支持了生态系统和谐稳定美的呈现。此类城市荒野景观在构建审美感知途径上也遵循对自然的最低影响原则，通常为人们建立一种旁观者的视角。

（二）自然主导型城市荒野景观的具体设计策略

强化生物感知途径建立生态形象是通过创造可感知的生物多样性、创造人与自然良性接触途径、依据人群生态以及荒野景观的认知态度提供生态形象不同的活动空间，从而满足人们对植物演替丰富度高的荒野景观的偏好、对高植被覆盖率以及高再野化程度的荒野景观的深入体验需求，并促使不同社会背景的人们都能更好地体验生态系统和谐稳定美。

1. 创造可感知的生物多样性

可感知的生物多样性在某种程度使得荒野景观较之艺术绿化更易让人们体验

纯正的自然形象、感知其自然性与生态性，也更易受到人们的喜爱，具体可以依靠展现荒野景观丰富的生物生境形象及增强刺激人们主观感知来实现。首先，设计要通过适当优化栖息地与生物资源，对植被结构功能稳定性差等生态不良区域进行干预改良。可以在不同生境过渡带制造不规则边界并有意增加植物的种类与数量，设置灌草丛、杂灌丛的群落结构，还可以引入本地动物与种植蜜源、食源植物来吸引昆虫、鸟类，以此丰富食物链与生境类型。同时，生物多样性及生物多样性所表现出的稳定和谐的生态系统更易出现在发育良好的自然主导区域，因此，在设计中可以对部分区域适当进行留白处理，以便促进生物多样性的产生。其次，充分考虑自然演替时空维度的动态过程，可以挑选不同生境及不同演替阶段区域布置观赏点，为人们提供更丰富的自然形象。最后，设计可增添多感官的刺激，便于更好地感知动植物丰富的形象特征。

2. 创造人与自然良性接触途径

人与自然良性接触途径是一种人与自然的守界和谐，在相互尊敬的基础上给予人们更多了解与接触自然的可能，具体依托分区式利用、适当隔离、低影响开发、科普教育4种策略来实现。人们的体验需求与自然生境发展往往呈现矛盾，有研究表明，发展成熟的城市荒野景观更具稳定性，而发展初期中期的城市荒野景观更脆弱并可能产生更多样化的生物。因此，在设计中首先要辨别场地中荒野的价值潜力进行分区开发，并注意将对人们健康有弊的区域进行隔离，形成核心生态保护区域与人们自然互动区域兼具的城市荒野景观。低影响开发则须借助场地原先的道路等肌理布置人们的游览、嬉戏等活动空间，降低人类活动带来的生境破坏，并且这些少量的硬质路面也满足了居民对深入高植被覆盖率及高再野化程度的荒野景观的偏好需求。教育科普则塑造人们的自然态度，提升对荒野景观保护自觉。

3. 依据人群生态及荒野景观的认知态度提供生态形象不同的活动空间

在前两个策略基础上，依据不同社会背景人群对生态及荒野景观的认知态度差异区分人群的生态感知途径，才能使各类人群最大限度地感知场地生态形象。部分人群对生物多样性的感知更为灵敏且兴趣度更高，在野性更高的荒野景观区域中，首先，可以为生态认知程度更高的专业人士、环境保护者、高学历人群安排活动空间。其次，40 岁以下年轻人与男性表现出更高的接受度，可以更多地设置此类群体的科普教育、嬉戏活动。而对其他生态认知感知较弱的人群，则可以依据其喜爱的景观特征安排野趣活动，促进他们接触熟悉荒野景观，如为偏爱成熟度更高的女性提供采摘互动等。

二、置入民众参与和特征映射构建精神家园

（一）各类城市荒野景观的家园感的物质精神建构美

城市荒野景观根据受到的人为干预程度，可划分为自然再生主导型、低干预自然再生型、模拟自然再生型，它们为城市提供了不同的生态服务功能，人们通过各类荒野实践活动获得不同的精神满足。由此，家园感的物质精神建构美在不同城市荒野景观中会依据景观的主要功能与形象而呈现不同的审美趣味，人们通过感知城市荒野景观提供的心境意境、休闲活动、地域文化等非物质人文元素产生审美体验。

自然再生主导型的城市荒野景观强调创造一个原始状态的荒野景观：一方面，为城市提供生物供给、生态系统调节等家园建构功能；另一方面，这类城市荒野景观的低人工干扰还形成了与城市截然相反的形象，让人们更容易联想到真正的原始自然，城市噪声的下降使人们远离城市生活繁忙工作压力放松身心，为人们提供了远离城市的隐喻心境。

低干预自然再生型的城市荒野景观在功能上兼顾利用自然主导演替所产生的生态价值，以及提供休闲游憩、人文遗迹观赏等活动需求。自然互动置入为人们带来自然成为自身日常休闲场所的"邻里"家园感。

模拟再生型的城市荒野景观主要强调满足大量人流活动及快速观赏的需求，在此基础上兼顾自然动态演替的部分特征，具有更强的灵活性，设计师可以根据场地条件和主观意识创造出多元化的体验与感知方式，从而调动人们更丰富的想象力，赋予荒野景观精神内涵，实现人们对荒野精神的依赖与共鸣。

（二）城市荒野景观的家园感的物质精神建构具体设计策略

美的感知来源于人们与荒野景观交互过程中所产生的熟悉感与拥有感，并从

中获得诸多精神满足。具体通过吸引民众参与、文化隐喻、乡土化表达促进人们此类审美情绪的产生。其中，设计策略中会更多考虑到居民偏好在荒野景观中进行的活动类型、偏爱在其中体验到的历史回忆，以促成人们与荒野景观的频繁交互与精神交流。

1. 吸引民众参与

城市荒野景观在地缘上与人们的生活空间联系更为密切，为人与自然的探索互动提供了新的模式与可能，为民众提供城市荒野景观营建过程中的参与机遇，或营建后居民的日常活动场所，这些都为人们对自然产生亲和感提供了助力。

从城市荒野景观营建过程中提供民众参与机遇来说，民众的参与更有利于人们了解城市荒野景观的价值，并创造出心目中喜爱的自然风貌形象与互动方式。从营建后提供居民日常活动场所来说，其一，人们喜爱再野化度高并有少量硬质地面的城市荒野景观，因此在增高绿地率的同时适当控制植物密度，增强可进入性、可体验性。其二，人们对进行散步、游赏、自然互动等动态观赏，以及互动体验时对荒野景观认同度更高，而在静态活动时带有观赏休憩的活动能使居民适当接纳。因此，设计可以首先考虑在城市荒野景观中置入更多动态活动区及人们偏好度相似的活动区，例如，道路两侧绿化、散步观赏区、游戏娱乐区，使人们在长期接触中认同这一景观形式。其次，也可少量置入屋顶花园、休息区这类人们接受度更高的静态活动。在置入以上活动功能的同时，还可以将荒野景观更多地融入水景、建筑设施缝隙中。

2. 文化隐喻和乡土化表达

荒野作为人类的精神原乡，其形象特征或自然过程能够带动人们的思绪观念。文化隐喻以视觉体验为基础对场地历史或是特征文化的内涵表达，最终效果结合了自然与人文的双重因素，让人们在欣赏自然风景的同时激发人们对荒野及其场地的想象，引发人们与文化的精神共鸣。

基于人们偏好城市荒野景观提供的历史回忆，不同地域文化反映出多样化的自然景观，折射出一个城市独特的文化属性，带有地域特征的城市荒野景观自然风貌、人文设施能够使人们产生故土的烙印、精神的寄托，因此，具体可以通过乡土化特征、场地功能重组的策略加以营建。

乡土化特征包括地域性的植物与生境形象，也包括场地中遗留的人文遗迹。设计中需要首先可以保留与增添乡土化的植被，并保持特征性的自然地貌。而场地中诸如农业场地遗留的草垛、整齐的土壤肌理；工业场地遗留的构筑物、生产废料；抑或花圃中遗留的阵列树形、灌溉系统等都可以进行保留隐没在荒野景观之中，此类种种皆表达出场地内在独特的地域文化，触动人们内心的记忆。

场地功能重组则是为了人们在运用现场的过程中更多地接触历史记忆，是借助原场地的工业设施加以改造赋予新的功能活动。例如，北杜伊斯堡景观公园中，设计师将原来的铁路系统改造成了骑行道、步行道、高架桥等，带给人们更加浓郁的历史氛围感。

三、利用工业基底丰富自然形象

（一）低干预自然再生型城市荒野景观的文明的传承发展美

低干预自然再生型的城市荒野景观是指在自然演替过程中有少量人工干预，通过结合周边人文景观及特色物种群落维护或栖息地结构改良，发展成人们可以休闲互动的荒野景观区域。文明的传承发展美是此类城市荒野景观呈现的重要审美趣味，人们主要通过感受其中物质人文元素与自然元素形成的衬托与对比，对自然的神秘复杂、文明的传承发展产生审美体验。

此类城市荒野景观大多是针对废弃时间有限、处于自然演替初级阶段的场地的改造再利用，其中可能保留有历史人文遗迹，因此，人们在体验自然基础上还能感知文明历史活动。

（二）低干预自然再生型城市荒野景观的具体设计策略

工业基底的融入为城市荒野景观增添了文化属性，通过增添场地可读信息、感知以荒野景观为代表的生态文明与工业文明在发展理念、科学技术上的对比来烘托文明的传承发展美。其中，工业遗留建筑构筑物更易吸引接受荒野景观中工业遗迹占比高的男性，并能满足年轻人与老龄人对建筑缝隙间荒野景观的喜爱，因此设计策略更多将工业建构物与此类人群活动相融合。此外，基于不同社会背景人群偏好的自然互动方式，实现人们与自然的亲近互动，也更能体现生态文明的发展理念。

1. 增添场地可读信息

城市荒野景观中的可读信息可以分为显性视觉信息及隐性内涵信息，丰富的内在外在信息共同带给人们更加复杂神秘的体验趣味，具体通过融入复杂文化构筑形象、场地叙事来实现。

复杂文化构筑形象易加长视觉的信息处理时长，激发人们的探索欲，再结合荒野景观在多变的工业基质影响下产生的丰富多变的自然形象，促进人们感知自然无限生命力，产生自然崇拜感。

但过于复杂的工业形象伴随着"潜在污染"等负面信息，设计须控制适量工业构筑物的融入，并置入正向信息进行抵消。场地人文遗迹与荒野景观的共同叙事为人们科普荒野景观生长依靠遗迹供给的基质、使人们意识到遗迹及荒野景观的保留是"规划管护"后的呈现，增添了丰富的正向信息，同时促使人们体会荒野景观的复杂内涵。因此，首先，可以保留工业场地肌理基础上生长的荒野植物，其中包含了场地曾经的绿化特征、空间格局等历史信息。其次，可以保留工业建筑构筑物缝隙的荒野景观，其中以生产遗留作为生长基质的荒野斑块表现了工厂曾经的生产流程与生产状况。最后，为使叙事更加流畅，且基于 20~40 岁年轻人与 60 岁以上老年人对设施缝隙荒野景观兴趣更高、男性更接受工业占比较高的荒野景观，可以增设攀爬连通设施及地面观赏节点，将工业构筑物进行叙事串联，不仅增强叙事力，还为青年人提供趣味体验过程、为老年人提供多视角观赏工业建筑构筑物间的荒野景观，并满足男性对工业建筑的参观需求。此外，过程性也是场地叙事的处理方式之一，人工痕迹的衰败是自然演替过程的另一种展现方式，记载着场地的历史变迁，需要设计与后期管理控制工业建筑构筑物间荒野景观的演替程度。

2. 生态文明与工业文明发展理念、科学技术上形成对比

生态文明与工业文明发展理念、科学技术上的对比可以通过运用生态技术、展览降解工业污染修复场地生态的荒野植物、与自然和谐互动、视觉形象衬托来

实现。

生态技术是工业文明科技传承的展现，在设计中可以采用荒野景观营造海绵设施，展览降解工业污染修复场地生态的荒野植物，不仅向人们展示了先进的科学技术，同时也与对工业文明带来的生态破坏形成对比。

此外，通过依据人们偏爱的自然互动方式设计更吸引人们亲近的自然互动场所，并安置观赏节点，将生机勃勃的荒野景观与废弃没落的工业设施形象置于同一场景，以此将两类文明发展理念带来的差异形象做出最直观的视觉对比。

四、适度艺术化融入城市生活

（一）模拟自然再生型城市荒野景观的人与自然并行发展美

模拟自然再生型的城市荒野景观是指通过设计与人工种植模拟某种自然生境状态，是对现有荒野空间概念的扩展。它并非野化自然对城市的重新占领，而是人们主流自然审美、自然观发展的产物，与高度城市化的居民生活联系更为密切。人与自然并行发展美是此类城市荒野景观呈现的重要审美趣味，人们主要通过感受自然元素与物质人文元素，特别是与人们日常生活的和谐共生场景产生审美体验。

此类城市荒野景观的生长很大程度上依靠人工参与，建成后成为城市生态网络的一部分，体现出人们为城市荒野系统完善提供的助力；同时，此类城市荒野景观更易于与城市生活场所结合，为人们日常体验绿色空间、体验多元化的城市景观、自然教育科普等提供了支持，在潜移默化中促成人对自然的亲近和爱护。纽约高线公园植物设计中，设计师选用原场地物种与外来引入物种，通过"矩阵"等种植手法创造多样化的自然野趣的植物景观。它连接了各类城市空间，为野生动植物营造了理想栖息地。同时，完美融入了城市居民的日常活动场所。

（二）模拟自然再生型城市荒野景观的具体设计策略

当城市荒野景观与人们日常生活在时空上具有更紧密的联系时，融入城市生活就成为此类城市荒野景观营造过程中不可缺少的一个步骤。通过改良荒野植物群落形象、设计荒野景观形象与人们活动氛围相匹配，其中，应该更多考虑人们偏爱人工干预过、演替丰富度高、乔木的置入及其与草植灌木搭配的、茂密开花的荒野景观特征，优化人们对城市荒野景观的视觉感受，才能促成人类与荒野景观的平衡共生，激发人们对人与自然并行发展的审美。

1. 改良荒野植物群落形象

当荒野景观与城市生活联系更为紧密时人们对其注视时间也会增强，对自然形象的审美需求往往更为苛刻，而自然主导的自然形象可能存在单一植被结构而难以满足人们求新求异的审美诉求，此时，可以运用自然主义植物设计理念通过人造生境、外来植被融入、艺术化种植来营造类荒野景观。

人造生境主要在于人工干预植物群落，模拟真实群落中具备自然野趣特征的高、中、低的分层结构及不同层次间的合理连接，形成美观与高生态效益于一体的荒野景观。生境中丰富的植物种类也深受居民喜爱，外来植被融入提升单一结构荒野景观美感的同时为景观带来更多趣味点，可以丰富植物群落色彩形象、吸引更多昆虫鸟类等。对于不熟悉荒野景观的人们来说，种植常见的栽培植物也让人们更易感受到场地的熟悉亲和感。

其中，中高高度的荒野生境、乔木的置入及其与草植灌木的搭配、茂密的花境更能吸引城市居民的喜爱。关注环保、具有相关专业背景的居民更喜欢植物丰富的景观，因此，在相应活动区域植物配置设计时可以酌情采用乔草搭配、融入外来植物种类的荒野植物景观。

艺术化的种植区别于传统绿化种植的高观赏性一二年生花卉，而是采用自播能力与适应能力强的一年生植物与多年生植物，维持荒野景观的自发性、动态性等生态效益，既提升美观度又省去后期维护。艺术化则表现在考虑植物搭配所呈现的色彩、结构、光照、季节效果，可以采用人们喜爱的黄色、紫色、粉色、绿色，黄色、紫色也是春季秋季中植物吸引昆虫而最常出现的色彩，绿色、褐色、白色则能够使植物群落的整体效果更为柔和，并可以弱化天气光照等造成的观赏影响。此外，分层设计与植物间的质感对比也是提升植物群落美观的方法，分层设计使得植物群落视觉效果更清晰连贯，植物间的质感对比则是通过基底植物与核心植物间的差异性增添视觉趣味。

2. 荒野景观形象与人们活动氛围相匹配

当城市荒野景观与人群活动较为集中的场所结合，需要满足人们在活动过程中的相应的氛围需求。

首先，人们进行除自然互动活动时对生态体验须求较高外，其余活动皆需兼顾生态与审美体验，且对美感需求通常高于生态需求。因此，在自然体验互动等活动空间可以更多地保留荒野景观的野性特征；而在散步、冥想小憩、遛狗等活动空间，可以通过人工种植模拟不同空间效果的自然生境，塑造艺术化空间。

其次，当人群活动密集或儿童为主要活动的场所，还需要注意荒野景观形象的安全性，例如，无尖刺、无刺鼻气味，或增设栏杆等增添其整洁度。

不同的荒野审美侧重为不同人工介入度的城市荒野景观带来差异化的美学体验，通过构建荒野审美特征与城市荒野景观的审美要素之间的联系，并融汇城市居民表现出对各类审美要素的偏好提出具体的设计策略。

强化生物感知途径建立生态形象的设计策略更多针对突出自然元素的自然主导型城市荒野景观，通过创造可感知的生物多样性、创造人与自然良性接触途径、依据人群荒野景观接受度提供生态形象不同的活动空间，从促进生物多样性的产生到提升人们的感知途径，再到依据人们社会背景提供差异化的生态感知方案，为人们增强生态的审美体验。

置入民众参与和特征映射构建精神家园的设计策略在各类城市荒野景观中都可以有所展现，主要通过民众参与、文化隐喻及乡土化表达，借助自然元素、物质人文元素表达非物质人文元素，即促进居民精神世界的触动，以提供居民与荒野景观的熟悉度及增添荒野景观文化历史特色，激发人们精神世界的满足。

利用工业基底丰富自然形象的设计策略更多地针对强调物质人文元素、自然元素并存的人工干预型城市荒野景观，通过增添场地可读信息、生态文明与工业文明发展理念科学技术上形成对比，将不同文明形象置于同一场景，来激发人们对文明传承发展的感悟。

适度艺术化融入城市生活的设计策略是针对展现物质人文元素为主、自然元素为辅的模拟自然再生型城市荒野景观，通过改良荒野植物群落形象、荒野景观形象与人们活动氛围相匹配来满足人们对近距离观赏荒野景观时求新求异的审美需求，通过营造居民对城市荒野景观的偏好形象，来激发人们对与自己生活相融的自然的喜爱。

第六章　生态视角下城市水系景观规划设计

第一节　河流与城市

一、河流与城市总体的关系

1. 河流影响城市选址。水源决定古代城市的选址。城市选址既要保证用水量，又要保证防洪安全。

2. 河流影响城市兴衰。河流运输对城市的发展影响巨大在农耕时代，水运是最便利的运输工具，可以运粮、运货、运兵、运客。在一些河流的交汇点，易形成商业都会，手工业集中，商业发达。河流运输的影响，从大运河可见一斑，著名的大运河影响了中国千余年，尤其是影响了一批沿河城市的兴衰。

3. 河流可用作城市防御设施。河流也与城市防御有关。对于现在的人来说，消失的护城河更多是历史文献中的记忆，现存不多的护城河则是历史的遗迹。但在农耕时代的中国，护城河是重要的安全防御设施，是城市的重要组成部分。护城河可以是选址时利用的天然河流，也可以是人工挖掘的河流。聚落遗址表明，人类最初的固定居民点周边有深沟、石头砌成的墙或木栅栏等防御设施，可防止野兽的侵袭和其他部落的入侵。

二、河流与城市空间布局

（一）河流与城市内部结构

河流与城市内部结构关系密切。河流是城市的组成部分，影响城市结构布局。河流与城市经济结构、设施结构、空间结构和生态结构直接相关，对社会结构有间接影响。

经济结构可以分为第一、第二、第三产业，人们也可按主导产业、配套产业方式划分经济结构。河流水系会通过可利用水资源量直接影响经济结构中不同产业的发展和比重。例如，北方缺水城市不宜选择高耗水产业作为其主导产业，而适合发展节水型的、高附加值的新型科技产业。

设施结构指城市大量的建筑物和构筑物及其分类，可分为主体设施、社会设施和基础设施，其中水资源及排水系统、环境系统（包括园林绿化与环境保护设施等）、交通系统属于基础设施。河流担负着供水、排水、排污、运输等功能，毫无疑问应该是城市的基础设施。以前的城市建设忽视了河流水系对城市发展的支撑作用，将河流上游作为取水口，下游作为排污口，而且疏于管理，滨水环境杂乱。当人们把河流当作基础设施来看待时，如果河流的各项功能得以协调，与其他的城市设施相配套，就会发挥"1加1大于2"的作用，极大地促进城市发展。

空间结构指城市各种物质实体在空间形式上的关系，包括它们的位置、密度和形态，而河流位置和规模会影响各种设施的布置和城市空间形态。河流对城市的分割作用明显，会造成交通的阻隔。河流有时会引导城市的发展方向，尤其是大江大河会使城市顺着河流方向延伸。

生态结构指城市生物与环境的结构关系。城市生物包括人类、动物、植物、微生物等，其中人类是主体。城市环境包括城市设施和被人工化的自然环境，城市河流水系也是被人工化的自然环境的一部分。城市生态结构是比自然生态结构更为复杂的系统，对外部生态系统的依赖性较强，其食物、淡水、燃料等资源十分依赖外部的输入，而它产生的大量废物需要输出到外部生态系统进行消解。城市生态系统是一个倒金字塔结构，与自然生态结构刚好相反。

社会结构指城市的政治、人口、文化组成关系。河流滨水环境可以影响城市的宜居性。河流水系通过可供水资源量影响经济发展，间接影响人口就业和人口流动，从而间接影响社会结构。当河流具有丰富的历史文化时，则成为社会文化的一部分。

（二）河流与城市的空间形态

河流会影响城市的空间形态。河流对城市形态的影响与河流的规模有明显的关系。当河流规模较大时，河流对城市的分割十分明显；当河流规模较小时，河流又好像融入了城市之中。

城市的水系、路网、地块界限、建筑风格都是形成城市肌理的主要因素。不同气候、地域内的天然水系，历经亿万年风雨雕琢而成，有别于同质化的人工建筑，而富有自身独有的、更加容易识别的特色，形成非同一般的视觉效果和城市印象。

水系和路网共同被视为城市的外部公共空间，它们形成了城市的空间骨架。河流也会影响路网的布置、桥梁的密度。滨水区域的土地有不同于其他区域的自然特色，所以会影响滨水地块的大小、功能和建筑风格。当河流具有特殊的历史文化价值时，更会对建筑物的外观和高度提出严格的要求。这些都是影响城市布局和形态的因素。

三、河流与城市生态环境

（一）河流改善城市环境

河流水体可以改善地区的环境，起到降尘、降噪、降温等作用。水体的水面蒸发量大于陆地，比热容也大于陆地，这种差异就造成滨水区域空气湿度大，有风的天数多，空气更加清新。绿色植物的光合作用会增加城市空气的含氧量，减少二氧化碳的含量。河道范围内的树木能起到减尘作用。通过降低风速，使空气中的灰尘滞留在树叶或树干表面，经过雨水冲洗又可以恢复滞尘能力。

研究表明，河流绿地也具有绿岛效应，约3公顷大小绿地里的气温比周边建筑聚集处的气温低0.5℃以上。大范围的河流绿地对缓解城市的热岛效应具有重要的意义。植物能降低噪声，植物通过叶片振动消耗长波声能、同时对短波声能产生衍射，从而降低噪声。

（二）河流可成为生态廊道

河流是除人之外的其他生物的活动场所，这种场所对城市生物来说是数量稀少、弥足珍贵的。从景观生态学上讲，城市河流具有不同于两侧的带状景观要素，属于生态廊道。河流生态廊道会把道路绿带系统、公园系统连接起来，从而形成纵横交错的廊道和生态斑块、有机联系的生态网络，并与城郊生态基质对接，使城市生态系统空间格局具有整体性，系统内部高度关联，并被城郊生态系统所支撑。对于生物群体而言，河流生态廊道是供野生动物迁移、生物信息传递的通道，对保护城市多样性有着重要的作用。

（三）河流能形成城市风道

城市中的河湖水系、主要道路、广场、绿地、公园、空旷区域等气流阻力较小的区域会形成近郊区新鲜空气进入城市内部的主要通道，即城市风道，也常被称为通风走廊或绿色风廊。当城市风速大于 6 米/秒时，空气污染程度会大大降低，而风速低于 2 米/秒时，污染程度会增加。城市风道促进了城市中空气的流动，有助于提高风速、正确引导风向，加速排出污染物和稀释污染物浓度，减少城市污染物，改善热岛效应。河湖水系是城市中大尺度的平滑区域，是最好的通风走廊。城市中水面与城市下垫面形成温差，进而产生局部热力环流，可以改善城市大气环境。在进行规划时，规划人员要尽量避免空气污染和水体污染的污染源靠近河湖水系，并在保障原有河湖水系的水质、面积、宽度、通风性良好的基础上进行拓展，使其在城市中形成生态网络，以提高城市的自我调节能力，为风道构建提供良好的生态基础。

四、城市河流治理

（一）城市河流治理目标

城市河流的治理目标是城市河流持续维持健康状态。在健康状态下，城市河流的自然功能被维持在可接受的良好水平，并为城市居民提供可持续的社会服务。城市河流健康状态的通俗表述是人水和谐，其外在标志可以被表述为，河流具有通畅稳定的河床、良好的水质、可持续的河流生态系统、适量的地表径流。

实现城市河流健康的途径是生态保护与修复。生态修复要着眼于河流生态系统的整体性，恢复河流生态系统的结构和功能，把生物群落多样性作为恢复程度的主要衡量标准，而不仅仅是恢复岸边植被，或者仅仅是恢复某种鱼类。相关部门在修复城市河流生态时，不应该将目标只局限于城市河段，而应该兼顾整个流域。一是因为一些影响城市河流的胁迫因子属于流域层面，城市河流治理需要流域层面的治理措施予以配合；二是河流健康不仅是河流局部的健康，也要服务于河流整体的健康。

（二）城市河流治理原则

1. 给河流以空间原则

河流生存需要空间，没有空间，河道的生态系统不可能被修复。没有空间，设计人员无异于缘木求鱼。在与主管部门协商河道设计工作范围时，设计人员要明晰地表述不同河流目标对应的效果和空间需求。当目前空间不足时，可以协商分步实施，以当前的边界条件设计近期方案，同时考虑远期方案的衔接。

2. 生态系统调节原则

生态系统具有自我调节能力。人们无法构造自然生态系统。河流生态系统的复杂性决定了最终修复结果和演替方向的不确定性。因此，人为措施要因势利导，充分利用河流生态系统的自我调节能力，使河流系统朝着自然和健康方向发展，最大限度地营造出人水和谐的环境。由于河流生态系统受到气候、地形地貌、土壤、植被、水文过程、土地利用、产业结构、城市规划、人类活动、水质污染等诸多条件的约束，河流受损的状况和成因复杂，相关部门要全面综合考虑相关因素，查明受损程度，找出主要干扰因子，据此明确河流治理修复的阶段和相应措施。

3. 多功能协调原则

健康河流系统具有多项功能，包括自然功能和社会功能，并处于动态发展过程中。为了科学地评估河流主要功能的状况，相关部门需要选择合理的指标体系，明确各项指标对应临界平衡状态的标准，需要在分析单项功能和指标的基础上，协调各项功能和各项指标值。

水是河流最重要的组成要素，是河流生命体的物质元素，是河流生境的支撑要素。治河首先是治水，恢复生态流量、修复水质。一些区域在河道外大量引水，导致河道断流，主槽萎缩，针对这种情况，相关部门应优先恢复河道内生态用水量；一些区域经济发展迅速，河流被过度开发，水污染严重，针对这种情况，相关部门需要优先恢复其自净功能；一些区域经济发达，但污染问题不突出，针对这种情况，相关部门可以优先考虑生态功能需求，改善河流生态系统结构和功能。总之，当各项功能不能同时得以发挥时，一般应优先考虑河流的主功能，并依此确定相应的工程措施。

4. 分段原则

分段包括分阶段和分河段。健康河流生态系统是动态发育的，在不同阶段、不同河段，河流的各项功能会有所不同，同一种功能的重要程度也会有所差异，生态修复的重点也会有差异。

河流系统功能的生态修复不可能一蹴而就，有些河流的生态修复需要较长的时间跨度。对于受损程度不同、环境不同的河流，相关部门应该根据实际情况合理规划治理进程，明确河流当前所处的修复阶段。相关部门应明确每个阶段的治理目标，选择恰当的修复措施。例如，某一城市河流，其周边人口密集，河水遭到重度污染，此时首要任务是控制污染、提高水质，其后可按照恢复鱼类等更高的修复目标进行治理。

一条河流的不同河段所处的自然环境和社会环境会存在很大差异，导致其各项适宜功能和实际受损程度也不尽相同。因此，相关部门应该细化河段划分，确定河段优先次序。例如，有些保护生态尚处于良好状况的河段，修复这样的河段比修复已经受损的河段要容易和有效得多。通过分河段，局部细化与整体优化相结合，生态修复容易达到令人满意的修复效果。

5. 协调与衔接原则

城市河流的治理涉及政府多个部门、广大市民、投资商、施工企业、设计单位等不同的利益主体，他们会从河流功能、用地、拆迁、投资、工期、施工时段、环境影响等各个方面提出要求。设计人员应当尽量站在专业、客观的立场上，融合各方利益诉求，提出河流治理方案。设计人员要仔细分析河流功能，客观、公正地提出不同处理方案的优缺点，从设计角度明确推荐方案，供审查专家和领导决策。城市河流治理涉及的相关规划较多，有水利行业的流域综合规划、水资源专项规划、流域防洪专项规划，还有与城市有关的诸多规划，如城市总体规划、城市绿地系统规划、城市土地利用规划、市政排水规划、城市防洪规划、综合管网规划等。这些规划都对城市河流的治理造成一定影响，因此需要相关部门做好衔接工作。

6. 适应性管理原则

由于人们对城市河道生态系统认识的局限性，生态修复难以一步到位，修复目标需要分阶段逐步得以实现，相关部门应定期调整生态修复工作的重心。特定阶段生态修复工程与非工程措施来源于对现状的监测、评价和预测，因此相关部门应建立自动化和信息化监测、监控、决策系统。在河流调度方面，相关部门应在传统的防洪调度、水资源调度基础上增加生态调度和景观调度，形成综合调度系统。总之，城市河流管理要迈向智慧化管理。

7. 效益最大原则

河流治理的效益是综合效益，包括经济效益、社会效益和生态效益。河流治理不能只关注经济效益，需要相关部门考虑综合效益，同时，需要相关部门从流域系统出发进行整体分析，以协调近期利益与远期利益。现在的生态材料很多，设计人员要避免盲目滥用生态材料，要对比各种生态材料产生的费用和效益，做好成本效益分析，给业主和社会创造最大价值。

第二节 城市河流形态与结构设计

一、河流平面形态设计

（一）平面图的设计

河流平面形态设计以生态河流作为设计追求目标，平面形态设计的基本原则：①具有满足各种社会功能要求的宽度，并给河流生态系统留够宽度和空间；②两岸堤线平滑且顺应河势；③河槽岸线自然蜿蜒；④保留滩地。

1. 工程位置图

工程位置图主要表达工程在行政区划中的位置，所治理河段在水系中的位置，附带可以表示周边交通网络、工程影响范围等。工程位置图的比例尺一般很小。

2. 工程总平面图

工程总平面图主要表达河流治理范围、主要建设内容、工程总体布置、主要设计指标和周边环境条件。主要建设内容包括河道疏挖、堤防布置、边坡防护、新建或者改建建筑物、绿化种植等。周边环境条件包括河道两侧土地类型、周边房屋、厂房、桥梁等建筑设计。审图人利用总平面图，可以检查建设内容是否存在矛盾，工程与周边环境之间是否协调。读图人可以通过总平面图，了解工程主要建设内容和指标，形成总体工程印象。治理河段太长时，设计人员可以加长总平面图，对其进行分幅。

3. 平面分幅索引图

平面分幅索引图是为了方便读图，让读图人快速找到所需位置的图纸。现实工程中，治理河段有时很长，河道很宽，分幅平面图很多，读图人很难根据某个模糊位置找到图纸图号，因此设计人员需要制作索引图。索引图中要标明河流桩号、河流流向、主要道路名称、桥梁名称、村庄名称及其他主要地点的名称。索引图的比例往往比总平面图更小。当治理河段较短或者图纸量较少时，设计人员可以省略平面索引图。

4. 分幅平面图

工程总平面图表达工程的总体布置，分幅平面图则是总平面图的深化，能够更完整、全面、细致、清晰地表达工程布置的细节。分幅平面图的主要表达内容如下：

①现状地形和设施名称。设计人员要标注河流名称、河流流向、村庄名称、土地类型、企业名称、各种建筑物和设施的名称。

②设计范围线、指北针、比例尺。设计人员要细致地画出设计范围线，尤其在村庄附近，要检查其合理性，局部拆迁要提醒业主，必要时可以和业主协商变更。设计范围线要给出控制坐标。图纸比例尺可以为 1∶1000 或者 1∶500。

③设计桩号。设计人员要按设计阶段要求的断面间距，标出每个横断面的位置和桩号。

④设计线、尺寸和高程。设计人员要标注出各种河道设计线，如河道中心线、河底开挖线、河槽开挖线、堤防中心线、堤顶线、堤脚线等。河道中心线、堤防中心线要给出控制坐标，对于规则河岸和堤防边坡，设计人员要标注坡度和示坡线。此外，设计人员要标注平面控制尺寸，如堤距、堤顶宽度、主槽底宽等；还要标注控制高程，如堤顶高程、河底高程、广场高程、挡墙高程、土山高程等。

⑤涉及建筑物的布置。建筑物的布置包括桩号位置、布置、主要尺寸和控制高程，设计人员应给出建筑物的设计索引图。

⑥护坡和挡墙。设计人员要标注出护坡和挡墙的桩号范围、形式，给出护坡和挡墙断面布置和结构设计的索引图号。

⑦设计说明。分幅平面图的说明要针对本图的需要，有助于图面阅读和理解，不能千篇一律。设计说明一般包括对坐标系、高程基准和尺寸单位的说明，还可以说明图中堤防与铁路、桥梁、高速公路等的衔接事项。当护坡和挡墙在平面图中难以被表达出来时，设计人员也可以利用设计说明进行补充陈述。一些建设内容与规模指标也可以用设计说明进行表达，如：图中堤防和建筑物的等级及

设计流量等。设计说明也可以用于提醒施工人员，免除设计纠纷，包括提示地质条件变化时如何处理、是否要与相关单位就某个事项进行协调等。

(二) 河线布置

1. 河道控制线

河道平面图上的设计线有十几条，主要是堤防设计线和河槽设计线。堤防设计线共 10 条，包括堤中心线、堤顶线和堤脚线。河槽设计线根据横断面形式不同而变化。梯形断面包括 1 条河道中心线、2 条河底线和 2 条开口线；复式梯形断面则还要包括 2 条中水治导线（近似为主槽滩地开口线）。

河道中心线、堤中心线、中水治导线和枯水治导线是河道设计的控制线。河道中心线变化会引起其他河槽设计线位置变化，堤中心线引领堤顶、堤脚线的位置变化，中水治导线会控制主槽设计线的变化。因此，设计人员要特别关注控制线。河道控制线的设计内容如下。

①根据现状河道平面位置，提取横断面开口连线中心点，形成一条纵向光滑曲线，即为现状河道中心线。河道中心线与深泓线、大洪水主流线常常不重合，更多地反映了河道平面形态。

②根据设计堤距、河势和两岸限制性地物，确定两岸堤中心线。堤中心线也是光滑的曲线，常用直线加圆弧拟合。

③对于宽阔的冲积平原河道，设计人员有时需要稳定主槽的位置，设置中水治导线，用于指导控导工程的布置。

④根据河道中心线和堤防中心线可以确定其他设计线。河道中心线和堤防中心线还可以作为施工放线的控制线。

在设计过程中，设计人员利用起河道现状中心线来不是很方便，可以将其折线化，形成方便设计的、相对固定的河道控制线。因为，在设计河道与原河道对比时河道中心线会发生多次变化。例如，因防洪标准提高，河槽疏挖加宽，又因村庄限制，河槽向一侧偏移，此时河道设计中心线就会偏离现状中心线。而且在完成设计成果评审之前，河道可能会经过局部多次调整，相关数据会被不停修改，十分烦琐。若利用控制线为固定基准，可最后再确定设计中心线。

2. 河道桩号

河道的纵向定位习惯于用桩号。大江大河历经多次治理，都有现成的桩号。设计人员一定要用既定的桩号，不能另搞一套独立桩号，否则无法使用许多历史资料。因为河道历经变迁，而桩号位置相对固定，用桩号计算的河道长度、堤防长度会与实际测量的长度不一致，但这是正常情况。有些小河没有历史桩号可用，设计人员需要重新布设桩号。设计人员可以与测量人员协商，以现状河道中心线确定桩号，桩号起于上游（或下游），协商好的河道桩号位置应为各方共用，不要再随意变化，这样会为设计人员和测量人员省去很多工作量。

3. 河道中心线

河道中心线的形状受河流类型的影响。山区河流或者平原河流，顺直型、弯曲型、分叉型或者游荡型河流，具有不同的河势和河相关系，形成了不同的河流平面形态。对于天然河道，河道中心线位置最好基本维持现状。如果天然河道某段经过了人工改道，设计人员则需要分析改道的合理性及是否可能恢复原河道的位置。有时为了增加洪水分洪流路或者改善水系连通性，设计人员需要新开河道，布置新河的河道中心线。这时可以参考附近地质条件近似、规模相当河流的河相关系，作为新河道中心线的设计参数；然后再选择地质条件优良、征地拆迁量小、能够避开文物遗迹或其他重要设施为河线。当可布置的线路较多时，通过技术经济比较确定推荐线路。

4. 堤防中心线

在河道中心线已经确定的前提下，设计人员应在过流断面计算、堤距分析的基础上，进行堤防中心线的布置。堤线布置宜遵循以下原则。

①堤线宜与河势相应，并大致平行于大洪水主流线。大洪水的主流线会比深泓线更为顺直，更接近河道中心线。堤防的作用是防治大洪水，为了避免大洪水对堤防的顶冲，威胁堤防安全，堤线宜近似平行于大洪水主流线。

②堤线布置宜平顺，堤段之间宜平缓连接，不宜采用折线和急弯连接，堤线的平顺布置有利于引导水流平顺，防止水流顶冲、分离、漩涡等不利的流态，这些不利的流态会危及堤防安全。

③堤线间距应顾及河势变化，留有适当宽度的滩地，这样有利于生态环境保

护，并为社会经济发展留有余地。从综合效益来看，采用较低的堤防和较宽的河宽，形成城市生态带，是很有必要的。堤距的变化一般要平顺，不宜突然放大或者缩小。建议根据河流的自然特点保留已有的滩地，给河流生态系统以空间。保留滩地过洪，会降低堤防高度，局部滩地也可以被改造成健身场地。

④堤线应被布置在占压耕地、拆迁房屋少的地带，并宜避开文物遗址，同时应有利于防汛抢险和工程管理。对城市河道，尤其是老城区，两侧建筑物密集的河段，堤线布置与房屋拆迁的矛盾十分突出，尤其是在城市防洪标准提高的情况下。此时，实施难度小的断面形式是矩形断面，但硬质断面又和期望的生态断面相矛盾。这时设计人员需要综合权衡各种因素，给出各方都可接受的堤线，必要时可提出分期分步实施的计划。

⑤堤线布置应与各种控制性的节点和设施相协调。天然河道会因为山体或者耐冲刷土质而形成一些控制性节点或河段，堤线布置要与之相适应，如果要对其进行扩展应充分分析论证。一些重要建筑物也会约束局部河段的堤线，如河道与南水北调中线总干渠交叉，设计人员在交叉处已经预留了交叉建筑物，已形成控制性的节点，堤线的布置此时要与之衔接。河流与铁路、高速公路、一些市政设施，都会出现交叉的情况，在保障过流能力的情况下，堤线布置要与之协调衔接。

⑥堤线布置宜利用有利的地形、地质条件，避开不利的地质条件，这是从堤防安全和工程投资角度提出的要求。例如，软弱土基、深水地带、古河道、强透水地基，都会增加堤防处理的工程量，提高施工的难度，因此设计人员在布置堤线时应避开这些地质条件。

⑦设计人员在布置堤线时，要注意上下游与左右岸的关系，要征求受影响行政区水行政主管部门的意见，或者由上级水行政主管部门进行协调。有的河道上游控制断面实测的洪峰流量大，下游控制断面实测的洪峰流量小，这主要是中间河段的槽蓄作用造成的。如果因为城市发展，规模扩大，需要提高防洪标准，在中间河段修建堤防，则有可能会削弱河流槽蓄作用，增加河对岸或者下游区域的防洪压力。

需要说明的是，堤线布置与业主给定的设计范围可能存在矛盾，从而导致堤线布置困难或者显得极不合理。此时，设计人员应与业主协商，调整扩大设计范围，不能进一步压缩堤距。当然最终如何处理，只能视具体项目情况而定。

5. 中水治导线

设计人员应根据河床流量制定中水治导线，能够影响河势变化和河床演变方向。中水治导线宜满足下列要求：①中水治导线应在分析现有河势变化规律的基础上被制定，同时应满足各种整治目标；②中水治导线布置应利用河道天然节点、抗冲性较强的河岸；③中水治导线应使水流与上下游河道平顺衔接。

中水治导线对应的主槽岸线应该是天然蜿蜒变化的，尽量减少人工的干预。主槽岸线是一年中水陆交界时间最长的部位，是河道生态系统的重要生境区域，对维护河道自然环境意义重大。

6. 枯水治导线

设计人员应根据供水、灌溉、通航和生态环境等功能性输水流量制定枯水治导线。枯水治导线一般是在中水治导线的基础上被制定的。设计人员要利用比较稳定的边滩、江心洲、矶头等作为治导线的控制点。对于有通航要求的河段，宜集中水流形成枯水期优良航道；对于有供水、灌溉要求的河段，宜稳定取水口的水流位置。枯水治导线应该满足河道生态系统对生态环境流量和生态水位的要求。

二、河流纵剖面形态设计

（一）纵剖面图的设计

纵剖面图用于表达河道沿程的竖向高程关系，主要表现为现状河底、设计河底、设计水面线、现状地面和设计堤顶高程之间的关系。纵剖面图的表达内容如下。

1. 现状河底高程、设计河底高程与设计河底比降。设计人员应通过现状河底高程与设计河底高程的对比分析，判断设计河底比降分段和大小的合理性。

2. 设计洪水位、景观水位等主要水位。设计洪水位可以反映沿程水头损失的合理性。设计洪水位与地面高程线相结合可以反映哪些位置的地面在没有堤防的情况下会被淹没。景观水位与设计河底线相结合，可以使相关人员观察景观水深的变化，用以判断水生植物配置。

3. 设计堤顶高程与左右岸现状地面高程。它们可以反映堤防高度、挡水深度的沿程变化，从侧面反映堤防的安全风险。

4. 交叉建筑物位置。它可以反映交叉建筑物与堤防、设计河底的高程关系，可用于检查是否出现高程倒置的情况，也可用于检查水面线的局部水头损失情况。

5. 特殊说明。对一些河底的特殊变化，如采砂坑塘、新开挖段，设计人员应该予以标识和说明，以便帮助读图人清晰地明白河底不合理变化的原因。

6. 比例尺。纵剖面图的纵横比例尺一般不同，如竖向比例为 1∶100，横向比例尺为1∶2000。

7. 纵剖面图设计说明。该说明包括工程采用的坐标系和高程基准；现状地面高程的取点位置和方法；现状河底的取点位置和方法；对一些容易引起误解的地形进行解释，如人工弃土堆起的土包。

（二）河底比降设计

1. 分析河势

根据现状地形测量图，设计人员可以提取河道的平面形态和断面形态参数，结合地质条件对河道类型进行分类，提取概化的相关系参数，估计河道的稳定性。天然河道的纵断面是高低起伏变化的，设计人员可以根据总体趋势，分段概化河底纵比降。设计人员此时要注意冲积河流深槽、浅滩相间的形态特点，以及河道主流线小水时走弯，大洪水时趋直的水流规律；河道分段可涵盖一个或几个完整的弯道段；要注意分析人为因素，如采砂、堆放垃圾造成的影响，可导致形成局部很深的坑塘或很高的台地；要通过现场查勘，对比测量图，进行必要的验证，同时加深对河道现状形态的理解。

2. 初步拟定设计

设计人员应根据天然河道比降特点，初步拟定设计纵比降，结合初拟的横断面，进行过流能力验算。设计河底纵比降要与治理河段上下游的河底平顺连接。

如果近期有针对上下游河底治理计划，设计人员宜取规划河底高程，否则应取天然河底高程。拟定设计纵比降常遇见以下三种情况。

①基本维持现状河底纵坡，设计河底高程线高于深槽部位高程，低于浅滩部位高程，接近现状河底的平均高程。这种情况一般出现在预留的河道宽度足够的情况下，河槽横向疏挖扩宽即可满足设计过流能力，而且堤防可以被控制在适度的范围之内。

②在天然河底坡度较陡时，调整河道纵坡。当防洪标准被提高、河道设计范围较窄而又无法对其进行调整时，需要扩宽河槽和下挖河槽并行，才能使设计断面满足设计洪水过流能力要求。这时设计河底高程会低于深泓线高程。设计人员可设计一段较陡的河底与上游河底过渡连接，与下游河底则通过较缓的比降连接。

③基本维持现状河底纵坡，其疏挖加宽河道，同时不得不加高堤防。这种情况出现在冲积平原河流上，其河床比降十分平缓，下挖河槽会形成类似坑塘的下凹段，可能很快被来沙淤平，同时河道预留用地紧张而又无法对其进行调整，设计人员在防洪标准被提高的情况下，只能加高堤防。

3. 确定纵比降

要对河道水面线进行经济合理性综合分析，就需要对水面线进行方案比选。设计人员应根据水面线分析结果，调整河底设计比降，重新计算，直至满足各项要求。

（三）水面线设计

水面线设计是河道设计中最重要的工作。设计水面线如果在审查时被质疑和推翻，所有的设计工作要重新来过，因此该项工作要求设计人员足够的谨慎、细致。水面线成果决定了堤防的高度和堤防设计断面大小，因此水面线是否合理，意味着河道设计方案是否技术经济合理。所以，对水面线进行方案比选是必要的。

1. 水面线设计步骤

水面线设计包括以下步骤。

①确定设计流量。根据水位计算成果,采用相应防洪标准的设计流量。当有支流汇入时,分段确定设计流量。

②划分河段。将水利要素变化不大的河段划为一段,河段两端断面宜选择在无回流的渐变流断面。当有回流时,设计人员应扣除断面上回流面积和死水面积。

③拟定河道断面。选择河道的纵比降、横断面形式、横断面尺寸,计算控制断面上水力要素随水深的变化关系。

④选定各个河段的河道糙率。根据河流的地形地貌、边界条件、水流特性、运行方案和管理水平,结合工程经验,选定整治后河流的糙率,分析控制断面上糙率随水深的变化关系。河流治理后的糙率,是对应多年正常运行水平的,不是刚刚施工完成期的。复式断面的河槽要选定不同的糙率指标。

⑤选定计算方法。设计人员一般采用恒定非均匀流就能满足计算要求,设计人员应针对以下河流或河段进行河道设计洪水过程和其他非恒定流计算:水流要素随时间变化较大的河流;河道调蓄作用较大的河段;潮汐河口段设计人员在采用恒定非均匀流计算水面线时,可以采用试算法。

⑥确定局部水头损失。对于有水闸、溢流堰、桥梁等阻水障碍物的河流,设计人员要计算局部水头损失。

⑦估算水流流态。设计人员应根据拟定的河道纵、横断面尺寸和设计流量,对每个河段选择一两个断面计算水流流态,判断是急流还是缓流。根据沿途纵坡变化、拦河建筑物布置,初步判定水面衔接形式。

⑧计算水面线。当干支流、河湖洪水顶托时,设计人员应分析洪水遭遇规律,选定洪水组合方式。

⑨检查水面线的合理性。设计人员可以用水文站实测资料或者调查的洪水水位资料来检验计算结果。当没有实测资料时,设计人员可以通过检查水面线的变化规律,保障其合理性。

2. 水面线设计方案比选

一般情况下,设计人员要对水面线进行方案比选。当河流规模较小、边界环境条件简单、治理河段较短时,可以选定一些控制断面,计算控制断面设计水位，分析水位的合理性，直接确定水面线，从而简化整体水面线的方案比选工作。这种方法简单易行、工作量小，其缺点是不能直观地纵览水面线全貌，且断面的选择要有代表性。水面线的高低，影响开挖量、回填量、弃土量、水工建筑物工程量、桥梁工程，影响生态系统服务价值，假定河道的防洪效益是一定的，设计人员可以通过分析工程成本费用和生态服务价值、按综合费用最小原则来比选最优水面线。

三、河流横断面形态设计

以生态河流作为设计追求目标，横断面形态设计应遵循以下基本原则：①分段采用对称或者非对称的仿自然河流的横断面形式；②尽量保留自然河底底质，不做硬质防护；③尽量保留滩地；④非紧靠堤防的主槽岸坡不做防护或者仅做节点防护；⑤堤坡防护和紧靠堤防的岸坡防护尽量采用生态防护形式。

（一）横断面图的设计

1. 横断面间距

横断面图数量是随设计深度增加而增多。例如，横断面间距一般在可行性研究阶段为 200~1000 米，在初步设计阶段为 100 米，在施工图设计阶段为 50 米。横断面的密度和地形地质条件相关，地形平坦、地质条件均一时，设计人员可以取得稀疏些；地形地貌复杂时，可以取得密一些。

2. 设计内容

传统河流横断面由河槽、岸坡和堤防等部分组成。现在的河道设计常包括生态景观设计内容，横断面图上会有园路、广场等设施的标识，内容更加丰富。河流横断面设计内容如下。

①原始地形线和设计范围线。原始地形线表明天然地面、河道情况。设计范围线表明设计工作的区域范围。

②设计断面线。设计断面线包括反映河道疏挖的河底线、开口线、边坡坡度，反映堤防布置的堤顶线、边坡线、坡度，反映岸坡防护的挡墙、护坡线，等等。设计人员将天然地形线与设计断面线结合起来，可以计算挖方和填方工程

量。护坡的标识容易被忽视，要标注形式，顶部、底部高程；底部要有护脚，满足冲刷深度要求；顶部要预留一定高度，防止风浪的冲刷；对于复杂的护坡，设计人员要另行绘制结构图。

③各种尺寸和高程。设计人员应以河道中心线（控制线）为起点向两侧标注尺寸，以隐含河道中心线为河道控制基准线。高程包括堤顶高程、河底高程、滩地高程、挡墙高程、水位高程。主要水位都应被标注出来，如50年一遇洪水位、20年一遇洪水位、景观常水位等。有些断面的特征水位可以根据水文计算成果，用直线内插法得到。

④断面桩号和比例尺。桩号能够反映断面位置。因为河道宽，堤防，低纵横比例一般用不同比例尺，如横向比例尺常为1∶500，竖向比例尺常为1∶100。有时打印图纸时会缩放图纸，所以，设计人员最好采用线段比例尺，以方便读图人员估测距离。

⑤横断面图说明。横断面图说明要有针对性，内容可包括：工程采用的坐标系和高程系；堤防土料及其填筑标准；护岸的范围，护岸上部高程、底部高程及其沿河变化的控制原则；地面清基要求及清基土的处置方式；地面垃圾的范围及处理方式；微地形土方的填筑范围、土料压实标准；护坡、挡墙等的结构图索引说明；其他一些图面标识不清楚而需要强调表达的内容。

（二）河流横断面设计

1. 横断面设计步骤

河流横断面设计的步骤如下。

①根据功能要求，确定设计流量。对于防洪，设计人员应根据防洪标准和水文计算成果确定设计洪峰流量：对于供水、灌溉要求，设计人员应根据引水时段和供水保证率确定枯水期设计流量和水位；对于航运需求，设计人员应根据航道等级分析枯水期的设计流量和水位。

②分析河流横断面。设计人员应分析河流现状横断面，分段选定设计横断面基本形式，对于弯道段，可以选择非对称的复式断面。

③分段初定设计主槽断面。设计人员应根据主槽现状河势和横断面形态，提

出现状概化断面；按供水、灌溉、航运要求，计算复核主槽概化断面是否满足流量、水位要求。设计人员应在此基础上，初步拟定设计主槽断面。

④分段初定设计防洪断面。设计人员应在设计主槽断面基础上，根据设计洪峰流量和限制的设计范围，初拟设计防洪断面，进行断面过流能力计算，初步确定堤距和设计防洪断面。

⑤水面线计算。设计人员应根据上述计算，结合平面布置原则，拟定连续的堤线和中水治导线，计算水面线。设计人员常常需要进行水面线方案比选。

⑥成果检查和微调。设计人员应根据水面线、堤线、堤高成果，进一步检验周边环境制约因素，与市政、交通、规划等部门进行对接。当周边环境因素（如铁路、桥梁等）形成强制性制约时，设计人员应局部调整设计断面和水面线。

2. 主槽横断面

设计洪峰流量决定了河流全断面的大小，造床流量决定了主槽横断面的大小。对主槽断面进行整治，往往能满足供水、灌溉、航运设计流量和设计水位的要求，设计人员应以此为基础，利用滩地过洪，计算行洪全断面的大小。

城市河流的横断面的情况要复杂一些。针对城市河流，有关人员往往要提高其防洪标准，增大设计洪峰流量，这时需要扩大全断面过流能力。扩大全断面过流能力的方式有两种：一是堤防后退，大量增加滩地过水流量，主槽断面按造床流量整治，基本不变，但堤防后退，需要增加占地，在老城区无法实现，在新城区实现也有一定难度；二是堤线基本维持现状，疏挖河道主槽，扩大主槽面积，缩窄滩地面积，大量增加主槽过水流量。河道管理的相关政府部门常常乐于采用这种方式。

第三节　城市水系景观的生态规划设计路径

一、连通城市水系，重塑水系生态环境

城市水系连通能够加强水系，主要是解决以下三个方面的问题：一是保证城

市降雨能够迅速下渗，防止地面形成雨水径流；二是水系连通能够恢复与加强水力之间的联系，以维护城市水系的良性循环；三是水系连通可以在协调区域与城市景观中发挥重要作用，为生态循环和多层次旅游景观建设提供有利条件。因此，在进行水系连通规划时，要从以下四个方面来加以思考：一是通过增加参与水系连通的有效水域面积，进而提高城市内的河湖水系连通的工程效率；二是加强不同生态斑块之间的联系，有效实现生态富余区的生态量向生态"赤字区"的转移；三是通过促进不同景观系统之间的联系，扩大居民游览观赏区域，以实现不同景观资源之间的互补；四是有利于城市相互连通的水系之间进行水资源调度，以均衡分布城市内的水系。对城市水系的进行综合布局，通过水系连通和对不同水体改造将破碎的景观生态斑块连接为一个系统整体，提高水文连接度和景观连接度。将各个孤立的斑块通过生态廊道一一连接起来，增强整个城市水系的连接度，使各种动植物可以在景观中顺利地觅食、繁衍和生存。丰富的物种多样性又进一步提高生态系统的净化能力，改善了整个区域的生态环境。

因此，在选择城市进行水系连通方案时需要充分考虑以下三点：一是最大限度地满足各集水区水量排往下游的设计标准，并将主要的排水通道尽可能通过最短距离来排布；二是促进水系空间与城市内其他开敞空间相协调，以增加水网的可达性和可观赏性；三是尽可能地使水系与城市公园和集中绿地紧密相连，以提高城市生态系统的交换效率。

二、改善水域环境，恢复水系物种多样性

（一）利用雨水

无论是雨量充沛的南方，还是易旱少雨的北方，雨水都作为一种重要资源成为城市生态环境的重要组成部分。由于目前国内对雨水资源的回收利用水平及能力仍处于比较低端的现状，造成了雨水资源的极大浪费。如果能采取一定的有效措施，对城市的雨水资源加以整合利用，并与城市水系景观生态的规划设计相结合，将极大地促进城市水资源的循环利用、有效地改善城市生态状况，创造面目一新的城市景观。

如何在城市生态水系景观建设的基础上，充分实现城市雨水资源的合理利用，是一项非常值得关注的研究课题。总的来说，回收利用城市雨水资源具有以下优点：第一，能够有效缓解城市水资源匮乏的问题，同时起到调节城市温度、湿度等作用，从而改善城市生态环境；第二，城市的雨水利用管理需要足够庞大的资金和容量，在利用雨水的基础上进行水系景观设计，能够有效地减缓雨水的存储压力，同时缩减雨水管理系统的运行维护费用；第三，可以在一定程度上有效地控制城市内涝灾害，大大地减轻城市排水压力。

1. 屋面集水

屋面集水是指通过屋面的集水系统汇集到一起。屋面集水主要包括屋面雨水收集和屋顶绿化两种方式。屋面集水的原理是通过屋顶集水系统收集雨水并将收集到的雨水运送至雨水净化系统，经净化系统的作用后，被转化成洁净水，为城市生活生产所用。屋顶绿化是另一种集蓄雨水的新趋势，种植屋面不仅能够提供集水功能以分担城市排水系统的压力，还能够调节城市小气候，美化建筑外观、增加城市绿化面积。

2. 生态调节池

生态调节池也可称为雨水花园，雨水花园通过滤渗作用不仅可以改善水质，还可以有效地调节地表径流。其净化原理是：保留池底原有的天然土，并通过种植一些具有高污染物吸附能力的水生植物，通过天然土和植物的吸附作用，对水体中的污染物进行吸附沉降，将沉降下来的污染物作为植物的肥料使用。

3. 生态透水性铺装

现代城市路面主要以不透水路面为主，主要会导致两个方面的问题：一是雨水无法迅速下渗，路面易于积水并形成径流，极易导致小型的水灾害；二是地表径流的不断增加会造成区域水面面积逐渐扩大，同时导致水面污染物的不断增加，进而会有更多的沉淀物附着于地表层，极大地影响了城市的生态环境。

生态透水性铺装通过雨水下渗的方式可以有效地解决这两个方面的问题。通过采用透水性地砖、透水性混凝土、透水性沥青等渗透性材料来铺装路面，雨水可以有效地渗入铺装层以下，迅速被土壤吸收后渗入地下，这样就可以较快地减少城市路面的积水，较大程度上缓解城市排水系统的压力，并减少对城市自然水体造成的污染。通过采用生态透水性铺装方式，还能在一定程度上提高地表层的透气性和透水性，使得地面铺装层下的土壤能够维持合适的温度与湿度来使动植物、微生物赖以生存的生存空间得到保护，维护地表层的物种多样性，促进城市地表生态环境的改善。

（二）营建人工湿地

湿地是由保水基质、沉水植物、挺水植物、动物、微生物，以及开放水域组成的复合型生态系统，具有生物、物理、化学等综合功能。城市人工湿地就是模仿自然雨水处理系统人工建造的湿地系统，不仅能够净化水质，还能改善区域气候，调蓄城市防洪。城市人工湿地的构造，是在一定长宽比及底面坡度的洼地中放入土壤及填料，按照设计好的坡度进行填充，组成填料床，最后在填料床的表层土壤中种植一些生长周期长、成活率高、净水效果好、既美观又具有景观价值的水生植物，而水就在填料或床体的表面流动。城市人工湿地的上述构造特征，既可以为鱼、鸟等各类湿地动物提供一个繁衍、栖息的场所，又可以在生物和微生物的作用下形成具有较强净化能力的生态系统。人工湿地生态系统的建造成本相对较低，而且其后期维护工作相对简单。一定规模的人工湿地不仅为鸟类和其他湿地生物提供固定的栖息地，还具有很高的景观价值。

三、加强岸线整治，提升水系景观形象

（一）构建生态驳岸

传统形式的驳岸多用钢筋混凝土浇筑而成，只强调了水系的水运、灌溉、防洪等功能，而忽略了驳岸在艺术和生态方面的要求。生态驳岸，是指经过人工改造后，恢复了自然的可渗透性的驳岸。生态驳岸的可渗透性特征能够很好地满足水体与陆地之间的水量调节与交换，它既具有防洪护堤、防止水土流失的基本功能，又具有增强水体自净的功能，有利于维护生物生存环境的稳定性。

1. 生态驳岸处理方式

生态驳岸以生态保护为主要目标，以植物种植为主要手段，在建造施工过程中采取自然形式的驳岸处理方式。一般来说，对于水流冲刷不大的区域，主要采用碎石垒砌的方式，将植物根系和碎石捆扎在一起以达到固定表土层的目的；对于水流冲刷稍大的区域，则是采用种植湿生固土植被的方式来稳固表土。

2. 生态驳岸功能

①调节水位。生态驳岸可以采用形式多样的自然材料进行组合，形成一种具有可渗透性的界面：在丰水季节，生态驳岸可以将渗透到地下水层的江、河水存储起来，进而起到排水降洪的作用；在枯水季节，生态驳岸可以将存储的地下水反渗入江河之中，进而起到补充调节江河水位的作用。除此之外，还可以在生态驳岸上种植各种适宜生长的水生植物，这样也能够在一定程度上起到涵养水分的效果。

②增强水体的自净作用。通过将水体植物和堤岸植被连成一个互相联系、相互影响的整体，生态驳岸构成了一个结构非常完整的滨水生态系统。通过在生态驳岸的岸堤上修建各种类型的鱼巢和鱼道，可以加速驳岸附近水体的流动，进一步形成流速带和水的紊流，加强氧气在水体中的溶解度，提高水体的净化能力。

③繁衍生物。大多数情况下，生态驳岸的坡脚均采用高孔隙率的形式，这种设计可以促使坡脚生物种类丰富、水体流速变化多端。生态驳岸上种植着大面积的乔灌木，这既为陆地上的鸟类及昆虫提供了生存、繁衍的场所，也为水体中的生物提供了生存、繁衍的场所。综上所述，生态驳岸可以形成一个水陆复合型生物共生共存的优质生态系统。

（二）优化植物配置

进行城市水系景观绿化规划，应尽可能多地扩大沿江沿河区域的绿地面积，充分起到用绿色来勾勒城市轮廓、延续城市文脉的作用，同时以优美的绿色空间来展现花园式景观城市的美好形象。在绿化和植被种植方面，可以选择开发丰富多样的绿化体系，增强水系空间的层次感，使水系空间既形象整体统一，又层次分明、变化丰富，使水系空间的视觉冲击力得到极大的增强。"近自然思想"既是水系景观植物设计的基本原则，同时也是植物自身生长的要求，其根本思想就是按照自然演替的规律、根据植物和环境的内在关系进行合理的植物设计，以追求生态环境效益最大化、植物群落本土化、审美效果最优化。

对于主要作为生活游憩及标志节点的水系景观，应当选用符合地域特点、适宜生长的乔灌木为主要设计的植被，采用模拟自然生长的方法，营造自然感强的自然植被环境。水生植物则主要选择适合当地生长，同时具有较强观赏价值的植物物种，采取科学的措施合理地营造水体景观，充分地发挥水生植物的层次美、色彩美、节奏美，力求重塑水系植物群落的自然景观生态，最终达到水系景观的自身稳定发展。

在规划设计的过程中，合理配置动植物物种，实现多物种共同存在景观区域内，并且相互促进生长，以求形成布局合理、结构丰富、层次感强、错落有致的近自然景观植物配置效果。

（三）营造多样化的亲水空间

水系景观除了应给人以丰富的感官享受外，还应该使观赏者与水形成有机联系，以满足人的亲水心理需求，规划相应的游览路线，提供一系列的景观游览路径，让人在亲近水的过程中体验水系景观的美感。

对于亲水空间的营造，应在充分掌握水系不同的水资源分布特征、植物种类和水质状况的基础上，充分考虑其使用功能的多样性，使水系空间在具有观赏价值的同时，还能满足人们对于居住、休闲、游憩的需求。

四、构建绿色廊道，联系水系空间与绿地

一般水系发达的城市，除了紧临江、河之外，其内部会有众多的湖泊、水库、渠系，在规划设计中应尽可能利用城市现状水系建立城市绿色廊道网络，以保持城市内部生态系统的循环与通畅，以提高内外部物质和能量交换的效率。生态绿色廊道具有保护生物多样性、滞洪补枯、过滤污染物、防止水土流失、调节城市气候等多种功能，同时，它也是水系空间生态系统的重要组成部分。

构建生态绿色廊道，可以通过以下三个方面来实现：

1. 首先，对生物资源进行调查、评估和分级。水系是野生动植物重要的栖息地，它们能够为市民提供多样化的体验，因此野生动植物的栖息地应该被纳入

绝对保护范围。其次，对野生动植物受人为因素干扰的敏感度进行生物学上的分级，进而确定控制人为干扰的控制管理级别：从绝对保护、严格限制，到一定限制，最后到可承受无限制的人类活动。

2. 建立完整的水系绿色廊道，要在水系两岸保留有足够长度与宽度的绿色植物带，并永久禁止在植物控制带内修建大体量建筑，通过绿色植物构形成的生态廊道来保证城市与郊野基质的连通。

3. 促进水系廊道绿地向城市内部空间的渗透，使其与城市内部的公园绿地、交通绿地、生产防护绿地及附属绿地等构成完整的城市绿地网络。

在进行水系廊道构建时，应根据水系现状条件，尽可能地将水系绿色廊道宽度扩大到最大化，以保证水系廊道的各项基本功能，并在此基础上，保护动植物资源和生物栖息地，以健全城市水系空间生境走廊。

五、延续地方历史，凸显水系文化特色

水系是生态城市景观的灵魂。水是历史遗留给城市的宝贵财富，城市因为有了水而积淀了丰富的底蕴，因为有了水而散发出文化的韵味。在城市现代化进程中，我国多数城市都面临着同样一个问题，即如何使城市发展与城市历史文化完美结合，使城市水系规划与水系景观文化脉络和谐共生。

(一) 传统历史文化的再现

城市悠久的历史文化遗产与城市水系的形成与衍变息息相关。这些文化遗产中有文人墨客对于水的吟诵赞美、有关于城市河流的古老传说、有特色鲜明的地方性纪念性文化活动场所。对于历史遗留下来的宝贵财富，设计者要注意保护与传承，将历史的印记反映在水系规划上。在规划符合现代城市需要的综合水系的同时准确把握历史文脉，并把文化遗存渗透到水系设计中。对于保存较好的水系历史文化景观，加以严格保护，并以此为基础，协调整个区域的水系景观风格；对于由于人为或者历史性原因而逐渐消逝历史水系景观文化，尽可能地对其进行恢复，以重现城市水系历史文化风采。

（二）街道、建筑景观格局保护与更新

（1）街道历史形态景观格局保护

街道是城市的重要组成部分，是城市空间中最具活力的场所，也是城市历史和城市文化的重要的聚集地。街道历史形态景观格局保护主要从街道的尺度、街道空间连续性、街道的指向性等要素来考虑。

（2）历史性建筑的保护与更新

建筑物是构成水系景观不可或缺的一部分，人类对建筑功能的不同需求，决定了临水建筑的不同用途与形态。因此，对于历史性建筑，应具体分析其同风格特色与建造特点，采取不同的保护和更新措施。

此外，建筑的布局形态体现了古往今来人类对空间布局的不同思考，在对历史性建筑进行保护与更新的同时，还要注意控制建筑的布局形态，保护水系沿岸的历史建筑，延续历史建筑风格，形成的连续统一的水系景观。

我国幅员辽阔，因此地域文化特色众多。水系所处地域环境的不同，孕育了不同的历史文化与景观特色，赋予了水系人文生态景观真正的内在价值。设计者应该认识到历史人文生态资源对推动城市发展所潜藏的巨大助力，综合分析城市水文化与相关历史特色，保护和延续景观文化，加强城市水系人文生态景观的文化元素的表达形式，凸显出景观特有的地方人文生态特色内涵，以增加城市居民的文化归属感。

第四节　滨水景观的弹性空间规划策略与设计

城市的规划越来越重视城市滨水区的规划和设计，越来越多的滨水景观成了城市的标志性景观。在一些非典型性滨水城市的规划设计中，尽可能地通过人工手段将水系连接起来，形成具有人文特色的滨水景观，从而提高城市的生态质量和人文底蕴。在近几十年的城市建设中，人们十分看重滨水区的规划和利用，以增强城市的核心竞争力。

一、城市滨水区开发的特点与发展趋势

(一) 城市滨水区开发的特点

滨水区域的规划不仅设计出了有标志性的滨水景观，更重要的是它们具有以下四项功能。

1. 多样性。城市滨水区的规划和设计在不破坏生态环境的前提下，使滨水区内的自然环境更加多样化，为公众提供了功能齐全的设施。

2. 适用性。城市滨水区的规划和设计除了要满足公众的需求，为公众提供多样的服务以外，还要在形式和功能方面与城市的自然环境和社会环境相协调。

3. 开敞性。城市滨水区是向公众开放的空间，滨水区的建筑要有通透性的特点，不能破坏城市轮廓线。

4. 可接近性。城市滨水区的规划和设计要能够保证城市的公众可以借助于各种交通工具抵达滨水区，不被障碍阻隔。

(二) 城市滨水区开发的发展趋势

城市滨水区的开发和扩展，能够应对全球性的城市再生复兴问题，同时能够反映出公众为应对环境变化和科技影响所做出的努力。

纵观国内外滨水区开发建设的发展情况，大致呈现出以下发展趋势。

1. 滨水用地多功能化

对城市滨水区进行综合性的开发和利用，滨水区逐渐由码头和工业区转变为集居住、办公、购物、娱乐和旅游于一体的综合功能区。

2. 强调滨水区开发对城市经济的带动作用

城市滨水区调整用地结构，优化区域功能，改造周边环境、建设景观设施的目的都是为了改善滨水区的环境形象，以吸引投资，促进城市发展。

3. 注重滨水区的景观和旅游功能

通过对滨水区进行精心的设计，使之具有完备便利的交通条件、舒适的环境和功能齐全的功能区，建设有标志性的建筑，使环境景观和周边设施形成特色，以带动旅游行业的发展。

4. 强调滨水区的可持续发展

一方面，要制定城市滨水区发展目标，使滨水区的建设能够服务于公众的日常生活，符合城市的整体发展方向，同时能够促进环境的良性循环；另一方面，城市滨水区的开发不能污染滨水资源、破坏城市环境。

5. 注重滨水区的生态功能保护

随着环境问题的日益严峻，城市的规划越来越注重保护生态环境，运用各种技术保护生态环境，维持城市滨水区的生态平衡，以此来提升城市的生态环境，促进城市的发展。

二、城市滨水区景观生态规划设计的理念和原则

（一）城市滨水区景观生态规划设计的理念

1. 自然生态理念

自然保护和生态恢复的侧重点不同，但二者之间有一定的联系。自然保护主要是保护城市的自然要素或有生态价值的地点。生态恢复是人工恢复城市已开发地区退化的生态环境。前者是后者的主要目标之一，后者又是前者的重要手段。

滨水区规划中以自然保护和生态恢复理论为指导的自然生态理念的含义如下。

（1）自然形式的保护观

自然形式的保护观是指在保护滨水区自然形式和环境特质的前提下，用生态学的理论观点指导滨水区的规划设计。这是滨水区开发要坚持的一项基本原则。自然形式的保护观非常重视滨水区的自然性，将保护和重新塑造自然形式作为城市滨水区规划设计的重要内容，即遵从自然的首要前提是坚持自然的原生态。根据生态学原理，使用天然材料模仿河道岸线，尊重景观的自然特性，实现滨水区的可持续发展。

（2）自然过程的恢复观

自然过程的恢复观是指对自然要素之间的作用和联系进行恢复。这些自然要

素之间的作用和联系是城市滨水区生态建设的主要内容。健全自然生态过程能够提高自然生态系统的自稳性，降低维持投入。

2. 景观生态理念

一般认为，滨水区规划中以景观生态学理论为指导的景观生态理念的含义包括以下两部分。

（1）生态系统的多样观

城市滨水区的开发会影响滨水生态系统的生物多样性。从景观生态方面来看，城市滨水区的规划和设计应注重生态系统的多样性和地域分异性。各种生态要素要有其生存发展的基础，并形成网络结构，使多种生态系统共同发展，保护城市滨水区的物种多样性和遗传多样性。

（2）景观格局的安全观

景观安全格局是以景观生态学理论和方法为基础，判别和建立生态基础设施的一种途径。滨水区规划的景观生态理念，就是通过分析和模拟滨水区景观过程和格局的关系，来判别滨水区生态系统的健康与安全。这些景观过程包括滨水区的开发扩张物种的空间运动、水和风的流动、灾害过程的扩散等。

控制这些景观过程需要建立基于关键性景观元素、空间位置和联系的安全格局，包括维护和强化滨水区的山水格局、乡土生境系统、岸线自然形态、湿地系统、绿色通道、文化遗产廊道等。

3. 经济生态理念

城市滨水区生态建设重点突出宏观的整体和谐。城市滨水区的规划和设计要与城市的整体规划和设计有一定的联系，避免使城市滨水区成为城市中的独立体。滨水区的各类用地的比例要合理配置，在做规划设计时要立足全局，有整体观念，从城市变革和功能发展的角度看待问题，进行整体功能和景观开发形式的策划定位，使城市的整体效益最大化。

（二）城市滨水区景观生态规划设计的原则

1. 滨水区空气环流设计原则

在滨水区域，由于水、陆两种基质的下垫层的热容性不同，对阳光的吸收与反射程度也就不同，水体吸收和储存太阳辐射的能力大于陆地，其升温和降温速度又远慢于陆地，从而在两者交界部位由温差面产生"局地环流"，产生了在水边都能感到凉爽清润的"滨水风"。

滨水风的具体成因是白天陆地增温比水面快，气温比水面高，引起陆地空气上升，当陆地上空的气压增高到高于同高度水面上的气压于一定程度时，在该层面上便产生了由陆地指向水面的气压梯度，使空气由陆地流向水域。于是陆地上近地面层的空气减少，地面气压下降，而水面上空的空气增多下沉，水面气压升高，在近水面处便形成了自水面指向陆地的气压梯度力，下层空气就从水面流向陆地，形成扑面而来的流水风。晚上情况正好相反，在临地面层形成由陆地吹向水面的风。

该过程正是滨水区域特有的自然特质，滨水风是评判滨水区域空气品质好坏、气流（风）强弱的基础，是滨水景观"环境基底质"之一。

另外，由于现今进行的滨水景观设计的尺度远大于人的"庭院设计"中的"水面"尺度。有研究表明，当水面长度超过200米且达到一定的面积时，中等级的风就能使水面形成一定的轻浪，轻浪冲击岸边经反射后就会形成"驻浪波"。驻浪波的能量是单个冲击浪的2~5倍，其会卷起岸边泥土，造成水土流失，岸线侵蚀。这种水力冲刷亦是滨水景观"环境基底质"之一。

2. 滨水区生物活动协调原则

对现代景观生态学的多项研究表明，由于人类活动的介入，滨水区域的生态基质、斑块都发生了很大的变化，人类活动占有的斑块或廊道的经济效益提高到一定程度后引起了基质的环境、效益的降低，乃至达到一定程度时，就严重破坏了环境平衡，从而造成了大的灾难和损失。这其实是环境对人类行为的一种反噬作用，这样的例子在人类近现代史中亦有不少。

所以在滨水区的景观设计中一定要运用"基质-斑块-廊道"理论和其衍生出的一些方法（如趋势表面和阻力模型、生态环境评价法等）来设计安全生态空间格局，并对该理论运用在本地区范围内的斑块、廊道的基本宽度，连续度距等进行量化工作，变理论为可操作模式，并自觉地在设计中维护这种景观生态健康。这种协调性设计体现了"环境优先原则"。

3. 滨水区水利改造原则

出于安全的考虑，可控制性地调整原景观生态格局不合理部分和人类自身有限度开发利用滨水资源的需要，在滨水景观设计中可能需要建造一些水闸、部分硬驳岸，部分自然生态驳岸，漫滩，湿地、导出性支流，蓄洪池（塘），缓洪池（塘）等工程设施。这些建造设施的设计不能违背水利学原理，没有自身防护功能的滨水景观生态设计亦是不能被接受的，但是也不应像从前那样，仅仅依据工程学（部分考虑美学）的原理来设计，而应结合环境保护，运用生态学原理，做出相应的改进，以进一步完善设计。

三、弹性城市视角下的城市滨水景观设计策略

（一）设计意义

1. 发挥生态服务功能，增加城市生态弹性

城市滨水景观一方面与自然相接，另一方面与城市相接，在自然和城市之间弥补两者的裂隙，使其融合为一，达到物质和能量循环的动态平衡。同时，城市滨水景观在面对城市自然灾害时，需要具备一定的防灾减灾能力。现有的滨水绿地案例表明，发生自然灾害时，滨水景观充当了降低风险、吸收缓冲的角色。自然灾害过后，又起到加速城市更快恢复到原本状态的作用，降低城市损失，因此，通过弹性规划设计城市滨水景观，可以维持生态系统的平衡和稳定性，并更好地提高城市的生态适应力。

2. 健全社会居民活动保障，提升城市社会弹性

弹性城市视角下的滨水景观设计，赋予场地更多的可能性，满足城市居民对场地多功能的需求，在各方面压力都比较大的当代社会，缓解了公众多方面压力，满足居民的精神需求，提升居民的生活质量，在滨水弹性景观建设的同时也增加了社会的福利与公众参与感，可以大大提升城市社会弹性。

3. 发挥本土特色，增加城市文化弹性

城市的滨水景观通常是城市形象的展示门户，可以综合体现区域特色、当地文化和社会特色，并且外地游客也可以通过城市的滨水景观了解该城市的地脉与

文脉，同时也能对非本土文化进行融合。一个城市的滨水景观设计，能帮助使用者更好地发掘城市特色、形成对该城市的印象名片。诸如河南地区规划设计须融入国家所提倡的发扬黄河文化、红色文化、老家文化等理念，打造具有本土特色、本地文化符号的景观。

4. 节约资源，增加城市经济弹性

增强城市滨水景观的弹性可帮助避免浪费城市资源并合理利用它们，并通过防灾和减灾减少灾难带来的损失。城市滨水景观可通过构建城市雨水管理系统来改善城市水循环，调蓄地面径流，净化水体，从而减少城市洪水灾害的影响，通水也减少了传统排水管网的建设及其后续维护的成本。城市滨水景观改善了周围环境的质量，使其更宜居，从而增加了城市的经济弹性。

（二）设计原则

1. 系统多样化原则

提升滨水景观弹性的主要措施是改善系统的多样化，可以分为系统结构、系统功能的多样化。系统结构的多样化决定了功能的多样化，而功能的多样化可以为系统提供更强的适应性、耐受性和自我调节能力。通常，在可接受范围内，生态系统的复杂性和生物的多样程度与环境抵抗风险的能力成正比。在经历了外部干扰和灾难之后，丰富的生态系统变得更具弹性。

2. 适应性转变原则

在传统灰色基础设施面对暴雨及洪涝灾害时，一般通过构筑防洪堤坝或者雨水管道来对雨水进行快速收集与排放，在较短时间内如果洪水强度增加，洪水高峰到来的时间就会缩短，无法补充地下水，同时，基于灰色基础设施的"减灾"方法很可能在下游地区造成更严重的洪水。而适应性转变原则提倡增强系统本身的弹性调节能力，在面对自然灾害时，将"抵抗"转变为动态适应，通过构建绿色基础设施取消硬质防洪堤坝，构建生态驳岸、生态湿地等来达到蓄滞雨洪的目的。

（三）设计策略

1. 整体性设计策略

当前，我国许多城市在滨水区的景观设计过程中将滨水区与其他城市系统区分开来，而忽略了滨水区与城市之间的相互联系和总体规划。弹性城市思维驱动的景观设计应基于完整性和对各种因素之间关系的综合评估。弹性城市指导下的滨水景观整体策略主要体现在两个方面：时间和空间。空间区域的发展受到整体区域大环境影响，在设计时须考虑区域与整体之间的关系，必须将设计放置在整个区域环境中。在时间上须注意历史和文化的连续性，传承当地文脉，尽可能地对场地现状进行利用与转化。

2. 多功能设计策略

适当增加场地的多功能活动策划及场地设计可以增加对城市居民的吸引力，提升场地的社会弹性，具体措施可从以下两个方面来考虑：首先，在不同时间提供不同的功能，诸如场地平时与洪水季节同一场地可以提供各类功能；其次，在不同的空间提供不同的功能，可以探索弹性景观的立体空间的利用。

3. 安全性设计策略

弹性城市指导下的滨水景观因其可能面临自然灾害威胁，针对洪涝灾害，须明确其设计洪水或设计涝水、设计潮水位，并根据现状堤线、防洪堤防，在保证防洪安全的基础上进行景观优化。在城市灾害发生后，滨水景观应具有快速恢复能力，并且作为城市绿地须承载其平灾结合的功能，场地基础设施诸如水、电、构筑物等具有受到冲击后快速恢复的能力。

4. 生态性设计策略

弹性思维的核心观点之一要求设计具有生态弹性，滨水空间的生态性设计须在尽可能保护城市与滨水生态系统的同时调节洪涝灾害发生时的适应能力。首先，在设计前须判别关键性的生态保护区域。城市滨水空间本身有较好的基址优势及丰富的自然资源，在设计前，须掌握场地的地形地貌条件、植被动物条件、自然气候条件等，综合分析科学决策，尽可能地减少人工建设对原本场地生态的破坏，提升场地本身生态系统结构的稳定性，提升滨水景观的弹性。其次，在场地设计建设中，避免灰色基础设施的运用，具体场地具体分析，设计生态与安全性并存的驳岸类型，在增强城市安全性的同时，为动植物提供栖息场地，提升了滨水空间生态系统的生物多样性。最后，加强对于场地内的雨水径流的管理，通过源头控制、场地处理、区域收集形成完整的管理链。

5. 地域文化延续策略

本地化原则是弹性城市中的重要原则，在全球化大生产的背景下，许多项目盲目照抄国内外已建成项目，海堤、防波堤、驳岸在各个地方较为趋同，不考虑与周围环境的结合，结构和材料基本一样，失去了本地文化的特色，并且如果使用非本地材料，也会造成成本的提升。此外，在设计中除了延续当地地脉与文脉，本地植物种是在物竞天择的不断淘汰中生存下来的，对当地环境具有更强的适应性，在灾害发生时相较于外来物种恢复能力更强，因此在植物选择中应多选择本地植物。

第七章 生态视角下城市湿地公园的规划设计

第一节 城市公共空间湿地景观文化意蕴

一、城市公共空间湿地景观之美

首先，人们对体验环境所产生的美感是由感官直觉直接获得的，是由对不同环境因素的感受而自然形成的。不同的功能、空间、形式、色彩、材料质感等因素，均使人产生不同的审美行为。

湿地景观被定义为典型的优美环境，它强烈地反映了人对自然原生态的渴望，从而产生美感。而湿地中的自然之美并非抽象的纯粹形式，它是可以被感知的客观存在。我国古人探索自然美的办法，是通过对自然仔细的观察和深刻的感悟、冥想而找寻其必然性，并置身于自然之中，追寻感情的寄托。天地之间的自然万物是生生不息、瞬息万变的，这就蕴涵了美的本质。

（一）湿地之生境美

城市湿地景观在很大程度上是对城市生态控制过程的一个组成部分。湿地景观中的水质净化是湿地的主要功能，是其与其他景观形式不同的特点。而就湿地景观的审美而言，生态仍然是审美的重要方面。潺潺流动的溪水孕育了灵性的生境，给城市带来了生命的希望、迷人的气息，这正是美的本质。任何景观如果不符合生态的原则，甚至会给环境和人类的生存带来危害，表面的形态美无论如何都不能给人带来真正的美感。事实上，湿地景观无论从净水功能、经济收获还是精神审美方面来讲，都是最适合人类和其他生物生存的环境，它所独有的生态美带给人们物质与精神上的双重享受。

1. 水之灵动

水是湿地中一切生命存在的根源，是湿地的命脉所在。江河湖泽、荷塘菱沼，都离不开水的滋养。水体的丰富变化给人带来丰富的视觉和心理感受。

如果说水景园中的描述还停留在视觉审美的层面，那么湿地中的水则有更多的审美内涵。在城市湿地景观中，因水而成湿地之景观，因湿地而成水质之清洁。城市公共空间湿地景观中水的审美表现也同样丰富多彩。水岸造型曲折，水体高低落差变化丰富。叠水、落水、流水、静水、喷水等各种水形态的组合，以及水、光、云、气、雾、雨等各种水状态的变化，共同形成了美丽的自然湿地水景观。湿地水景观给人们带来大自然的气息和生机，充分地发挥了水的各种形态美，可产生活泼、宜人的湿地景观特色。

反观现代城市中的水景建设，水泥砌筑的河道、僵直单调的河岸，既不生态又没有美感。由于缺乏良好的水循环系统，河道水质逐渐变黑变臭。每年的清淤工程和维持水质工程常常耗费大量的人力、物力和财力。而运用景观生态学的原理，在城市中河道坡岸的结构处理上采用自由驳岸的形式，根据起伏层次进行艺术设计则是另外一番景象。水生植物的艺术配置与自然形态坡岸的绿化种植相结合，形成陆地与河流之间独具特色的湿地景观。河水与水生生物群落形成良性生态循环，既保持了水质、提高了周边的环境质量，又给人们带来良好的艺术审美享受。

2. 石之顽拙

在中国古典园林中，石历来是重要的艺术元素。不同的石形、石质、石纹、石理，反映出石的不同性格，如扬州的个园中就用不同形状的石头来表现的春、夏、秋、冬四种山景。

湿地景观中的石同样具有重要的审美价值。作为水岸，石的形态影响了水的形态。水流的奔放、宛转等形态，都是因为石的形态不同而成。不同的水流造型取决于石的形状、高差和材质结构的变化。水因石成势，石因水灵动。没有石的衬托，就没有水的形态；没有水的映照，就没有石的活力。而水生植物的形态与石相配，更能形成一种自然之美。

同时，在功能上，石还可以为游者提供歇息的地方，比在湿地中设置座椅更加经济、艺术，自然而不显得突兀。

3. 水生植物之挺秀

湿地景观中带有野外情趣的水生植物，能给人带来清新、朴拙的审美感受。与温室里培养的华丽花朵相比，野生植物更有一种令人敬佩的精神力量。这种野外植物之美与那种细腻文雅的温室花朵不同，是一种天然的、粗犷的、自由的美。

在现代城市公共空间的人工湿地景观营造中，水生植物也成为富有自然情趣景观的重要艺术构成因素。湿地水生植物的各种形态、色彩、种类的选择和群体配置是体现美感的重要方式。水生植物的栽植布局力求自然、优雅，呈自然形态造景。配合丰富错落的空间，在池中和水畔种植不同种类、不同形态和色彩的水生植物，如芦苇、香蒲、慈姑、浮萍、槐叶萍，水底种植些眼子菜、黑藻、苦草等，形态各异、色彩斑斓，丰富多彩，相互衬托、高低错落、浑然天成，则此水景定能野趣横生。水生植物景致具有一种独特的自然韵味。水中倒影波光粼粼，青翠荷叶上露珠翻滚，给人以清新、心旷神怡的审美感受。充分发挥水生植物的姿态韵律、线条、色彩等自然美，力求再现自然水景是湿地景观植物审美的重点。

同时，人们不仅看到了湿地水生植物具有不同于其他花草的观赏价值，还充分认识到了水生植物吸收水体中的营养成分，对富营养化水体起到净化作用的生态功能，并利用这一特点，净化、恢复工业和生活污水的水质，改善城市水环境。各种类型的湿地植物搭配栽植不仅可以形成丰富多彩的视觉景观，还可以在去污功能上相互补充，分别分解污水中的不同污染成分，充分发挥湿地的净化效果。在选择时注意应利用和恢复原有自然湿地生态系统的植物种类，选择耐污、抗逆、净化能力强的乡土植物作为人工湿地的种植植物，尽量避免引进外来植物，以免造成成活率低或破坏本地生态平衡的不良后果。

4. 鱼禽之逍遥

湿地是多种动植物的滋生地，湿地丰富的物质资源给动物物种提供了充足的生存物质基础，形成完整的生态循环系统。碧波荡漾、鱼鸟成群的自然美景，是湿地生态良性循环的标志。鱼禽的逍遥自在，给湿地环境增添了乐趣和活力，也引起人们对生命本源的思索。

5. 声音之婉转

湿地景观的自然之声也丰富多彩。湿地中的水声是贯穿始终的，水的不同运动方式形成不同的声响效果，有的是潺潺细流，有的是激荡瀑布。设计者可以根据湿地污水的处理过程中，水的不同运动方式，形成各异的声响效果。湿地中的水通过尽量蜿蜒曲折、起伏跌宕的形式来增加氧气含量，提高净化工艺要求。在满足功能要求的同时，在审美形态和不同的音响营造方面也有了更精彩的表现。

此外，鸟语、蛙叫、风啸、虫鸣都是湿地景观中的天籁之音，形成一首和谐的湿地奏鸣曲，让整个空间活了起来。风声、水声、鸟语、花香……无形之景、有形之景，交响成曲，让人心情得到陶冶，给人以无限延伸的想象空间，是湿地景观的灵魂所在。

城市公共空间的湿地景观中也可以人为地配以轻音乐的伴奏，烘托湿地自然景观，给人带来轻松的享受。音乐应以艳而不俗、淡而有味为上品。湿地景观中婉转的自然之音，给城市空间带来了清新、生动的自然气息。

6. 季相之轮回

自然世界一切物体都处于生命节律的变化之中。风景不是静止的画面，而是与四季轮回和人的情绪变化密切相关。同一个景观空间，一年四季风光不同，处于不同时间中的环境，则给人以不同的理解和感受。春意盎然的日子和秋雨蒙蒙的季节，人的情绪是迥然不同的，空间在时间的变化中得到了体验。

湿地景观作为大自然的象征更是形象地体现了这一点。它不像其他艺术作品可以摆在那里不动，它有着自然界的枯荣长灭，随着自然界的律动而时刻变化着。一片土地、一块顽石、一簇野草，都蕴涵了自然的生长规律。自然生境随着时间的变化而变化。四季不同的形态和色彩产生的不同风景，能给人带来不同的审美感受。人的心灵和外在对象具有一种节奏变化的对应关系，被一起置于这样的流转中。湿地景观作为城市中人与自然之间沟通的桥梁，那些流水、深林、游鱼、繁花等在不同季节具有不同的形态变化。春丽、夏荫、秋爽、冬雪，正是这样一种反映着自然的无常变化，和世间万物相辅相成的天、地、人之间的逻辑关系，指导着湿地景观的设计。湿地景观中若无水、无云、无影、无声、无朝晖、无夕阳，没有四季的变化、生命的轮回，就无法形成天趣，无法与人的心灵产生共鸣。分析湿地之季相，春天的温润、夏天的繁盛、秋天的高远、冬天的严凝，湿地景观中所有的艺术形式都不只是功能的反映，还是人们理解和体会自然、理解精神的方式。

湿地并非在春夏秋三季才有姿色，冬季的湿地另有一番天地。大雪飘飞，白雪皑皑，人在这样的氛围中，容易忘记尘世的烦躁，产生一种超越的感觉，将心灵洗涤了一番，获得深深的心灵安宁。雪还常常被上升到一种哲学的思考。禅宗喜欢雪的意象，是空，是无，是不加装饰的本色境界。雪给人带来性灵的怡然和悠远飘逸的感受。冰封的水面下，却是另一个世界。水底的植物轻轻随水流摇曳，偶尔有出来觅食的鱼虾出没在水草中。透过冰层看到的生命在这白雪茫茫的冬天分外让人惊喜和感动。而到了冰融的季节，野鸭们不会放过这个饱餐一顿的好机会，不畏严寒纷纷在水中觅食。

湿地景观的四季、昼夜、风雨、阴晴变化，使自然、动植物与人、城市相融合，湿地景观同城市，和城市中的人一起在生长，在体验生命的过程。

（二）湿地之意境美

一个优秀的画家不能只停留在形态的描摹上，而要升华到神的境界，以神统形。即便是以客观景物为表现对象的风景画，也不只是对自然风景的简单描摹。它是通过对风景的画面表现，来传达作者的观念和情感。意境作为一个更加抽象的美学概念，背后蕴涵了丰富的心理学和哲学意味。所以，美感不能简单地归结为人的视觉、触觉、嗅觉、味觉等感官的认同，还涉及经验、情感和思想境界。感受美的过程是从环境中汲取感情，完成从知觉到意境的飞跃。

在中国人的思想文化意识中，不同的自然山水有自身不同的性情，是关乎人的心灵境界的。在湿地景观设计过程中，神韵天然正是设计师竭力要表现的意境美。湿地景观设计的目的不是仅仅为了简单的栽花种草、堆山凿池，恢复自然生态。湿地景观之美不仅仅是体会其视觉上的形式美感，而更应有越来越意味深长的意义。好的湿地景观设计常常能构成独特的、引人神往的意境，使观者产生美好的联想。一些微妙的环境细节，如鸟语、花香、流水或落泉的声音等，对人们的心理所产生的暗示作用，使得狭小的城市空间获得了无限的延伸。游者运用心灵的智慧与情感，通过湿地风景从欣赏植物景观形态美到意境美，体现出个人对待生命的态度，包含了对世界和人生的深刻理解，从而提升到对生命更高境界的追求。

二、城市公共空间湿地景观的文化理念

事实上，美是无法用明确的尺度来衡量的。美是建立在人与自然环境长期交往中而产生的复杂多样的反应。"美"不只是对于视觉感受的表面描述，它还与人的情感、经验、喜好等各种因素相关。人类对事物的感知不可避免地要受到过去的经历、教育、文化传统等记忆和理性的影响。因此，景观是一个复杂的文化问题，而不是简单的绿化和外部空间美化的形式问题。湿地景观的核心问题是能否提高生活质量，如清洁的水源、新鲜的空气等，这些因素会影响到居民的健康和生活环境质量，以至整个地区的经济前景。

湿地景观的艺术设计不仅仅是生态和艺术性的问题，它还有着更为深刻的文化内涵。缺少文化的环境是枯燥无味的。城市空间中的湿地景观应具有时代特色和文化内涵，折射出所处时代的精神面貌，体现特定城市在一定地域、一定历史时期的文化传统积淀，以及人们的希望和感受。

（一）功能满足

任何设计行为所依据的思想都来源于人类的需要。对人的关怀和考虑，成为景观设计的核心。没有实用功能，再美的视觉效果也不能算是好的设计。湿地景观的水生植物种类繁多，它们的功能不只是处理污水和供人欣赏。就现代城市湿地景观设计本身来讲，在很大程度上也是与人的使用功能有关联的。从根本上来说，湿地景观艺术仍然是一个物质化的空间，人们产生的愉悦感无法与功利彻底分开。污水得到净化后的喜悦、收获果实后的满足，人游其间呼吸自然气息后的神怡……人们从湿地景观中得到的最实际的利益，是产生愉悦感和美感的根源。

徒有外表没有实际功用的话，湿地景观无法成为好的景观。设计师真正关心的是如何将人的利益与需要同自然美的本质结合起来，弥合理想与现实生活之间的鸿沟。湿地景观这种将农业、副业与净水功能和审美的愉悦感相结合的思路，使美与实用紧密地结合在一起，给景观设计学带来了崭新而深刻的美学意义。

在我国的城市公共空间环境中采用的植物，基本是以实用价值不大的观赏植物为主，甚至不惜成本从国外移植难以成活的奇花异草，来提高城市环境的品位，而认为产出果实的本地植物难登大雅之堂。这样的做法，不但大大增加了维护的费用，而且除了满足了人们的视觉好奇之外，最终并没有带来更多的生态收益。现代城市文明带来的环境问题使人们意识到改善土地环境质量而不把过多的精力放在一个休闲花园上的重要性。景观审美与实际收益相结合，才是景观设计的本质。城市湿地自然美景带来的愉悦感与实际利益相结合，达到了功能和美学上的统一，使湿地环境的使用者能够从尽可能多的方面获得满意的体验。

另外，虽然湿地的设计可以非常原始、自然而富有趣味，但没有适合人居住和活动的设施，同样也是无法给人带来美感的。湿地景观作为城市公共空间中居民的日常活动场所，成为现实生活的一部分。因此，在设计时考虑到人的活动方式，设置完善的功能设施，以便所有来这里的人都能享受到自然的乐趣，是非常重要的一个环节。同时，这些功能设施也成为景观设计中的艺术元素，丰富了空间的层次和关系。可以说，保护城市环境及满足人们的各种使用功能，是湿地景观能够在现代城市中存在的基础。

(二)　生命景观

只有接近自然，观察、学习和欣赏自然，才能理解生命的真正价值和意义。而在城市公共空间中建设湿地景观，运用人工技术模拟自然湿地系统的原理，创造可持续的生态环境，正是"道法自然"在现实生活中的真实显现。

从湿地系统本身来看，在某种意义上可以说，湿地景观就是一种生命景观。对湿地环境景观的实质认识首先应该是生存优先权。生命需要空间、空气、水和食物。各种生命体在这里得到了滋养，水也在这里得到了复活。青草、绿水、鸟语、花香，清风、明月、夕阳、雨露……这些都是生命的精灵，表现出生命的跃动。不管我们拥有如何崇高的美学理想，也必须服从生态环境的要求，创造一个可持续的景观。对有着强烈的自然观念的中国人来说，很容易接受湿地自然野生环境，让自然的魅力渗透到人与建筑的环境之中。欣赏一种既尊重自然又体现适度的人类自知的美，使人感受到超越世俗的真情，享受自然的精神愉悦。

而从游览者的角度来看，湿地景观仍然可以称得上是一种生命景观。这种可持续的景观不仅在物质上代表了生命的延续，在精神上，也体现出个人对待生命的态度和更高层次的理解。在一片湿地景观中漫步，荷香四溢，野趣横生，苔痕遍布的小径、随风摇曳的野草、不加修饰的木架……湿地中那些质朴、简陋的事物总能够产生惊人的美感、无尽的联想和丰富的情绪。人也神清气爽，融入生境之中。行云流水、鸟飞花落，在溪流畔倾听，在泉石中驻足，在晨雾中发现生命的真谛，感受人与这个世界的通体和谐，人们可以获得心理上的宁静，找到失落的自我，回到自己本然的生命中。

湿地景观作为一种生命的体现，将人与境融合在一起，开启心灵的源泉，安顿人们的灵魂，寄托人们的性情，借此来抚慰生命、表现生命。透过湿地，一湾清水，几片落叶，也成就了性灵的超脱，荡漾着一种怡然的生命情调，领略到了艺术的最高境界。

（三）本土意识

我国古代橘化为枳的故事，说明不顾客观情况盲目移植，就会变了形、走了样，失去了原来的味道，只有根据实际条件生长出来的东西才是有价值的。这种观念足以说明地域特点的重要性。虽然世界各地的景观都会包含水域、地形、植被、建筑物等相似的设计元素，但由不同的设计师在不同的环境中设计出的作品却大不相同。就算在同一个国家，因地理位置、气候和历史人文条件等的不同，也会产生出风格迥异的景观形象。

城市湿地景观艺术也同样具有强烈的本土精神，它的污水治理功能虽然相似，但表达意义却因场所和时间的不同而发生变化。因此，城市湿地景观是在一定的文化和自然环境中成长和发展起来的。湿地景观具备一个重要的特质，它可以如实地反映周围的环境。一些当地的空间特征、当地动植物种类、当地材料、技术和工艺、典型的建筑和构造风格的运用,形成了湿地景观的具体风格和特质个性,使其体现出可识别性和独特的身份定位,给当地人们带来亲切感和归属感。无论湿地景观采用何种表达方式,它必然是在实现功能的基础上,为特定区域和特定人群而设计的,必然是某个具体场所的意象表达。不同的地理位置、气候条件、历史文脉、社会现状及人们的心理反应等因素会对湿地景观艺术产生决定性的影响。

城市公共空间湿地景观艺术作为一个城市的形象,是一种对本土环境的观察和细心研究,一种对民族意识的表达,一种对故土的热爱,一种对当地经济和社会生活反映。本土意识是湿地景观设计的文化价值所在,不同的文化特征在这些景观艺术中占有极其特殊的地位,平静的景观艺术形象背后蕴涵的是高度的情感张力和场所意识。

(四)情感归宿

人类的情感是艺术产生的根源,也使生活空间有了灵性。作为一处陶冶情操、松弛精神的场所,湿地景观艺术包含了那些看起来自然纯净的形式,缓解了城市的压力,为生活提供了另一种环境,成为城市建设中的一个情感节点空间。对原始自然事物的向往,寄情山水,在山水与自身之间寻找内在的精神联系,是获得生命的愉悦与慰藉的途径。湿地景观,使人们理想中的居住环境以某种真实的形态存在于现实之中,并成为情感的归宿。

个人感受和文化特征成为湿地景观加强场所归宿感的关键。人一生的经历中,都有很多值得怀念的情感。儿时玩耍的小树林、校园中蜿蜒的小路,原先熟悉的环境中一草一木都饱含着昔日的记忆。眼前的景观事物,如水的流动、草的摇曳、几块刻有图案的石头等都会引起人们细微的心理反应,触景生情,联想起个人过去的经历或者一些历史事物,寻找失去的记忆。这就增强了湿地景观的场所感。一个人性化了的空间,是带有强烈的情感色彩的空间,饱含了记忆、想象、体验和价值等因素,是一个具有丰富意义的日常生活场所。

第二节 城市湿地公园的地域文化

一、城市湿地公园

（一）湿地的概念

湿地是地球上水域和陆地之间相互作用形成产生的具有特殊性的生态系统，含有丰富的动植物资源，与人类的生产生活息息相关，是自然界最富生物多样性的生态景观和人类重要的生存环境之一。湿地作为一种特殊的生境类型，是指天然或人工形成的水位接近或处于地表面的成片浅水区，如沼泽地等，常带有静止或流动水体的浅层积水，还包括在低潮时，水深不超过 6 米的水域。湿地在世界各地都有着广泛分布，作为一个重要的生境，发挥着重要的生态功能，并为大量适合在湿地环境下生存的动植物提供必要的水分、充足的食物来源和合适的栖息场所。

（二）城市湿地公园的概念

城市湿地生态系统是城市生态系统的重要组成部分，城市湿地具有其他城市自然生态系统不可替代的众多生态服务功能，被认为是陆地生态系统的最佳利用方式。城市中的湿地是城市湿地，城市为了营造舒适优美的人居环境，维持自然生态的平衡，应加强对城市湿地公园的规划和监管。我国《城市湿地公园管理办法》明确界定了城市湿地公园的含义：城市湿地公园是一种独特的公园类型，是指纳入城市绿地系统规划、具有湿地的生态功能和典型特征，以生态保护、科普教育、自然野趣和休闲游览为主要内容的公园。

国家城市湿地公园的设立需要满足一定的条件，应当符合以下四个方面的要求：首先，从内容方面来看，应满足进行科学文化活动和开展科普教育的功能，根据城市湿地公园的游憩内容可将其划分为展示型、仿生型、自然型、恢复型、污水净化型和环保休闲型；其次，从位置方面来看看，必须纳入城市绿地系统的规划范围；再次，从规模方面来看，要求湿地公园占地面积必须在 500 亩以上；最后，从类型方面来看，要求其必须具有一定的影响力，并且是有一定代表性的天然湿地。

湿地是地球生物多样性最丰富的生态系统之一，完善我国湿地保护管理体系，维持湿地生物的多样性和湿地生境的多样性对于自然生态的可持续发展具有重要的意义。湿地动植物的种类丰富，组成不同的群落，增加了城市物种多样性和生态系统多样性，为生活在城市中的动植物提供了栖息的场所。城市湿地公园因其独特的生态文化价值，在城市绿地系统中占有重要的地位，具有调节气候、美化环境、净化空气、涵养水源、改善城市环境、保护生物多样性、休闲娱乐、科普教育、经济效益、科学研究等功能，主要包括文化价值、历史价值、美学价值等。设计者应在建设保护城市湿地公园的同时，充分发挥其功能，挖掘其潜在的价值，使其充分达到生态效益、经济效益、文化效益的最大化。

二、地域文化

（一）地域文化的概念

地域，地方（指本乡本土）。文化作为一种历史现象，一般是指特定区域源远流长、独具特色，传承至今仍发挥作用的文化传统，是特定区域的生态、民俗、传统、习惯、文明等的综合表现。地域文化的发展要经历一个漫长的时间历程，它在某种程度上可以说是一个城市历史文化沉淀的产物，处在不停演变，吸收、成长的过程之中，然而在某种特定的情况下又表现出相对的稳定性和持久性。地域是历史文化、特色传统、民风民俗形成的地理背景，在特定的地理背景之下地域文化丰富多彩，具有独特的个体差异性，有着鲜明的地域特色。特定地域的物质和精神形态，是在特定环境的条件下长期以来所形成的"气质"——这种与生俱来的唯一性和不可替代性使人们能够区别一个地方与另一个地方，唤起公众对特定地方的认知。地域文化是一个地域范围内漫长历史过程中精神文化和物质文化的总和，地域文化中的"文化"，可以是单要素的，也可以是多要素的。它反映了某特定地域的自然环境、经济水平、艺术水平、社会风俗、社会行为准则等各个层面的特点。地域文化作为一种能被人感知的文化现象，具有时间和空间两种特性，会随着历史的前进而不断地发展更新。

（二）地域文化在城市湿地公园中的继承和发展

湿地有着丰富的物质资源和动植物资源，为人们的生存和繁衍提供了良好的物质基础，因此而成为众多古老文明的发祥地，湿地本身生态的多样性和动植物的多样性使其成为地域传统文化的发祥地之一，湿地孕育了许多灿烂的文明，如神秘恒河水浇灌之下的古印度文明，以及尼罗河畔神奇诡秘的古埃及文明。除此之外，湿地独特的湿地生态系统，也造就了许多只能在这种特殊环境下才得以继承的地域文化特色，比如"赛龙舟""冲浪""潜水"等这些只能在水域条件下才能进行的文化娱乐方式。

作为城市湿地生态系统恢复重建的新形式的城市湿地公园，因其独特的湿地生态系统为当地地域文化的继承和发展提供了一个良好的物质载体。地域文化是处于边缘地位的文化。在城市湿地公园的营建中，设计者可以利用其丰富的湿地资源和优越的自然条件，为地域文化的发展提供一个与外界交流和展示的平台，在保持自身文化特色的同时，有意识的学习外来优秀文化和先进技术，辩证地取舍，合理地提炼和融合，使游人在欣赏城市湿地公园美景的过程中，引发对当地文化的认同感和归属感，使其在精神上得到共鸣，从而使地域文化在城市湿地公园的规划建设中得到良好的继承和发展。

三、塑造城市湿地公园地域文化的意义

（一）体现城市特色和塑造城市形象

一个城市的文化底蕴，不能只是到历史典籍中去寻找，而要体现在现存的名胜古迹、古建筑、风土人情、自然遗产（包括原始的地形地貌）、城市园林景观等方面。独特的历史文化背景造就了不同的地域文化特色，地域文化特色又代表了城市整体的公众形象，反映了其整体的精神风貌。人们对于一个城市特色的了

解理应来源于其独特的历史文化背景，而这种历史文化背景又最直接地体现在城市园林和建筑上，任何城市留给人们的"第一印象"几乎就是其特有的景观文化的印象。而城市湿地公园作为地域特色的有机组成要素，在地域文化的表达和传承上起着不可忽视的作用，它以其得天独厚的湿地景观资源、独特的湿地景观语言，向人们展示着城市发展的历史进程。城市湿地公园有着独具特色的湿地景观空间，通过塑造城市湿地公园的地域性文化景观，可以展现出一个城市悠久的历史轨迹、沉淀的文化底蕴及独特的民族风貌，进而体现出城市的地域文化特色，使城市形象更为立体丰满。

（二）丰富景观类型避免文化趋同

我国地大物博，地域广阔，湿地种类和生态类型众多，分布范围遍布全国各地，生物多样性丰富，不同地域下的生态环境有着明显的差异。在我国境内，绝大多数不同的地域范围内，随处都能看见湿地的踪迹。不同地域范围内的城市湿地公园的自然生态和文化内涵也存在着很大的差异，正因为如此，设计者在城市湿地公园景观的规划设计中就更应该注意结合当地的实际情况，营造地域性的生态文化湿地景观，从而体现出城市湿地公园独特的地域文化内涵，创造出丰富的湿地景观类型，避免趋同性的文化景观，进而为城市居民打造出一个美好舒适而又富有地域文化气息的游憩环境。

（三）完善城市湿地公园生态系统

建设具有地域文化的城市湿地公园在当今景观趋同的背景下显得尤为重要，这不仅仅是对地域文化和历史传统的继承和发扬，也是一个对城市湿地公园自然环境和湿地生态进行修复和完善的过程。从本质上讲，符合地域特色的城市湿地公园就是人为了生活而对土地及其自然过程的适应方式，而且是此时此地人在现有的技术条件下的一种适应方式，而这种方式一定是最经济的，也是最生态的。因此，在塑造城市湿地公园地域文化特色的过程之中，应该在自然环境的基础之上，使自然生态系统和地域人文有机地融为一体，在展现地域特色的同时，保护好湿地的生态环境和动植物群落，为生活在湿地生态系统下的动植物提供一个更好的生存环境。

四、地域文化在城市湿地公园中的表达原则

(一) 地域生态性原则

我国地域辽阔，横跨多个经纬度，导致不同地域地理、生态、人文环境相差很大。我国湿地广布，类型丰富，湿地生态、湿地景观各不相同，具有很大的差异性，这直接体现了地域文化的特征。景观还具有多样性，强调了景观的差异性和复杂性，这种多样性是提高地域生态系统活力、提高人居环境情趣性的必要条件。不同的地域具有不同的生态环境和生态组成要素，所以在建设城市湿地公园的时候要注重体现地域生态性原则，在湿地生态景观的营造中注意表现出当地的地域文化特色，充分利用地域性自然材料，多种植乡土植物，因地制宜，就地取材，顺应当地的地形构造和地表肌理，避免对当地的自然生态造成不必要的破坏。坚持地域生态性原则有助于更好地体现城市湿地公园的地域文化。

湿地生物群落是湿地生态系统的主体，在湿地生态系统中处于主导的核心地位，能够发挥巨大的生态效益。其中，湿地动植物在湿地环境中占有非常明显的主导地位，因此，在城市湿地公园的地域文化特色的规划设计中，应对本地的自然动植物群落进行保护和重建，谨慎地引进和使用外来树种，预防和避免生物入侵的情况发生，在尊重传统历史文化和可持续性生态性原则的基础上，创造出美学观赏价值和生态环境效益均高的特色植物群落景观。要保持湿地景观的地域文化特色，就应提炼出具有代表性的地域文化要素，在此基础上对其进行加工和再创作，并以此对当地的地域文化特色进行表达和体现。

(二) 时代性原则

地域文化特色的演变和发展不是一朝一夕的事，它将经历一个缓慢而悠长的历史进程，并且会伴随着时代的发展、技术的更新而处于一个不停地积累演化的动态过程之中。不同的时间阶段内，同一地域范围内的文化传统也存在着明显的差异性，因此地域文化有着鲜明的时代特征。这就要求设计者在塑造城市湿地公

园地域文化特色景观的时候，不仅要深入理解和继承当地的传统文化，还必须顺应时代的发展要求，体现时代性原则，吸收提炼现代的文化理念，把"新"时代的文化理念融入到"旧"时代的传统之中，让地域内的新旧文化相互交融相互补充，以发展的眼光看待时代性原则。这要求设计者在城市湿地公园景观建设的过程中，不仅要展现原有的地域历史传统特色，还要注入新的时代元素，用现代的设计理念体现传统文化特色，在继承和发展传统文化的同时体现出时代感，从而创造出更具有时代性、文化性和地域性的城市湿地公园的景观。

（三）整体性原则

一个地域的文化特色不是孤立存在的单一个体，而是与当地所有的自然、人文、社会要素紧密联系在一起的，具有整体性。在传统的文化景观中，各个要素彼此相互独立，又按照某种规律密不可分地组成了一个整体，构成了独特的地域文化景观。地域文化的整体性要求单一的文化要素不能脱离整体的地域文化背景而独立存在，必须建立在湿地生态整体性基础上来考虑，它只有在与周围其他文化要素通过一定的组合和表现形式，共同作用时才能体现出一个地方的地域文化传统。只有当某种元素已经有很长一段历史并成为人们熟悉景观的一部分时，这种元素才会在感觉上和精神上被游人当作地域景观特色。

而多个地域文化要素的不同组合，又造成了湿地景观的多样性、差异性和复杂性。这就要求设计者在建设城市湿地公园地域文化特色景观的时候，应在坚持以整体性原则为理论基础，合理地利用湿地景观的多样性、差异性和复杂性，注重文化要素的选取，将文化符号融入到湿地景观的营造当中去，协调湿地的形态特征和场所功能，通过一定的设计和表现手法，从而创造出丰富多彩的、带有地域文化特色的湿地景观。

五、地域文化在城市湿地公园中的表达内容

城市湿地公园具有明显的生态、经济和科学研究价值。地域文化特色的表达对湿地景观的营造有着十分重要的作用，在城市湿地公园的地域性景观设计和特色功能分区中具有非常重要的指示性意义，在城市湿地公园景观设计的过程中要

深入理解并挖掘地域文化的构成要素，对各要素的内容和特征进行分析和提炼，从而创造出富有地域特色和文化底蕴的湿地景观。从内容上看，地域文化的构成要素包括以下三个层面：

（一）自然环境层面

地域文化特色是能够通过具体的实物形态而被人们感受到的，它可以通过自然环境的各种要素体现出来。自然环境由气候、地形、地貌、动植物群落、水体、地质、城市肌理等环境要素所组成，在不同的地域范围内，构成自然环境的要素也各不相同，存在着极大的差异性。自然资源是社会物质财富的源泉，是社会生产过程中不可缺少的物质要素，是人类生存的自然基础。同时，自然资源也是园林地域特色塑造的重要物质基础。在一定时间地域范围来看，这些环境要素具有一定的普遍性和稳定性。从动态的纵向发展过程来看，它同时具有变化性和时间性。自然环境要素作为构成地域文化的基本组成成分，是最能体现景观的地域文化特点的要素之一，地域文化的发展必须扎根于当地的自然环境，没有了当地自然环境背景支撑的地域文化就好比没有源头的水、没有根基的木，华而不实徒、具其形，缺少了发展的基础。地理因素不仅是一个背景，它还是造成我国和欧洲文化差异及这些差异所涉及的一切事物的重要因素。人们创造出来的各种具有地域特色的景观都是对自然环境进行适应的结果，不同的自然环境具有不同的形态和美感，这些丰富多彩、类型各异的自然环境要素，也为地域文化景观的塑造提供了丰富的灵感和素材。

（二）人文环境层面

地域文化的形成和发展来源于一定地域生活的经验，其中的地方传统、风俗礼仪、道德及习惯等，构成了一个亚文化区域网。基于自然环境之上的人文景观由于所处的地域环境不同而带有鲜明的地域性差异。地域传统文化是一定地域范围内在相当长的历史时期内的历史文化积淀，潜移默化地影响着一个民族文化的形成，体现了地域内民众生活、生产、交流方式的各个层面，是一种无形的文化资产。设计者在城市湿地公园的景观建设中应加以开发、保留和利用，弘扬历史文化，继承地域传统，传承城市文脉。地域文化带有鲜明的人文色彩，这些人文环境带有特定的地域标记和文化符号，丰富的人文资源为设计创造带有地域文化的景观提供了大量的文化素材。人文环境要素主要由三个方面构成：传统文化、传统民俗及生活方式、地区传统产业。

（三）社会环境层面

社会环境包括政治、经济、技术、材料等各个方面，社会环境是建立在人与人之间交流交往之上的产物，不同地域范围内的社会环境也存在着很大的差异性。社会环境渗透在地域生活内的方方面面，对城市地域文化特色的形成和发展产生了深远的影响。园林既是一种文化现象，也是一种物质生产现象。它不但受文化发展规律的支配，也受经济发展规律的支配，经济基础在这之中起着决定性的作用。一个城市社会经济技术的发展水平在某种程度上来说也影响着当地的自然经济状况，对地域文化特色的形成和发展起着限制作用或促进作用。技术经济发达的城市或地区，能在城市景观的改造建设中运用到更多的新技术和新材料，用现代先进的科技成果来展现传统文化，可以使传统文化更具有鲜明的时代气息，取得了令人耳目一新的效果，而一些经济技术落后的城市或地区，在建筑材料和建造技术的选择上或较为保守而粗放。

六、地域文化在城市湿地公园中的表达载体

要建设富有地域文化特色的城市湿地公园，必须把城市的地域传统和文化内涵通过各种载体经过艺术的抽象加工后表达、展现在游人面前。城市景观的每一种表现形式在一定程度上都反映了一个城市居民的审美取向和文化需求，同时也反映了一个城市最基本的精神追求。地域文化在城市湿地公园中的表达载体主要有植物配置、园路设置、景观小品及水体水景等四个方面。

（一）植物配置

植物作为造园四大要素之一，在城市湿地景观的营造中占有重要地位，因其具有多样性的形态特点和丰富的色彩，在表现地域特色景观方面也发挥着重要的

作用。我国地域辽阔，气候多种多样，不同的地域自然条件下，形成了丰富多彩的植物群落。植物景观的"形""色""质""绿感"是不同气候带中植物景观地域特色的主要区别。不同地区都有不同的植物群落，即使是同一种植物，在不同的地域条件下的生长特性、外观形态也会有所差异。植物群落的地域特性明显，各个地区都有各具特色的乡土植物景观，在漫长的岁月里与当地自然环境相适应的过程中，形成了相对固定的和平稳的植物生态系统，能够代表一个地域的植物景观特色。在城市湿地公园景观的营建中，选择带有地域代表性的乡土植物进行合理配置，在湿地植物景观设计时遵循由岸到水、由高到低的植物景观配置原则，不仅能够体现出地域文化特色，还顺应了植物的生长特性，便于前期的种植和后期的养护，能有效节省开支，使社会、经济、自然、文化综合效益达成一致。

（二）园路设置

园路，指园林中的道路工程。它像脉络一样，把园林的各个景区连成整体。园路本身又是园林风景的组成部分，蜿蜒起伏的曲线、丰富的寓意、精美的图案，都给人以美的享受。园路被认为是园林景观构成的重要组成部分，应根据造景的需要做出相应设计。铺装材料作为外界环境景观的物质基础，是传达空间设计理念和地域文化的客观载体。色彩应在统一中求变化，做到稳定却不沉闷，鲜明但不俗气。要从园林的使用功能出发，根据地形、地貌、风景点的分布和园务活动的需要进行综合考虑和规划设计。公园道路的设计必须遵循根据场所地形顺应高差的原则，体现园路的指引和导向功能。在进行公园道路设计时，需要有意识地根据不同的主题环境，要注意把园路与场地有机融合起来，注重运用园路铺装结构和功能造型来体现主题性，从而凸显出地域文化特色。

（三）景观小品

景观小品具有较强的景观性和功能性，在城市湿地公园景观营造中形式灵活多变、应用广泛，几乎随处可见，是表达地域文化特色的重要载体。通过对景观小品的塑造，可以反映特定地域环境内的民俗文化和审美情趣，各种各样的景观形态是对地域文化抽象提炼凝聚后的具体表达。具象雕塑是写实与夸张的结合，意象雕塑是变形与意念的结合，抽象雕塑则是形体符号或几何符号与意念的结合。在城市湿地公园的景观设计中，景观小品被称为是最能表达文化意蕴的设计语言之一，是城市文化的具象化外在形态和表达载体，有着特殊的意义。在景观小品形态、色彩、材质和意蕴的选取上，要注重地域文化的提炼和升华。雕塑小品、卫生设施、照明设施、展示设施、座椅、围栏等都是常见的景观小品，在园林景观的营造中可谓是随处可见，应用非常广泛。

（四）水体水景

水是生命的源泉，同时也是人类文明发祥的起点，水可谓孕育生命和文明的温床。针对不同的河道场所，应从不同的地域角度对其进行系统的评估和综合的研究，有针对性地对这些历史遗留下来的文化印记有选择性地采取不同的改造方法，这最终导致具有差异性的地域文化特色的形成。水体从成因上可分为自然水体和人工水体两种形式，从特征上可分为动态水体和静态水体两种类型。设计者常把以水体为主要观赏对象的景观叫作水景，如江、河、湖、海、池塘、滩涂、沼泽等。自然水景是在长期的自然力作用下形成的水体景观形式，有着独特的景观文化形态。

水体在城市湿地公园里占有大量面积，具有重要的景观功能和生态文化功能，起到了背景、系带和焦点的作用。不同形式的水体能够产生不同的心理效果，如静态水体能让人感受到平静祥和，而动水则能营造出一种活泼、动感的氛围。而水景则是以水体为背景，结合驳岸、景观桥等，丰富水体的景观形式，是重要的水体景观点缀。通过对地域文化的提炼和挖掘，对水景的营造采取带有地域文化特色的处理方法，这也是表达地域文化的有效方法。

七、地域文化在城市湿地公园中的表达手法

城市湿地公园的地域文化主要有以下五种表达方式。

（一）保留改造

保留改造作为一种简单而直白的表达手法之一，在城市湿地公园景观地域文

化的表达中经常可以见到，并且效果明显。保留改造的手法常用于史籍文典、民俗民风等的传播和继承。在城市湿地公园建设中，通过保留原有的景观形态、人文符号等加深人们对地域文化的认知。在一定的地域场所内，往往会保留一些历史遗存的自然资源或人文资源，通过对其进行合理的保留改造，这样有利于保护地域的历史文化遗产，又减少人为的改动和破坏，维护了周围的自然生态。这些自然或人文资源，如房屋、古树、陵墓、牌坊、寺庙等，在漫长岁月的洗礼中积淀了当地的历史文化信息，具有丰富的文化内涵，是表现地域文化特色的重要资源。

（二）场景再现

我国湿地众多，很多湿地很早之前就留下了人类生活生产的印记，是很多文明的发祥地。场景再现是用"象形"的手段对某些具有特殊自然地理环境或具有重要文化意义的场地等进行模拟、恢复、提炼，使其直观地再现当地传统的地域文化特色的一种表达手法，能让游人很快地了解到与当地相关的文化和历史信息，从而引发人们的情感，回味和联想。这些历史文化痕迹，在漫长的历史长河里或许保留了下来，或许被岁月磨灭了痕迹，但那些动人的历史传说和文化典故却通过人们的口头相传或文献记载流传至今。在场景再现的过程中，可以根据文献资料或者考察同时期的地域建筑风格，对城市湿地公园内的历史景观进行恢复重建，这不仅可以增添历史文化魅力，还具有弘扬和传承地域文化的功能。

（三）隐喻诠释

隐喻是通过比喻的方法，用一种事物暗喻另一种事物。而隐喻诠释是指在场所的设计中带有叙述主题或在视觉上带有文化或地方印迹，具有表述性，使作品会"说话"。在当今城市湿地公园地域文化景观的规划设计中，越来越多地用到了隐喻诠释的表达手法。通过隐喻诠释的表达手法，城市湿地公园的景观往往被赋予了强烈的感情色彩和文化内涵，带有浓厚的地域文化特征，使景观更具有直观性和表述性，能使人们在心理上产生联想和共鸣。在湿地景观设计中合理运用隐喻诠释的表达手法，有利于将设计者的意图、文化内涵和教育意义用隐喻暗示的手法表现出来，这能够使景观形象更为生动具体，耐人寻味。

（四）象征处理

象征是一种以某种物体形象表现某件特定事物的艺术表现手法。以具体的实物表达某种抽象的意义，使人能够产生丰富和奇妙的联想，有时候能够达到意想不到的艺术效果。在城市湿地公园景观的营造中经常能看见象征处理手法的运用，用典型的文化符号来表达一定的象征意义，如用鱼篓、船坞、贝壳等象征渔文化，用水井、水车等农耕用具来象征农耕文化。

（五）抽象凝聚

抽象凝聚作为一种艺术表现手法，是指对事物特征中最精华的部分进行艺术加工、提炼和简化，使之体现出简洁、明快的效果并以此来表达主题意境。将复杂的景观形态通过抽象的处理手法之后，能够变得简单且易于识别。在当今城市景观的塑造和研究中，经常会用到抽象凝聚的表现手法。通过对地域文化要素进行抽象的提炼再经过凝聚和加工，从而更深层次地表达出湿地景观的地域文化内涵。

八、融合地域文化的城市湿地公园的塑造策略

地域文化不仅仅是指地方的文化，它还包括了当地的自然环境、当地人民的生产生活方式、社会经济技术的发展水平等一系列相关因素。任何场地都有一个大的地域文化背景，只有在深刻理解了场地的地域文化特色的基础上，才能创造出具有典型地域文化特色的城市湿地公园。融合地域文化的城市湿地公园的塑造策略主要有以下三个方面：

（一）遵从自然环境

地理条件和气象因子、自然生态环境结构及自然植物资源都是地域文化和社会环境的重要组成部分，任何一个城市或地区，其文化的形成和发展必然与其特定的地域背景、自然环境和自然植物资源有着密不可分的联系。我国地域辽阔，

地理环境气候类型丰富多样，自然环境结构也各不相同，这也导致了各地域间的自然植物资源存在着很大差异。这些影响因素一方面能在城市湿地公园地域性景观的设计中起到强化作用，另一方面又会成为设计的限制因素或依据。在城市湿地公园的规划设计中，必须好好参考这些地域文化的影响因素，以更好地表现出不同的地域特色和文化传统。因此，在遵从自然环境的塑造策略中必须适应地理环境和气候、顺应自然环境结构、合理利用自然植物资源。

（二）地域文化回归与创新

塑造富有地域文化特色的城市湿地公园，要坚持人文主义的城市设计思潮，强调以人为中心，突出人的感受和心理注重传承该场所的特色文化，借鉴传统城市空间的塑造策略，尊重和珍惜历史遗留的文化传统，不仅要表现出有形的实体化的历史文化资产，还要传承和体现无形的历史文化遗韵。珍视传统文化的价值，并不意味着一味地模仿和简单地重现过去，而是要正确地处理传统文化的扬弃和传承。一种新的园林形式的产生，总是与其历史上的园林有着千丝万缕的联系。在继承和发扬传统文脉的同时，还要重视社会的发展和科技的进步，在探索城市历史的基础上，赋予园林新的形式和内涵。地域文化不是一成不变的，它会随着时代的发展、科技的进步和社会经济的发展而发生变化。这就要求设计者在地域文化的回归与创新中要做到以下四点：传承与之息息相关的文化、合理地利用和保护场地的历史遗存、打破区域局限开拓文化的多元性、重塑具有时代感的地域文化。

（三）经济技术的适宜性和材料的合理选择

经济与技术因素是地域文化的一个重要组成部分。由于技术与人和社会息息相关，不可避免地要将人的因素放在技术的中心位置，因此技术与人文是分不开的。当今时代，地域文化不仅仅是指狭义的文化，还包括了社会经济和科学技术多方面的因素。在城市湿地公园地域文化的塑造中，这些都是不可忽略的要素，经济技术既是塑造湿地景观的保障，同时又是其制约因素。地域文化是历史积淀的产物，设计者在景观塑造的时候，要合理运用适宜的经济技术去寻求一个具体的整合途径，并进行改进和创新。

第三节　城市湿地公园的营造原则

一、城市湿地公园的景观生态规划原则

城市湿地公园的景观规划设计首先是要明确场地的上层规划目标，确定分区规划。在生态规划理念下，城市湿地公园规划原则也要将生态格局以及道路要素考虑其中，因此，遵循生态规划理论是指导城市湿地公园规划原则的基本理论。

(一) 满足生态适宜性的功能分区规划原则

生态适宜性作为 GIS（Geographic Information System，地理信息系统）中的土地适宜性评价的一个标准，目前越来越多的研究开始转向利用 GIS 技术对城市湿地公园的景观规划进行生态适宜性评价分析，可以通过引入多种不同的适宜性评价因子，对城市湿地公园内的不同景观类型进行细致的单因子土地利用适宜性评价，进而生成体现生态适宜性的用地适宜性分析图，并且以生态适宜性作为评判标准，通过不同生态适宜性区间来展现城市湿地公园内的不同生态效应及生态被破坏的程度，进而明确场地内的功能区划。

在满足生态适宜性的城市湿地公园功能分区规划中，首先要遵循的是负干扰程度的最小化，在进行生态适宜性分析时，要充分地考虑人为干扰及自然干扰的因素，自然因素是指洪水、风暴等自然灾害，具有客观性，而人为干扰则具有较大的主观性。因此在对城市湿地公园进行功能分区规划时主要考虑的是人为活动对环境的影响。其次是要满足多用途的功能。不同的功能分区，肩负着不同的生态职责，科学合理地对城市湿地公园进行功能区划，从一定程度上来说可以满足城市湿地公园的生态需求，完善城市湿地公园内的生态系统的完整性。同时，功能分区的多样性要求功能分区既要考虑公园的使用功能又要兼顾湿地的生态功能。对于不同生态环境的区域进行保护和利用，维持湿地生境的可持续发展，使得城市湿地公园的分区功能划分更加明确。最后则是要确保公园内的生态容量安

全。由于拥有湿地具有独特的景观生态系统，因此在不同功能分区内的不同活动对于动植物、土壤、水环境等生态因素的影响程度决定了各功能分区的生态容量，而满足生态适宜性的功能分区规划可以科学地对不同生态适宜性程度的功能分区进行合理规划，确保公园游人的活动不会影响湿地生态系统安全。城市湿地公园的不同功能分区的划分要以生态适宜性评价作为科学依，据并且与湿地的自然生态环境相适应，不同生态适宜性的区域规划不同功能的分区，这样可以实现生态环境、科普展示与游憩等功能相协调，充分发挥出湿地环境的生态效益和社会效益。

（二）构建空间连续性的生态景观格局原则

空间是城市湿地公园生态系统的表现形式，而城市湿地公园的生态景观格局的构建则依据的是景观生态学的原理，在景观生态学中空间格局与空间异质性是相互联系的。其均对于尺度有依赖性但二者又略有区别，因此，在城市湿地公园中构建具有空间连续性的湿地景观格局，不仅要考虑不同种类的景观要素在空间上的分布，也要从微观的角度去观察不同类型景观要素在空间上的连接方式，同时也要考虑原有的生态景观格局所存在的问题与现象。城市湿地公园生态景观格局的构建正是参照与借鉴了生态理念下景观生态学的相关理论，并结合自身的需求与目标，通过景观格局分析等技术手段，对于生态景观格局中的斑块-廊道-基质的要素进行分析，并基于其所得到的结果对城市湿地公园内不同类型的景观要素进行空间布局与配置上的优化与完善。而且城市湿地公园生态景观空间的构建需要不同景观类型的景观要素与场地功能相协调，这种协调从景观格局的角度上来说主要分三个方面：第一个方面是城市湿地公园的空间形态要与原生湿地基质相协调，通过景观格局分析得出场地的基质景观类型，进而在规划设计中呈现与场地相应的空间形态。第二个方面是景观格局廊道与湿地公园功能分区的相协调，在规划设计的同时考虑空间与功能，因此对于景观格局分析中得出的生态问题，要整理场地中的空间要素，合理利用场地内的自然资源作为生态廊道，连接不同景观类型与功能分区，在规划设计的层面上使功能与空间相互制约。第三，方面是要遵循场地的基本形态，适当调整不同景观类型作为生态斑块的数量与分布，使之满足景观格局的要求与城市湿地公园内的景观空间相协调，使得场地内的生态景观格局更加稳定与安全。

（三）依据生态缓冲性的道路交通规划原则

城市湿地公园内的生态设施与道路设施是以生态优先，公众利益和公共使用为基本特征的，而好的道路交通系统的规划更有利于城市湿地公园内的湿地生态系统的保护与恢复，因此在城市湿地公园的规划中，公共设施与道路交通系统的合理布局对于城市湿地公园的生态规划越来越重要。而对于道路交通系统依据生态缓冲性的科学评价是在给定的需求和已有的设施空间分布的情况下，通过 GIS 技术让系统从中选定设施，其原则是根据最优的模型对现实模型设定的优化方法进行交通网络的构建。在城市湿地公园的道路交通规划中，由于其位置原因，场所周边的交通因素也要考虑进去，作为道路生态缓冲区，以对城市湿地公园内的原生湿地环境的保护为主体，保护湿地生态环境不被游客及周边的城市环境所干扰。同时，通过生态缓冲区将城市湿地公园内具有休憩功能的设施与一部分的外部道路相配套。而由于城市湿地公园其存在于城市边缘或城市之中的特殊区位特征，如何合理地配置规划场地内的道路交通及合理布局是城市湿地公园在营建过程中所出现的问题。城市湿地公园的自然地理位置决定了场地的地形地貌，并且也在一定程度上决定了场地气候、群落等。而城市湿地公园内的交通区位则直接影响了场地的可达性。因此，在充分保护湿地生态资源不遭到破坏的基础上，应以符合科学评价的道路交通规划原则进行场地内的道路规划。并且根据分析结果与生态需求，适当地调整场地内原有的设施和道路位置，从而在空间上增强不同功能分区与不同景观类型之间的连接度，有助于设计具有当地特色的景观游憩动线。而交通区位的影响也直观反映出城市湿地公园内的某些区域是否适合游览及客流量等问题。在城市湿地公园的外部选址上，可以通过分析使城市湿地公园的选址远离城市的工业区与污染区，并且可以具备较为方便的交通系统，在沿途设置景观节点和服务设施也有助于实现城市湿地公园内的生态系统的良性循环及对于湿地生境的保护与利用的平衡。

二、城市湿地公园的景观生态修复原则

城市湿地公园内的原生湿地具有其特有的自我修复功能，可以对遭到破坏的湿地环境进行自我修复。而生态修复理念则可以指导如何引导湿地生境进行有效的自我修复，发挥其自身的生态效益。因此在城市湿地公园的景观规划原则的构建中，需要借助生态修复理念的指导。

（一）遵循保护与利用优先的湿地恢复原则

湿地环境是城市湿地公园中的主要生态系统，它是由湿地不同类型的生态景观组成的，是维持城市湿地公园生态可持续发展的环境因素，是湿地中动植物群落与湿地环境的相互作用所形成的产物。在城市湿地公园的规划营建中，对于湿地生境的营造应遵循保护与利用优先的原则，即在系统的保护城市湿地公园中湿地环境的完整性与多样性的前提下，对于场地内的湿地资源，要充分发挥其生态效益。在充分尊重场地的环境及自然条件生物资源的基础上，对区域内的生态资源加以科学合理的利用，力求获得良好的经济效益与人文效益，对城市湿地公园区域内的一切设施的建设均以不破坏任何原生湿地资源与生态景观作为前提，并且对于场地内遭到破坏的湿地资源，根据其破坏程度及地形地貌等特征采取相应的保护措施，帮助湿地发挥自身的自我修复特点，恢复原生湿地的原貌。原生湿地的健康发展有利于打造生态的景观格局体系，同时对于协调区域生态环境的可持续发展有重要作用。对城市湿地公园景观进行合理的规划利用，在保护生态系统稳定的前提下，利用现有的植被、水系等不同类型的湿地景观进行设计，遵循自然发展的规律，力求最大限度地减少对生境的干扰和改变。对于湿地生境中最小生态环境需水量的合理利用则可以用最低的水量改善湿地的生态环境。

此外，通过观察生境内鸟类和鱼类等生物的繁衍生存规律，优先保护动植物的栖息地。对于湿地资源遭到破坏的区域，采用生态技术措施，通过人工控制帮助其营建出适宜动物栖息的环境，进而为湿地动植物提供稳定的生存环境，这有助于提高湿地公园的生物多样性和稳定性，维持良好的自然生态系统。在保证湿地生态系统稳定和自然环境不受破坏的前提下，充分利用场地内的原生湿地、土

壤、植被等生态景观，营建出兼具生态性及观赏性的景观，充分发挥湿地的经济价值。

（二）符合空间异质性的湿地环境改造原则

生态修复是指对遭到破坏的环境恢复其原有的生态功能和景观特征形态，是对生态系统的直接修复。而适度改造则是在对于不需要或不可能恢复到原样的生态系统，对其资源进行合理的利用和整合，并协调相关要求营建景观环境。生态景观作为生境的重要组成部分，其是城市湿地公园内动植物生长繁殖的基础。空间异质性作为景观格局理论中的一个概念，其影响的是城市湿地公园内的种群数量与人为干扰因素，城市湿地公园的面积相比于湿地自然保护区的规模较小，并且区位大多位于城市的边缘或城市之中，与城市接壤，因此受到人为因素的干扰较多，城市湿地公园内的湿地环境与外界的环境避免不了物质交换与物质流失，这些原因导致城市湿地公园内的原生湿地分布不均，出现碎片化的湿地生境，导致湿地环境的空间异质性较高，因此通过对城市湿地公园内的景观空间进行合理的生态改造来控制和缓解人为干扰及周边环境所带来的对湿地生境的破坏，采取一定的管理措施，结合景观环境生态改造，优先对生境进行修复，连接场地内破碎的湿地斑块，针对空间异质性进行城市湿地公园内景观环境的改造。对于城市湿地公园的适度改造修复，在整体上应协调传统文化与乡土风貌，在植被景观的调整上应选取当地乡土植物、优势树种，协调当地气候特征与植物景观和谐共生，在湿地生境条件的改造上，应根据生态适宜性评价分析结合湿生动物的繁衍和生存规律，营造吸引不同种类生物的栖息地，形成多样的湿地景观环境。在水环境的改造上，应根据不同基底的湿地类型，因地制宜，通过适当的净化排污方法，改善水体景观环境。

（三）保留原乡土植物的湿地植被修复原则

湿地主要的生态特点就是在其内部的自我循环及自我修复，但是当湿地生态系统受到人为或其他因素的强烈干扰，使其内部环境超负荷运转，并形成可逆的情况时，就可能会导致湿地生态系统退化，并且靠自身无法恢复。这就要求人类通过适度的人工干预和管理措施来提高湿地环境的质量，帮助湿地生态系统重建一个有利于其自我恢复的条件。通过人为的措施对湿地环境进行干预和调整，缓解和控制其他因素对湿地环境造成的影响，使湿地生态系统的功能和结构尽快恢复到原有的状态。通过改善动植物栖息生长环境的质量，提高湿地生态环境的承载力。

对城市湿地公园湿地植被景观生态修复的目的是通过对水陆环境的营造和保护，使湿地植被群落形成结构完整、可逆性强的湿地生态系统。并且在城市湿地公园的营造过程中，植物配置尽可能地保证植被完整性，通过物种的增加，来增加植被构成的复杂程度，进而提高湿地环境的稳定程度和抵抗外界干扰的能力。因此，城市湿地公园中最适合的是乔灌草复合的植物配置模式，在湿地环境中适当栽种耐湿性的乔木、灌木，建立树木廊道，不仅适应性强、可以丰富园林景观，而且湿地的乔灌木栽培管理比水生植物更简单，充分体现湿地景观的生态功能和景观功能。在城市湿地公园中以自然为主的植被生态修复原则有以下四点：

1. 对乡土植物的保留与种植，乡土植物对当地自然条件的适应能力较强，对于原生环境的干扰较小，种植成活率高。因此对于原有场地内的植物应尽可能地进行保留与移植。

2. 合理配置乔灌木和挺水、浮水、沉水植物的比例，在冬季注重植物的空间布局结构，层次分明，避免乔灌木影响到下方水生植物的光照，在搭配时防止过密或过疏，通过将不同类型的湿地植被群落进行不同形式的组合来显示湿地环境的景观特征。

3. 通过乔灌草合理搭配，使水面与陆地有一个生态性的过渡，为两栖类爬行动物和鸟类营造良好的栖息环境，减少在植物配置中对公园景观植物类型的运用，如人工修剪的绿篱、行道树等，保持原生湿地景观的生态性与自然性。

4. 在水流湍急不适合湿地植物生长的区域，可以配置根茎发达的乔灌木以阻隔水流，沉降泥沙，吸收水体中的污染物，为下游的植物提供良好的生态环境。尽可能保留场地内原有植物，避免大量人工草地对水体造成的污染，维持原生湿地生态系统。

三、城市湿地公园的景观生态设计原则

基于生态理念的城市湿地公园景观规划最终都要落地实践，而场地内的设计则十分重要，生态设计理念是可以帮助发挥湿地自身的功能特征，有效地保护环境发挥湿地景观最大的观赏效果。因此，生态设计理念对于城市湿地公园景观规划原则的构建十分重要，对于城市湿地公园内的生态平衡的维持有重要的指导意义。

（一）结合湿地自身功能的生态可持续原则

城市湿地公园内的原生湿地是以生态服务功能为主，其通过选取与评价不同景观类型的生态功能来展现其自身的湿地功能特征。城市湿地公园在展示和发挥其生态功能的同时，由于其地处城市之中，也同时肩负着为周边的居民提供休闲娱乐、科普教育等功能。而这些功能也是城市湿地公园所区别于湿地自然保护区的特征。可持续发展的生态设计与湿地自身的功能特征是相辅相成的，其与城市湿地公园的关系是辩证统一的，并且可持续发展的设计思想在我国的发展源远流长，其以环境保护与自然资源的永续利用等作为基本内容，完全符合城市湿地公园的生态设计理念。随着城市化进程的加快，城市湿地公园的环境逐渐与城市接壤，因此实现生态可持续性发展成为景观设计及城市湿地公园景观生态设计的基本原则之一。在城市湿地公园景观生态设计中主要包含两方面的内容，一方面是生态可持续性发展原则要求人为的干预符合湿地的自然生态规律，即在对城市湿地公园的设计营建中将设计对生态环境所造成的负面影响降到最小。并充分发挥自然景观要素的生态作用，协调生态环境中各景观要素如土壤、植被等自然资源与人工的建筑、铺装等硬质景观的关系，最大限度地发挥湿地自然资源的生态效益与审美价值。另一方面，要发挥城市湿地公园自身的生态效益，体现其在自我循环、自我修复等方面特点，注重发挥其自我维持、自给自足的生态特征，以湿地的自我修复自我循环的生态特征为基础，结合湿地自身的功能特征，对城市湿地公园内不同功能分区进行生态设计，并以此为基础建立一个良性的可持续发展的城市湿地公园生态系统，进一步发挥区域内自然资源综合效益的可持续化。

（二）保证湿地生态平衡的低影响开发原则

低影响开发理论在城市湿地公园的应用中强调以生态系统为基础。由于湿地的特殊环境特征使其成为自然界最富多样性的生态景观，并且其中丰富的动植物资源也使湿地成为自然界中生态系统最完善的生态环境之一。而在城市湿地公园的设计中，能够维持湿地生态平衡的主要措施就是处理好水体与场地之间的关系。城市湿地公园作为以水体为基质景观的生态公园，其生态平衡的维持与低影响开发的影响密不可分。低影响开发设施作为一个关于雨洪管理的技术，其与城市污水排放系统有很大区别。由于城市湿地公园内湿地的特殊性质，在生态设计中处理水文与场地的关系至关重要。并且针对不同地理位置不同的气候环境和降雨量及不同季节的降水资源直接影响到城市湿地公园湿地景观的生境，因此在对城市湿地公园进行设计时，应遵循低影响开发原则，结合当地的土壤、气候、环境等自然要素，根据实际的地形情况将灰色的基础设施与绿色的生态设施结合，通过合理的组合配置对雨水径流的控制与疏导，使得场地外的降水与场地自身的水系河流形成一个良性的循环，最大限度地使湿地形成一个自然形态的水文机制，对雨水进行储存，预防洪水泛滥，提高雨水的利用效率。尽可能地避免湿地面积的流失与破坏。在如何处理好城市湿地公园中的雨水径流这个问题上，以低影响开发的理念为指导，对于场地内的湿地资源进行合理的设置，利用绿色基础设施与布局，将湿地中的地表径流有效进行蒸发、过滤和吸收。并且低影响开发可以针对城市湿地公园内的不同功能区域及生态适宜性区域有针对性地设置节点设施。使得场地内的雨水径流可以得到有效的良性循环，通过多重设施的过滤吸收丰富湿地的地下水资源，使地表水与地下水之间形成一个良好的生态循环。

（三）维持湿地斑块稳定的景观连接度原则

景观连接度作为景观格局理论中的一个指数，其在景观生态学中体现景观空间结构之间的连续性程度，而景观连接度在城市湿地公园中的应用更多的在于湿地生境的动物种群，以及植被群落所生存繁衍的栖息地与城市湿地公园中的湿地景观和生境斑块之间的连续性上。而维持湿地生态斑块的景观连接度更多的是应用了功能连接度这一方面。通过景观格局分析城市湿地公园内的不同种类的景观要素，并利用得出的结果指导城市湿地公园的景观要素节点的设计。而对于城市湿地公园中的景观要素，其所存在的景观斑块都不同程度地受到其距离与排列格局的影响。因此也有利于营造出具有地域特色的湿地景观，使场地内的各个景观要素相连接，增强城市湿地公园内的生态性和生境的多样性。城市湿地公园中的景观连接度不仅是体现在空间上的连续性，更多的是以生态性的过程与特征来确定生态意义上的景观连续性。景观生态学所强调的斑块-廊道-基质模型也是景观结构的基本体现。在城市湿地公园的生态设计中，遵循景观连接度原则，通过确定一个景观基质，以河流等景观要素作为廊道与生态斑块连接，形成网格状结构的良好的景观生态格局，斑块与廊道的连接越紧密，其湿地生境的生态系统就越稳定，自然环境就越好。

第四节 城市湿地公园景观规划设计方法

一、城市湿地公园的景观生态规划设计方法

（一）依托生态保育区向外辐射的分区规划

通过对城市湿地公园不同景观类型与区域的感知与探索结合生态适宜性分析的结果，有针对性地对城市湿地公园的功能分区进行多层次、多功能的划分。这样不仅有利于维持湿地生态系统的完整性，而且可以从生态理念出发对城市湿地公园的景观进行统筹规划。通过生态适宜性分析的方法，结合场地的景观要素与功能，将城市湿地公园的生态规划设计的核心分区划分为生态保育区、生态缓冲区、湿地恢复区与休闲体验区。

1. 选取生态适宜性强的区域规划设计生态保育区

在对于生态保育区的功能区划上，首先要确定城市湿地公园内的重点保护湿地及物种所分布的区域，比如：水源地或水资源净化区域、重要或独特的两栖动

物栖息地等。确定区域后通过 GIS 技术进行生态适宜性分析,一般选取生态适宜性强的区域作为生态保育区。在生态保育区面积的设计上,则取决于物种与生境的比例。在具体的设计上,为最大程度保有湿地的生态效益,对于生态保育区的面积应控制在 1.5~30 公顷之间。并且由于城市湿地公园的特点,栖息的动物生存范围大小不一,而且大多为依靠水域及湿生环境的两栖动物,因此在生态保育区的设计上,选取靠近水域的区域进行集中建设,以形成网格状的多个保育区来增加动植物生长栖息的生境面积。

2. 在生态保育区周围规划设计生态缓冲区

生态缓冲区作为生态保育区外的生态缓冲区域,是帮助生态保育区隔绝人为活动的区域,其在进行功能区划时,首先要依据生态保育区的位置进行划定,从生态理念的角度上讲,最理想的形态是生态缓冲区与生态保育区呈现同心圆状分布,但是在具体的设计中要考虑场地自身的实际情况。生态缓冲区的宽度在 100 米左右较为适宜,既可以确保生态保育区内的生境不遭到破坏,而且也可以兼顾游人的游憩活动的开展,达到帮助生态保育区隔绝人为干扰的效果。在对生态缓冲区进行设计时,可通过大面积地种植植被以起到隔离的效果,当植被的宽度大于 10 米时,缓冲区可以隔绝 80% 的过境泥沙以及 50% 的磷。而设计大面积的水域则可以净化湿地内的氮、磷等物质,因此,在对生态缓冲区设计时可以选取占汇水面积 1%~5% 的湿地来完成空间上对于生态保育区的保护区。

3. 对生境遭到破坏的区域规划设计湿地恢复区

湿地恢复区不同于生态保育区,是具有重要的湿地和植被群落的区域,但是其内部生态系统遭到了破坏。因此在对于湿地恢复区进行设计时,首先要对其进行生态适宜性分析,选取生态适宜性适中的区域,在实地考察中明确该区域内的湿地生境破坏程度,对于破坏程度较小的可以选择季节性的封闭,禁止车辆通行,只在边缘设计游步道,方便游客通行等方法,而对于湿地生境破坏较大的区域,由于遭受破坏较大,湿地无法完成自我修复功能,因此需要在湿地恢复区内设置小型构筑物进行观察、测量、统计,并根据情况人为地干预,采取修复措施帮助湿地进行恢复。

4. 休闲体验区的规划要远离生态保育区

这一区域在选址上通常选取生态适宜性较低的区域，并且与生态保育区等湿地核心区域相距较远。但是在对休闲体验区的设计上也要与湿地相关，设计科普教育及带有地域特点的民俗风情类的活动，并且在区域内可以依照公园设计规范来设计多级园路，供自行车与电动车行驶，避免建设服务及旅游设施干扰原生湿地环境。

（二）围绕优势景观类型进行生态格局建构

在城市湿地公园的景观空间格局上结构的划分不外乎三种：斑块、廊道、基质。因此，在对城市湿地公园的生态规划设计上，协调斑块、廊道与基质之间的关系是构建空间下景观格局的重要方法。

1. 明确场地中的景观优势基质景观要素

在景观格局空间中，面积最大的要素就是基质景观要素，并且由于其面积优势，基质景观要素的连通性也最好，对于空间上不同景观类型都有连接作用。因此，在对生态格局的空间建构及设计中，明确场地内的基质景观尤为重要，因为对于城市湿地公园景观的生态规划设计来说，明确场地内的优势景观有利于围绕优势景观进行空间建构，再以此为基准调整规划设计的策略与重心。

2. 围绕优势景观要素组织线性廊道

廊道作为线性的景观要素，其在景观生态学中具有通道与阻隔的双重作用，在城市湿地公园的规划设计，应着重考虑廊道对于景观所带来的影响。由于湿地所独有的特殊的生态性质，因此在城市湿地公园的生态规划设计中，廊道的设计可以借用湿地环境内的溪流、江河、沟渠等水系通道或植被带，也可以人为建设园路及栈道、栈桥作为廊道，合理地组织游线，串联各个功能分区。在廊道的设计上，人为对景观要素的影响更加突出。在廊道的尺寸设计上，12米为一个阈值，廊道宽度大于12米才能显现湿地的生物多样性，而在实践的设计中，陆地廊道的宽度最适宜在46~152米。而对于河岸廊道，宽度则必须维持在30米以上，在30~60米之间为最理想的河流廊道宽度，并且河岸中植被的宽度应设计在18~30米之间，以满足物质的运输。

3. 设计斑块踏脚石系统补充廊道景观要素

城市湿地公园的斑块划分主要是以自身的景观要素为主，在小尺度的空间中，可以将城市湿地公园看作一个小的生态系统，因此在对于城市湿地公园的规划设计时要减少人工、半人工的设计，同时在设计的同时要规范游客的游憩行为，避免破坏生境斑块，丰富不同景观类型的斑块，通过合并陆地与水面等设计调整斑块的排布，通过设计大小水面、陆地与岛屿来增强景观的异质性，并可以在湿地公园局部设计时将斑块的踏脚石系统充当廊道连接不同景观要素，形成具有生物多样性的生态系统。

（三）针对江河型湿地水岸的空间连接设计

水岸环境的共生性是维持水域环境、陆地环境及水陆交接处能量守恒和流通的关键。根据景观格局理论，对于城市湿地公园内的水陆交汇面积的增长可以有效提升生态环境中的生物多样性。在设计中可以通过营造曲折的岸线形态来加长岸线，同时，增加中小陆地的设计，丰富水岸环境的空间形态，扩展水岸面积，同时兼具观赏效果。对于湿地水岸的宽度，在设计中减缓驳岸的坡度，拓宽夏季水淹区域的宽度，在靠近陆地的近水区域进行小面积的填挖方处理，形成一定数量的小水泡，并可以适当在驳岸上开辟缺口，将水引入陆地，将驳岸改造成滩地，拓展水陆连接的面积，同时获得良好的生态系统和景观效果。在城市湿地公园的生态设计中，不同景观类型斑块的景观连接度直接影响城市湿地公园内部的生态系统的整体性，并且在设计上从整体的角度出发，考虑场地内基质的类型，并且合理利用场地基质的生态特征，因地制宜，对于景观格局分析中斑块连接度较低的景观类型，适当在设计中优化配置增加场地内不同类型景观的连接性，增强场地内湿生景观环境的生态性，对于江河型城市湿地公园水体景观，增加场地内水体的流动性，连接上下游水系。对于场地内的各景观斑块之间增加生态廊道，使场地内的生态斑块之间进行能量交换与沟通。对于城市湿地公园内以缓坡的形式构建植被水岸，有以下三种形式：

1. 对于水面面积较大的河岸采用缓坡的形式，在缓坡上放入枯木及鱼类残骸，营造动物的生存栖息场所。

2. 对于水面面积较小的河岸采用阶梯状植被。

3. 对于河水相对较深的陡坡，采用柳桩加上柳条来保护河岸。

二、城市湿地公园的景观生态修复设计方法

（一）依托湿地植被群落功能的空间布局设计

对于城市湿地公园的生态修复来说，保护与利用的关系是相互联系的，而对位于城市之中或城市边缘的湿地公园来说，完全封闭式的保护形式是不可取的，因为城市湿地公园其区位特征无法对所有原生湿地的湿生与沼生环境进行完全密闭的保护，并且这种形式的保护也是对湿地资源生态效益的浪费。但是对挖掘湿地生态效益方面投入过大则会对自然环境造成负担，因此，必须在保护湿地资源可持续的前提下，合理利用湿地植被群落资源，充分发挥其生态、观赏功能。随着近年来城市化进程的不断发展，越来越多的湿地公园已不能称为自然生态保护区意义上的原始生态湿地，这种规模的湿地倘若完全封闭保护起来，完全依靠湿地的自我恢复、自我循环，这种情况下一旦研究区内的生态环境遭到破坏，植物种群退化就会变成不可逆的损坏，湿地生态系统将因无法与外界连通而被环境孤立。因此，在保护原生湿地生态系统的基础上，通过适度的人为保护，对城市湿地公园内的湿地生态环境进行保护与利用。根据城市湿地公园的景观特征及周边环境的干扰程度，在保护湿地资源的建设中，首先要考虑的是，城市湿地公园内部生态环境与周边自然环境的关联，将公园内的原生湿地与城市周边的环境建立生态廊道，为湿地环境与城市环境的连接建立通道，保护湿地资源的稳定性。

1. 依托原生湿地动植物资源修复功能的空间布局

湿地动植物功能的修复依托当地湿地原生资源，修复植被的种群群落结构并适度调整农业和林业种植的结构，改善种植条件，最大限度地恢复湿地植被。应引入乡土植物，丰富陆生植物–挺水植物–浮水植物–沉水植物群落的生态体系，形成自然演替规律，阻止外来物种的入侵。

①以挺水植物群落为基底。挺水植物作为根茎扎在湿地基底，茎、叶挺出水面的植物群落，其同时具有陆生植物与水生植物的特征，适应能力强、根系发

达，生长量大，对营养的吸收比较丰富，其生长类型中深根丛生型与深根散生型具有较强的净化能力，对于湿地生境的恢复与净化有重要作用，并且挺水植物类型丰富，通过单一品种的挺水植物形成水生植物带，丰富护坡的植被群落。

②发挥浮水植物群落的观赏效果。作为季节性植物，通常具有较高观赏性，如浮萍、空心莲子草、睡莲等。漂浮在水面上，生命力强。对环境的适应能力好，漂浮在水面上，景观营造的自由度较高，营造的景观效果良好，但由于其生命力强、生长迅速的特点，在浮水植物的设计上，要将其限制在一定区域内，任由其自由生长会影响植被对水体的生态恢复效果，污染水面，在日常的养护中也要注意维护，避免过度繁殖。

③利用沉水植物群落的净化功能。沉水植物作为完全沉没于水中的植物，其景观营造功能弱，一般是作为城市湿地公园中湿地系统最后的强化稳定植物，其植物本体的各部分都可以吸收水分与养料，根茎叶都有良好的吸收功能，对水质有着净化功能，是城市湿地公园湿地恢复中不可或缺的植物，对于维护水体环境稳定与生物多样性具有重要作用。

④保证动物栖息地食物链完整。对现有的场地环境，进行最大限度的扩大与恢复，是为湿地中各种生物生存提供最佳的生存空间，在保持植被群落数量的前提下，完善湿地中的食物链，在湿地生态系统中，不同生物之间都或多或少有一些联系，而食物链的关系最为重要，只有保证食物链的完整，湿地的生态结构才能完整。

2. 湿地生境资源的整体布局

①通过湿地保育区实现湿地环境自我修复。根据场地的环境与科学分析优化结果，在总体规划中划定湿地保育区，在划定保护区的时候选择湿地生境条件良好，基底稳定的区域，并且在划定植被群落与生物种群保育区时应根据地域性特征进行选择，在明确保育区的区域后，对其内部环境进行封闭保护，控制人为影响因素，在管理上以保护区的管理形式，实现对原生湿地环境的保护。此方法强调减少外部干扰对湿地环境的影响，并最大限度地减少人为因素干预，来保护原有生态系统的完整性。

②人工辅助保护。对于场地中典型的动植物群落及珍稀动物的栖息地等区域

要适当地通过人工辅助措施，来保护具有地域性特征的景观环境与生境。首先，湿地水文和土壤是湿地公园首要保护的对象。严格规范湿地的用地性质，保障上游来水，延续其自身良好的生态系统。其次，对于湿生动植物来说，则要建立湿地鸟类栖息地，采取合理措施防止外来物种入侵对湿生动植物群落造成威胁。

（二）针对水体景观的水位调整水面修复设计

如果说生态修复是对受干扰破坏程度较小的原生湿地景观生态环境进行恢复重现的话，那么改造则是在生态系统遭受严重干扰时所采取的方法，其依托周边资源与环境，对遭受破坏并依靠自身生态系统不可逆的湿地景观进行适度的整合与改造，并协调营建要求与景观功能，在尊重原有场地的情况下，对于生态退化严重的湿地进行调整，延续场地的生态肌理状态。湿地退化的原因往往是因为原有空间肌理形态的改变或消失，因此，在对于湿地水体景观的空间形态进行改造时，应尽量保持原有的空间形态与水体特征，避免过大的人工干扰。应减少大规模的填挖方和地形改造，如在对场地的地形进行调整时，应减少客土进入场地，充分利用原有场地的地表土进行回填。在对水岸的改造中要注意驳岸的合理搭配及营造多层次的湿地景观。对于不同基底的湿地，其水资源条件不同，并且水体景观的特征也不同，因此对于改造方法的选择也有所不同。

1. 不同尺度的水面修复设计

通过建立雨水花园等设施，对地表水、雨水等进行有效的收集利用，用来补充湿地的水资源。通过改善地表径流与地下水之间的连通关系，使两者在湿地景观水资源的恢复利用上起到关键作用。

①大面积水面。由于大面积水面空间开阔，方向性不强，在进行恢复保护时应采取集中布置的方式，通过丰富的植物配置营造植物群落景观，并且整体上从大尺度的空间角度进行考虑，采用大面积不同类型的水生植物交替种植来营造景观效果，通过植被的高低错落来营造视觉变化，通过水面的生态岛与滨水护坡等设计来减少城市湿地公园中大面积水域带来的单一感。

②小面积水域。城市湿地公园中被岛、桥等划分开的小体量空间水域是更贴近人们观赏的尺度，大小形态各异的景观空间更能吸引游人的参与，因此在打造

和修复小尺度的水域空间时在整体上要注重自然性与生态性,同时要增加游玩的趣味性,通过高草挺水植物、低草挺水植物、水生植物、浮叶植物等不同类型来丰富植物的群落配置,并适当结合亲水栈道、平台等设置较为集中的展示区和湿生水生植物科普区。在注重植被颜色搭配的同时,适当留白,形成局部的疏密关系,避免带来拥堵感。

③带状水系。作为城市湿地公园内空间较窄,具有幽深延续性特点的水体空间,通过丰富的水系护坡植物配置来加强带状水系的景观效果,以自然石块来点缀水体的野趣效果,将空间狭窄的沟渠、溪流等水体作为不同水系之间的连接枢纽,形成区域内的良性水循环。在设计上应注重生态化的营造,在植物的选择上要注意植被与整体之间的尺度关系,避免选择大体量的植被破坏景观效果,主要选择低草挺水植物,配以其他植被丰富景观配置。

2. 水位调整

适当增加河滩宽度,设计采用生态驳岸,并根据实际情况适当进行人工补水,根据不同水位的变化,体现多类型、多尺度的湿地水体景观。

3. 水系改造

保持水体与周边环境的连接与沟通,增加水资源与其他湿地景观资源的连相邻性与连通性,并在设计中增加水塘与洼地等静水区域。并适当增加岸线长度,减少硬质驳岸,恢复漫滩地,增加水陆交接面,形成蜿蜒曲折的岸线。

4. 防洪蓄洪

设计湖泊泄水通道,改善河道驳岸,将河道岸线改直取弯,保证湿地水文的有效利用以及游人的观赏安全。

(三) 针对湿地土壤的基底清淤地形改造设计

当湿地土壤受到破坏,但是可逆的情况下,一旦干扰与影响解除过后,湿地生态系统可以进行自我修复,自我循环回原先的状态。而当湿地生态系统遭受强烈的干扰并可能导致湿地内的物种衰退时,仅靠湿地自身的循环修复过程是无法使生态系统恢复到最初的状态的,此时,必须加以适当的人工干预,来营造有利于生态系统恢复的环境,帮助湿地生态系统进行自我恢复。

1. 湿地土壤生态功能的恢复

在城市湿地公园中的环境受人为活动干扰，导致区域内的水域及岸线形态并不是自然原始的形态，因此会影响湿地水域及驳岸环境的多样性，使湿地土壤内的营养成分流失严重，并且非乡土植物的种植行为也会导致湿地环境的水土流失。针对这种情况，应设计缓冲区，设计中增加地形变化，合理配置湿生植物，如耐水湿乔木，在完成水陆之间物质能量运输的同时，实现湿地景观效果。

2. 湿地土壤基底的修复

湿地基底是湿生植物生存与动物栖息的基础与载体，生境修复需要良好的基底环境做基础。城市湿地公园的基底修复在于控制侵蚀与沉积两部分。通过控制湿地水底的淤泥沉积，为水生植物提供良好的生长条件，并且在为水底生物提供良好的栖息环境的同时注意湿地驳岸的水土保持，阻隔水流侵蚀所带来的水土流失。

①基底清淤：基底淤泥对于保持湿地土壤肥力有重要作用，但是由于近年来周边城市污染和生活工业垃圾的排放，水底的淤泥堆积造成水体淤塞。水体流通的减少会导致水体面积缩减、发臭、水质恶化等问题。适当地开挖湿地基底，清除基底的淤泥可以修复湿地基底中营养过剩的情况，进而恢复基底的生态功能，恢复水体的流通与循环，起到给水生植物提供养料净化水质的作用。

②设计生态岛：基底清淤出来的泥土可以用来堆积形成生态岛，丰富城市湿地公园的生境景观，为沉水、挺水植物提供良好的生长环境，满足不同种类生物对地形的要求，并且可以结合地形营造丰富多元的景观空间，以及为动物提供更为丰富的环境空间。

三、城市湿地公园的景观生态设计方法

（一）避免人工砌筑改变河道的水岸护坡设计

在城市湿地公园的湿地景观环境中，驳岸及岸边环境组成的水岸环境是面积较大且贯穿整个湿地环境的线性景观空间，其作为湿地生态系统与其他环境的过渡地带，在水岸环境的区域内动植物种类丰富。因此，在对于城市湿地公园的水岸环境进行设计时应尽量运用自然的形式，力求其景观形态与周围的环境相协调，突出湿地生态系统的生态特征，发挥水岸环境的生态可持续性。

1. 符合水体自然形态的岸边环境

水岸环境要素是城市湿地公园的景观设计要素之一，对于湿地生境中的自然水体，应禁止人为地对其进行裁弯取直。对于城市湿地公园的设计也应符合自然的流动规律，使之成为自然的一部分，既能维持湿地的生态性也能满足游人亲近自然的需求。

对于城市湿地公园岸边环境的生态设计，应避免以人工砌筑的形式破坏原生湿地基质的土壤沙砾。在水岸的交界区域种植湿生植物，不仅加强了原生湿地的自我调节能力，而且为鸟类及两栖生物提供了理想的栖息场所，从而提升湿地的生态多样性。在视觉效果上，设计水岸之间的过渡带也能丰富区域内的景观类型，营造丰富自然的生态景观。对于沼泽湿地，其水下所形成的泥炭层是湿地生态系统的重要组成部分，为动植物、微生物提供了养分和栖息地，因此在对其进行设计和保护时，最好设定 $0.5\sim1m$ 高的水位差，并在最低设计水位下铺设防渗层，在最低水位与最高水位之间做自然式护坡。

在驳岸形态的设计上，按照自然原始的形态和生境的布局进行设计。场地中的凹岸、曲流、河心岛、浅滩等设计的交替为湿地中的生物与植被营造适宜的生境。在设计水岸时尽量保持自然弯曲的形态。

2. 护坡设计

①自然原型护坡。适合用于城市湿地公园中水流速度慢，护岸面积大的区域，起到稳定驳岸的作用，通过简单的自然草坪、湿生植物的种植等手段营造良好的景观效果，形成被植被全面覆盖的护坡，对于保护驳岸，减少雨水冲刷起到重要作用。

②自然修复护坡。对于雨水冲刷严重的河段，需要设计护坡进行保护，在城市湿地公园的设计中应尽可能地使用自然式护坡，其设计要求是便于区域内的鱼类和水生生物的生存，便于水体的下渗和补给。通过栽植具有自身特殊属性的植被群落形成自然护坡。比如在水流平缓的区域栽种芦苇，在水流湍急的区域使用柳条。或使用植物与天然石材形成混合材料的自然护坡，天然的石块固定沙土，

生长的柳根包裹石块，使之形成一体，保护水岸。

③自然亲水护坡。对于坡度大面积小、在城市湿地公园中处于人为干扰严重的滨水带及人们能够近距离接触感知水体的空间场所，通过木栈道、亲水平台等形式，增加人与水环境的交流，并且放置自然石块，种植湿生水生植被，增加亲水活动的景观性与水体的生态性，提供多样的生态系统环境保护生物种群。

（二）引导下凹绿地地表径流的雨洪设施设计

低影响开发的设计方法强调的是通过分散、多样、生态化的手段来解决场地内的雨洪问题，这样的方式不仅可以维持低成本的运转，符合可持续发展的理念，而且可以保持湿地生境的生态性，在对于城市湿地公园的生态设计中多运用植被缓冲带、雨水花园、植草沟等生态设施。

1. 植被缓冲带

通过在城市湿地公园内不同景观类型之间设计较小的植被群落作为植被缓冲带，一方面，可以通过土壤下渗来降低雨水径流的速率，并在下渗过程中消除污染物与杂质净化水质；另一方面，植被缓冲带可以帮助斑块之间的物质能量传输。

2. 雨水花园

雨水花园作为自然形成或人工挖掘的下凹绿地，其存在能够有效地对雨水进行渗透，并通过去除径流中的悬浮颗粒等有害物质。在城市湿地公园中设置雨水花园，不仅内部可以过滤雨水杂质净化水质，而且外部通过合理的植物配置可以为湿地生境中的动植物提供良好的栖息环境。另外，雨水花园的建造与维护管理成本都较低，不需要人为干预，适合对城市湿地公园内的生态系统的保护。

3. 植草沟

在城市湿地公园的生态设计中设置植草沟可以对雨水进行收集并一定程度地过滤水体中的杂质，植草沟的坡度设置得当，可以与场地内的其他植被群落形成良好的配合，植草沟中种植区域特有的乡土植物，提供湿地环境中微生物生长所需要的物质能量基础，净化湿地公园内的水质与环境。

（三）针对四种湿地公园类型的植被群落选择

湿地内的植被群落是湿地环境的重要影响因素之一，其自身所特有的自我净化能力可以增强湿地环境的生态效益，植被的选择对于提升湿地环境的质量起到重要的作用。依托原生湿地生态系统的植被群落设计应注意以下几点：

1. 湿地植物的选择

①地域性。城市湿地公园中的植被在选择上应尽量采用乡土植物，湿地环境中的地域性植被对光照、水分、土壤的适应能力强，经过长期的自然选择及自然演替后，植株的外形美观、枝叶茂盛，有较强的生长和繁殖能力，可以比较快速地达到景观效果。同时，应用地域性植物可以减少人工养护的成本，抗逆和抗污能力强，促进湿地环境的自我更新、自我修复，尽可能地模仿湿地自然生境。在具体的地域性植物种植设计中，应以自然群落的结构和整体视觉效果为基础，根据湿地的不同水域深度进行选择，比如沼泽湿地选择挺水植物中的香蒲、芦苇、菖蒲等，浅水植物湿地选择浮水植物的荇菜、浮萍等。沿岸耐湿生乔灌木一般选择水杉、白桦等构成丰富的湿地异质景观。

②耐污性。由于城市湿地公园的位置的特殊，抗污能力是城市湿地公园中选择植物的品种的重要因素，多数植物对于被污染的环境具有一定的适应能力。不同种类的植被抗污能力不同，在湿地植物的选择上，对于生态适宜性低的区域应选择耐污能力强的植物，比如凤眼莲、水浮莲、满江红等，不仅保证城市湿地公园内的景观效果，而且有利于提高湿地的污染净化效果。

③经济性和观赏性。城市湿地公园由于具有多种功能和作用，在湿地植物的选择时要充分考虑其经济性与观赏性，造价低廉、成活率高、养护成本低的植物更利于城市湿地公园空间的营造，此外选择栽种不同花期的植物也可以增强湿地景观的观赏性。

2. 不同类型城市湿地公园植被配置方式

①农田型湿地植被配置。以原有的耕地和池塘为基底，在功能分区上设计农趣体验区及蔬果采摘区等，并在这些功能分区内的植被配置上以蔬果或花草种植为主，点缀一些观赏类植物，在农趣体验区栽植观赏性花草，对于公园内的果园

进行重新整理栽种果树形成景观林,满足采摘和观光的性质,对于草坪则可以配置结缕草、狗牙根等低费用、耐践踏草种提高生物的多样性及水土保持能力。

②湖泊型湿地景观植被配置。湖泊型湿地配置的梯度分为陆生类和湿生类,其植被配置的模式是由水生向陆生过渡。陆生植被配置可以设计为乔灌草型、乔灌型、乔草型及灌草型。陆生植被配置模式大多用于陆生景观区、服务设施及周边绿地等场所,在植被的品种上可以选取香樟、垂柳、水杉、迎春等植被种类。对于湿生植被配置可以在水陆交汇区域设计湿生乔木、湿生乔草及湿生乔本型配置模式,具体的植被品种可以选择垂柳、香蒲、芦苇、千屈菜、狗尾草等植。对于深水区域,在水深 0~1.5 米的区域可以配置挺水型植被,比如荷花、芡实、芦苇、花叶菖蒲等,在水深 0.3 米~2.0 米的区域可以配置浮水型植被,比如萍蓬草、睡莲、荇菜等,在水深 0.5~3.0 米的区域可以配置沉水型植被,比如黑藻、竹叶眼子菜等。

③江河型湿地景观植被配置

江河型湿地植被配置方式与湖泊型基本相同,其在进行植被配置时可以通过设计湿生、挺水、浮水及沉水植被带等配置不同的景观分布格局。并且针对不同的生境类型设计适宜的植被配置方式,比如,水陆交接的滩涂、大型的水域池塘、浮岛等类型。

④滨海型湿地景观植被配置。滨海型湿地的特色植物是热带及亚热带的红树林,其在植物配置上主要为水生植物的梯度配置,在植物配置设计时,应体现陆生-湿生-水生的生态系统渐变特点,在具体的配置上应是从陆生的乔灌草-挺水植物-沉水植物的梯度变化。

第八章 生态视角下的城市环境更新与修复

第一节 城市更新的基本理论与内容

一、城市更新的内涵

在当代社会，城市更新的内涵取决于城市发展水平。城市发展水平的不同，人们对城市更新的理解也会大相径庭。一般来说，城市发展水平越高，城市更新的内容就越广泛。只有科学理解城市更新的基本内涵，把握城市更新的基本特征，理解城市更新的基本原则，才能充分利用城市更新的动力机制，前瞻性地制订切实可行的城市更新规划，最终成功实现我国城市更新的伟大目标。

（一）城市更新概念的界定

城市更新的概念因城市发展的不同阶段而异。人们普遍认为，城市更新是一种指导和解决城市问题的全面行动。它寻求不断改善一个地区过去和现在的经济、物质、社会和环境状况。

城市更新也是一个在实践中深化认识的过程。城市更新的认知过程与城市发展的历史逻辑基本一致。世界城市历史悠久，但早期城市的出现主要是出于政治、军事和意识形态的需要。城市建筑环境的局部性、孤立性的改造和扩展必然是当时城市更新的基本特征。

工业革命后，城市的兴起主要是由于经济的需要。城市与一切经济资源和生产要素紧密相连。城市的一个组成要素的变化往往导致城市所有其他组成要素的相应变化。在这种情况下，城市更新必须从系统和整体的角度出发，关注城市的长远发展。

（二）城市更新的基本特征与特色

1. 城市更新的基本特征

与传统的城市维修、城市改建和扩建、城市翻新不同，当代社会的城市更新程度不同，具有以下五个方面的基本特征。

第一，城市更新是一项干预活动。城市的兴起和发展有其内在规律，城市的衰落也是市场作用的结果。通过调整市场力量的结构和规模，城市更新将改变城市原有的发展速度和内容，甚至改变城市原有的发展方向。因此，城市更新是一种典型的外部干预。城市更新主体必须了解城市运行和发展的基本规律，才能采取有针对性的措施和政策，达到预期的城市更新效果。

第二，城市更新是一种包括公共、私人和社区部门的活动。

城市更新是一种系统行为，涉及利益分配的各个方面。城市更新必须最大限度地吸收社区和相关个人的意见，统筹考虑，将他们聚集在一起，认真听取他们的合理建议和意见，确保他们能够从城市更新中受益；城市更新应该是一种双赢的行为。要充分发挥社区部门的纽带作用，把公营部门和私营部门的利益结合起来。

第三，城市更新是一种可能因为体制变化而产生的活动，这种体制变化是对变化的经济、社会、环境和政治状况的一种反映。城市是一个地理位置集中的经济活动。不同的城市要素结构形成了多元化的城市组织形式，发挥着不同的城市组织功能。当城市经济、社会、环境和政治条件发生变化时，城市功能和城市组织形式可能发生变化，从而形成城市更新的基本动力。城市更新不同于城市发展。城市发展的方向通常是向上的，城市更新可以是水平方向的变化，也可以只是城市要素在不同程度上的重组。

第四，城市更新是一种调动集体力量的方式，它为协商适当的解决方案提供基础。城市更新意味着城市运营的内容将发生变化，这将影响公共部门、社区和许多个人的利益。在这种情况下，城市更新不仅是协调个人利益的平台，也是制订利益最大化计划的渠道，更是凝聚人心、发挥集体力量的有力保障。

第五，城市更新是一种决定政策和行动的方式，这些政策和行动的目标是改善城市地区的条件、发展支持相关建议的必要体制。从经济资源优化配置的角度看，城市生产要素的构成不能保持不变，它将随着经济、政治、社会和意识形态的变化而变化。这一变化反映在城市更新中，即不同时期的城市更新政策不同，城市更新方式也不同，但基本目标是响应人们不断变化的需求，改造城市，提高城市居民的生产生活满意度。

2. 城市更新的特色

相应地，以城市更新的基本特征为前提，现实生活中，大多数的城市更新都有自己显著的特色：

①城市更新从性质上看是政策引导而非直接干预。

②城市更新实质为一个战略行动。

③城市更新实现不同组织、机构和社区的利益分享。

④城市更新通过合作方式实现最优结果。

⑤城市更新由多方面的技能和资金资源支撑。

⑥城市更新围绕发展和实现一个清晰的远景，集中在什么样的行动应当执行上。

⑦城市更新从每个区域、城镇或街区的实际需要和机会出发。

⑧城市更新关注城市整体。

⑨城市更新能够被衡量评估和审查。

⑩城市更新致力于既寻找解决眼前困难的短期解决办法，又寻找可以避免潜在问题的长期解决方式。

11城市更新关注建立工作优先目标，而允许选择不同路径去实现它们。

12城市更新与其他的政策领域和计划联系起来。

尤其需要强调的是，未来的城市更新有三个方面需要特别注意：

第一，城市更新需要全面、协调地处理经济和社会问题，确立长期、全局的战略方向，以可持续发展为目标，从而确定城市更新理论和实践的性质、内容和形式。统筹考虑是市区重建的主要特色。

第二，将在区域或次区域一级确定城市更新的行动领域，以确保城市能够更新更好地处理各种问题，例如，将城市更新的利益分配给预期的接受者，全面协调地开展城市更新，全面处理城市和非城市问题。城市问题和地区问题日益统一。市区重建有时相当于区域重建。

第三，合作体系将在理念和城市管理方式上不断完善。合作有利于共赢，双赢、减少城市更新的负面因素，发挥集体力量，实现城市更新的最终目标。

（三）城市更新的目的、动力与基本原则

1. 城市更新的目的

城市更新的目的是改善所有人的生活质量，具体体现在以下四个方面：

第一，适应经济转型和就业变化的需要。城市在运行发展过程中，随着自身生产要素和经济环境的变化，需要对经济结构和产业结构进行调整。因此，就业要求也将发生变化。城市更新应反映城市经济转型和就业变化的需要。

第二，解决社会和社区问题。城市化是工业社会以来提高人们生活质量的基本选择。城市在极大地提高人们生活质量的同时，也不排除当地的社会和社区问题的存在。但是，这些社会和社区问题不仅没有主宰城市居民的生活，更重要的是，相当一部分社会和社区问题属于城市发展问题，即随着城市的逐步发展，这些问题将逐渐缓解并最终消失。城市更新必须为城市现有社会和社区问题的最终解决或缓解提供必要的条件。

第三，避免建筑环境退化，满足城市发展新要求。更新建筑环境是最传统的城市更新形式。建筑环境是一个有形的对象。随着时间的推移，城市建筑环境会产生物理磨损和价值贬值，影响城市功能的充分发挥。特别是，由于技术进步，价值损耗将使城市建筑环境极不适应城市经济和社会发展的需要。城市发展需要城市更新和相应的城市建筑环境。

第四，改善环境质量，实现城市可持续发展。随着科学技术的快速发展，人类社会生产力的发展有了很大的提高，工业对自然资源的消耗有了很大的增加，但自然环境的保护却相对滞后，这反过来又严重阻碍了城市经济的进一步发展。城市更新应立足于利用技术进步来改善城市环境，缓解人与自然的矛盾，为城市

的可持续发展奠定坚实的基础。

总之，城市更新不是简单孤立的城市改造，而是对城市整体的系统更新。即使市区重建不直接涉及每一个人，也会间接影响每一个家庭和个人。城市更新需要整合公共部门、私营部门、地方社区和志愿部门的工作，这不仅需要协调他们的利益，而且需要调动他们的积极性。城市更新必须团结各种社会力量，以实现一个明确的目标——提高所有人的生活质量。经济发展充其量只是城市更新的中间目标，而最终目标是惠及民生，提高市区居民的生活质量。城市更新需要确保参与城市更新的个人和组织能够从他人的成功和失败中获益。

2. 城市更新的动力

城市发展本身就是城市更新的动力。城市更新是城市发展内外动力相互作用的结果，更重要的是，城市更新是对其面临的机遇和挑战的回应。这些机遇和挑战通过特定时间和地点的城市更新得以体现。其中，技术能力的变化、经济发展机会和对社会公正的理解不仅是决定城市发展及其发展规模的重要因素，也是城市更新的主要因素。

第一，技术能力的变化。这是市区重建和市区发展中最直接和最主要的因素。技术进步带来了新的原材料来源、新产品开发和新消费市场的形成，这些都将改变城市经济的经营内容、经营模式和地域分布，从而促进城市发展和城市更新。最典型的是能源替代技术。在以煤炭为主的时代，城市要么位于煤炭产区附近，要么位于港口和铁路枢纽等交通便利的地区。在石油和天然气时代，城市选址的自由度大大增加，农业发达地区的城市及政治和军事重要场所的城市都充满了新的活力。至于汽车取代马车的技术进步，则彻底改变了城市更新的地理模式。城市更新已发展为圆形、菱形、正六边形和方形，而不是过去的带状和线形。

第二，经济发展带来的机遇。一个社会的经济发展水平与国民收入的规模成正比。经济发展水平越高，国民收入规模越大，需求对经济的拉动能力越强，经济体制越完善、越合理。经济发展不仅仅是生产发展，更是消费发展。生产发展只是一种手段，如果它最终不能为消费发展服务，那么这种经济发展是不完整的。消费发展带来的机遇也是城市更新不可或缺的动力。

3. 城市更新的基本原则

从现在来看，城市更新最富挑战性的是确保所有公共和非公共政策都按照可持续发展的原则来运行。鉴于城市更新是对城市发展所产生问题的反映，城市更新通常应当遵循如下原则：

①城市更新应该建立在对城市地区条件进行详细分析的基础上。

②城市更新应该尽可能地利用好自然、经济、人力和其他资源，包括土地和现存的建筑环境。

③城市更新应该以同时适应城市地区的形体结构、社会结构、经济基础和环境条件为目标。

④城市更新应该认识到定量管理实现战略过程的重要性，这类战略通过若干精确的目标而逐步展开，监控城市地区内部和外部力量的变化性质及影响。

⑤城市更新应该通过综合协调的、统筹兼顾的战略制定和执行，努力实现同时适应城市地区的形体结构、社会结构、经济基础和环境条件的任务，这种战略以统筹协调和促进的方式来处理城市地区的问题。

⑥城市更新应该通过最完全的参与和所有利益攸关者的合作，寻求一致，例如，通过合作或其他形式的工作模式来实现。

⑦城市更新应该确保按照可持续发展的目标来制定战略和相关的执行项目。

⑧城市更新应该建立清晰的执行目标，这类目标应当尽可能地定量化。

⑨城市更新应该接受对初始设计的项目做出调整的可能性，以便适应变化。

⑩城市更新应该认识到多种战略因素可能导致开发过程处于不同的速度，这种现实可能要求重新分配资源或增加新的资源，以便在城市更新计划中要实现的目标之间获得一个平衡，实现全部的战略目标。

（四）城市更新的方式

城市更新的方式可分为整治改善、再开发及保护三种。

1. 整治改善

整治改善的对象是建筑物和其他市政设施尚可使用，但由于缺乏维护而产生设施老化、建筑破损、环境不佳的地区。对整治改善地区也必须做详细的调查和分析，大致可细分为以下三种情况：

①经设备维修、改造、更新后仍能长期使用的，应进行不同程度的改造。

②设备维修、改造、更新后不能使用，或建筑物密度过大，土地或建筑物使用不当，或因土地或建筑物使用不当而影响交通混乱、停车场不足、交通不畅的，上述问题产生的原因应通过多种方式加以解决，如拆除部分建筑物、改变建筑物和土地的用途等。

③如果该地区的主要问题是公共服务设施缺乏或布局不当，则应增加或调整公共服务设施的配置和布局。改造和改善的方法比建设所需的时间要短，也可以用较少的投资减轻移民的压力。此方法适用于需要更新但仍可以恢复而无须重建的区域或建筑物。改造和改善的目的不仅是防止其继续衰落，而且是全面改善旧城区的生活环境。

2. 再开发

城市更新对象是指建筑物、公共服务设施、市政设施等城市生活环境要素质量全面恶化的区域。这些要素不已不能以其他方式适应当前城市生活的要求。这种失调不仅降低了居民的生活质量，而且阻碍了正常的经济活动和城市的进一步发展。因此，必须拆除原有建筑，重新考虑整个区域的合理使用方案。旧区改造规划应考虑建筑物的用途和规模、公共活动空间的保留或设置、街道的拓宽或新建、停车场的设置和城市空间景观。对现状进行充分的基础调查，包括区域本身的情况和相邻区域的情况。重建是最完整的更新方式，但这种方式可能对城市空间环境和景观，以及社会结构和社会环境的变化产生有利和不利的影响。同时，它在投资上也有更多的风险。因此，只有在确定没有其他可行的方式时，才能采用。

3. 保护

保护适用于环境条件良好的历史建筑或历史区域。保护不仅是一种社会结构变化最小、环境能耗最低的"更新"方法，也是一种预防措施，适用于历史城市和历史城区。历史区域的保护更关注外部环境，强调保护和延续当地居民的生活。因此，为了保护历史城区的传统风貌和整体环境，保护真正的历史遗迹，有必要鼓励居民积极参与，建设和完善该区域的基础设施，改善居民的住房条件，以满足现代生活的需要。除了改善自然环境外，保护部门还应就限制建筑密度、人口密度、建筑用途及其合理分布和布局提出具体规定。虽然上述更新方法可分为三类，但在实践中，有些方法应根据当地的具体情况进行组合。

二、城市更新中的触媒理论

（一）城市触媒理论

触媒是化学中的一个概念，意指一种与反应物相关的物质，它的作用是改变和加快反应速度，而自身在反应过程中不被消耗。城市触媒类似于化学中的催化剂，一个元素发生变化会产生连锁反应，影响和带动其他元素一起发生变化，进而形成更大区域的影响。

城市触媒，又叫作城市发展催化剂，其物质形态可以是建筑、开放空间，甚至是结构，其非物质形态可以是标志性事件、特色活动、城市建设思潮等。城市催化剂可以持续运行，能够刺激和带动城市的发展，促进城市的可持续、渐进发展。城市催化剂的作用特点可以概括为：新元素改变了其周围的元素；催化剂可以提高现有元素的价值或进行有利的转化；催化剂反应不会破坏其环境；正催化反应需要理解其背景；并非所有的催化反应都是相同的。在城市发展过程中，引入单个标志性建筑、开放空间或城市活动，可以刺激相关城市区域的全面复兴，最终从一点到另一点起到催化剂的作用。城市催化剂理论的核心内容是在市场经济体制和价值规律的作用下，通过城市催化剂的建设，促进相关功能的集聚和后续建设项目的连锁发展，从而刺激、引导和促进城市发展。

简而言之，城市触媒的目的是"促进城市结构持续与渐进的改革，最重要的是它并不仅是单一的最终产品，而是一个可以刺激和引导后续开发的重要因素"。此外，城市触媒有等级之分，即由于每个触媒项目的重要度及影响度的不同，其对周边环境的刺激力度也就存在差异，同时，它的作用力还与空间距离成正比例关系。

（二）更新触媒概念

如果把城市比作一个活的身体，那么城市更新就是活的身体的自我新陈代谢。这是一项自然的、必要的、持续的和有规律的活动。一个城市没有更新活动或单方面强调大规模更新是不正常的，这是违反发展规律的。

城市更新必然是一个循序渐进的过程。那么在这个渐进的过程中，什么力量诱发了城市的更新活动？生命体中的新陈代谢活动需要大量"媒"的参与，同样，城市更新也需要有某种或某些"媒"来触发。

以城市触媒理论为基础，从一种"媒"或"催化剂"的视角对城市更新的动力进行分析，是一项或多项建设行为能够带动或激发某片区的活力，从而创造富有生命力的城市环境的"催化剂"。这种催化剂就是一种更新触媒。更新触媒具有某种活力，它既是城市环境的产物，又能给城市带来一系列变化，是一种产生与激发新秩序的中介。通过更新触媒持续的、辐射的触发作用，逐步促进整个城市生命力的复苏和增强。

（三）更新触媒分类

根据触媒的功能、形态、发挥作用的不同，可将更新触媒分为城市空间触媒、经济活动触媒、社会文化触媒三种类型。

城市空间触媒主要是指空间环境因素对城市更新活动的影响，包括地铁、广场和大型公共设施的规划建设，新城、港口、机场等大型项目的规划开发，以及规划中确定的重点发展区域。例如，城市地铁站的建设将在一定范围内（500米）对其周边环境产生较大影响。如果在此范围内有城中村和老工业区，地铁站的空间环境催化剂将刺激这些对象的更新活动。对于位于关键工业区、中心区或景观轴线两侧的更新对象，由于这些空间环境催化剂的不同作用力的影响，更新对象的更新活动将在不同程度上被触发。

经济活动触媒主要从市场的角度分析哪些因素可能引发城市更新活动，包括大型贸易展览、大型商业综合体、重大经济项目、宏观和区域经济形势、市场投资繁荣等。从城市催化剂理论的基本分析来看，市场经济活动是引导城市催化剂引发城市建设活动的重要因素。市场经济催化剂不仅是保证更新活动积极、顺利实施的重要媒介，也是推动一系列自发市场更新活动的内在动力。

社会文化触媒更多的是强调一种自上而下的动力因素，包括历史文化街区、民俗活动、优秀传统文化活动、旅游开发项目、重大社会文化事件、公共服务、政策导向、价值观念等，社会文化触媒会对城市更新活动产生巨大的影响。

在上述三类触媒中，触媒并未完全分离。从规划和指导的角度来看，城市空间触媒与社会文化触媒交叉，经济活动触媒和社会文化催化剂也与城市更新活动密切相关。可以说，这三类更新触媒的组成并不是一成不变的，每一种触媒对城市更新活动的作用也不是一成不变的，而是一个动态变化的过程。例如，区域环境和城市发展理念的变化、突发事件和重大项目的出现都会对城市更新的触发效应产生影响。在此基础上，需要根据时事的变化及时调整、发现和更新触媒。

与同类概念相比，在城市发展中引入触媒概念，可以形象地描述相对独立的城市发展活动对城市发展的影响。它鼓励建筑师、规划师和决策者思考单个开发项目在城市发展中的连锁反应潜力，这实际上反映了更高层次的城市建设活动。

（四）更新触媒与更新动力

在城市发展过程中，不同类型的更新触媒会引发不同效果的更新活动，更新触媒的影响也会不同，一般会随着空间距离的增加而衰减。在判断城市中哪些区域需要更新时，首先，有必要分析哪些类型的更新触媒会影响城市更新；其次，需要深入研究更新触媒的触发效应和影响范围；再次，在明确更新权限的基础上，制定更新区域的具体更新策略和操作程序；最后，通过一系列"更新触媒"，触发城市整体环境的持续、规律性变化，使城市发展进入良性发展轨道。

三、城市更新的基本内容

城市更新内容具有系统性和整体性，通常涉及经济和金融、建筑环境和自然环境、社会和社区、就业教育和训练等问题。

（一）城市更新的经济和金融问题

经济复苏是城市更新过程的一个关键部分。城市更新需要防止经济发展和市场全球化造成的城市衰退。在长期持续增长之后，城市衰退使人们开始思考城市在现代经济中扮演的角色，包括城市需要根据城市和地区的发展进行调整。这些变化反映在城市核心的衰落和城市边缘和农村地区的繁荣。

一般来说，由于城市和区域经济的变化、经济全球化、经济和产业结构的调整，城市将陷入衰退，经济更新是城市更新的关键过程。城市更新的目的是吸引和刺激投资，创造就业机会，改善城市环境。市区重建项目和计划的资金来自各种渠道，而争夺有限资源的竞争日益加剧。由国家成员、志愿组织和当地社区组成的合作机构可以更好地实施城市经济更新计划；应注意区域发展机构在经济和城市更新中的作用。城市经济政策必须是动态的。为了应对不断变化的形势，应当广泛宣传合作机构良好做法的案例。城市政策可能不协调，因此最有必要建立一个明确的战略框架。城市更新需要在更广泛的投入产出框架内确定城市更新资金的使用，必须充分了解城市更新资金在国家和国际两级可持续发展中的作用。

（二）城市更新的建筑环境和自然环境方面的问题

城市和社区的物理特征和环境质量对于挖掘财富、提高生活质量、增强企业和公民的信心具有重要意义。破旧的房屋、废弃的场地、废弃的工厂和衰败的城市中心都是贫困和经济衰退的表现。它们显示出衰退的迹象，或者这些城镇无法迅速适应不断变化的社会经济趋势。

城市建筑环境的更新是城市更新成功的必要条件，但不是充分条件。在某些情况下，城市建筑环境更新可能成为城市更新的主要动力。几乎在所有情况下，更新的城市建筑环境标志着变化的发生和地方承诺的履行。建筑环境更新成功的关键在于了解现有建筑环境的限制和更新潜力，以及建筑环境的改善在区域、城市或街区层面上可以发挥什么作用。正确认识这些潜力，需要形成实施战略，认识和掌握如何在经济和社会活动中使用资金，确定所有权，安排城市更新机构和城市更新政策，以及如何及时掌握城市生活和城市功能变化的优势。

规划的城市更新必须有明确的空间尺度和时间尺度，了解影响建筑环境的所有制、经济和市场趋势，了解建筑环境在城市更新战略中的作用，运用 SWOT 分析建筑环境，并为建筑环境的更新制定清晰的愿景和战略设计，确定愿景和设计适合该区域承担的功能，协调需要更新的其他方面，促进更新区域内的适当合作伙伴参与城市更新，建立项目实施和持续维护的立体体系，建立资金投入、运行和维护机制，了解环境改善的经济合理性，确保城市更新方法能够对不断变化的战略及不断变化的社会和经济趋势做出正确和科学的反应。

（三）城市更新的社会和社区问题

城市更新应考虑社区的需要，鼓励社区参与城市事务。市区重建经理通常必须处理各种当地问题和需要。公司出资人和志愿组织必须确保其计划惠及当地居民并产生货币价值。许多社区市区重建项目的首要任务是创造就业机会。在特定条件下可以使用的最佳和最合适的政策经验是什么。显然，各地的条件、精神和期望各不相同，因此没有一种良药可以治愈所有疾病。公共政策制定者、公司执行经理和社区领导人往往根据当地情况制定自己的社区发展战略。他们可能会有意识或直觉地采用上述方案中的一些机制。当然，他们必须适合当地的条件。不同的地方发展目标有不同的优先事项，这意味着决策者可以从不同的方式中选择最合适的因素。在实践中，只有当项目能够敏感地反映当地居民的需求和问题，包括有特殊需求和问题的居民的需求和问题时，城市更新的目标才能成功实现；合作模式是确保实践惠及整个社区的有效机制；社区组织在能力建设中发挥重要作用；地方目标应激发社区意识和自豪感。

（四）城市更新的就业、教育和训练问题

如果要求人们居住在城市地区，特别是市中心地区，那么工作对他们来说是必不可少的。同样，大多数市中心居民总是优先考虑合适的工作机会。现在人们都认识到，人力资源在一个地方或地区的竞争力和吸引投资者方面起着非常关键的作用。潜在劳动力的基本和职业培训、他们的态度和动机也很重要。因此，教育和培训是城市更新的重要组成部分。

总的来说，人口迁移和经济变化导致城市从经济和社会两个方面走向两极分化；城市具有成为服务和消费中心的独特条件，其未来发展必须最大限度地发挥这些优势；在解决城市问题时，需要强调教育、培训和创造就业机会；地方行动必须适应国家劳动力市场政策的变化。目前，国家劳动力市场政策倾向于强调供给而非需求措施，尤其是企业合作机制；越来越多的社会机构的出现增加了在地

方一级采取协调行动和干预行动的必要性；应该逐步形成对当地劳动力市场、优势和劣势的清晰认识，概述劳动力市场中各种参与者和机构的模式及其带来的资源，与其他部门，包括私人和社区合作，制定当地劳动力市场战略，作为当地行动的基础，建立干预目标的评价影响机制和措施。

第二节　生态城市下的城市更新

一、城市更新对城市生态环境的影响

城市更新，尤其旧城改造过程，各个物质元素在空间场所、数量、质量等方面发生了很大的变化。如旧城中由于经济功能、产业结构的演进，其经济生产结果与以往截然不同，并带来和引发了交通网络、人口分布、信息利用等各个方面的变化。总之，原有城市中的生态系统在物质生产、物质循环、能量流动、信息传递方面都有了新的形式和特点，并对原有城市生态环境质量产生了一系列影响，主要体现在以下三个方面。

（一）自然环境质量

自然环境质量是指一定空间区域内的各类自然环境介质（包括气、水、土和生物要素）素质的优劣程度。优、劣是质的概念，程度则是量的表征。具体说，自然环境质量是指在一个具体的环境内，环境的总体对人类的生存和繁衍及社会经济发展的适宜程度。自然环境质量的变化和变迁是城市更新最明显的作用和效应。从理论上说，城市更新应针对导致旧城自然环境质量低、提高绿地比重等，以提高旧城区整体的自然环境质量。然而中国不少城市更新和改造的结果却并非如此。有关资料表明，我国不少城市在城市更新中由于片面追求经济效益，追求过高过密的开发强度，不仅给交通、基础设施带来压力，而且还侵蚀了必要的开阔空间和绿地，并给日照、通风、防火、抗震和防灾带来隐患，使整体环境质量下降。环境质量的改善和提高是建立在有形的物质基础之上的，当在城市更新过程中破坏了环境质量提高所必需的物质条件，降低建筑容量、降低人口密度、提高绿地指标等后，旧城环境质量的下降就不可避免了。总结城市更新的经验，过高过密的开发强度是导致旧城生态环境质量下降的主要原因之一。

（二）生态景观质量

广义的城市生态环境质量还应包括生态景观质量。城市更新是一项人工性、物质性很强的过程。在这一过程中，对旧城景观的结构、机能及场所都产生了程度不等的影响。所谓景观的结构是指物质景观要素的物理特征（数量、比例、多样性、稳定性和视觉特征等）及分布状况。机能是指景观要素通过相互之间关系所发挥的作用。场所是景观要素存在与发挥作用的基质。城市更新过程中，由于人们的拆旧、建新活动，破坏了原有的景观要素的结构，并因此使景观的机能和其所作用的场所发生变化，并最终引致景观质量的变化。其中改造的观念（指导思想）、速度、规模、标准及规划设计等因素的作用，是造成景观质量变化的主要原因。在许多情况下，城市更新的景观效应并不都是向好的方面转化，而是因各种主客观因素的作用，朝正反两个方向发展的可能性。

虽然城市更新的规划设计水平也在一定程度上影响了景观质量，然而与建设改造观念、改造标准、改造规模、改造速度等因素比较起来，规划设计水平毕竟是一个次要的因素。因为，巧妇难为无米之炊，在包括改造观念、改造标准等方面缺乏科学性、合理性的情况下，规划设计对旧城景观质量所起的正向作用是有限的。

（三）文化环境质量

保持和塑造城市特色是当前城市规划界关注的热点之一，也是评价城市规划和城市建设基本的准绳之一。城市特色既要由城市的自然背景因素及自然环境因素来反映，更重要的是要由城市文化内涵即文化环境质量来体现。提高城市更新中的文化环境质量由两个方面来保证。其一是要在城市更新中保护城市的历史文化环境（包括地方风格和传统特色），城市的历史文化环境是城市的宝贵财富，保护历史文化环境不仅可以大力弘扬民族文化，体现城市发展的延续性，而且也具有潜在的经济价值，即由于其反映了城市的特色，提高了城市的知名度，从而促进了旅游事业和第三产业的发展。保护旧城的历史文化环境质量要有整体的思考，在许多情况下，旧城的历史文化环境具有无价（不可恢复）的特点。其二是保护旧城的社会环境的延续性和完整性，城市更新过程中，推倒重来的建设行为导致了旧城原有社会功能的变迁和社会人文环境的异化，有些城市的旧城（特别是大城市中心区）的功能过多地安排商业、金融、娱乐、办公写字楼，而将居住和其他功能统统挤出了城市中心，使整个中心区成为一个大商城。这既造成了钟摆式交通，与国际上发达国家提倡中心区土地的多种使用途径，强调发挥旧城中心区综合功能和城市整体活力的趋势不相符合。同时，也破坏了原已形成的社会群体和社会网络，不利于完善城市的社区结构，也在一定程度上不利于社会稳定。

二、城市更新中生态环境建设的理论基础

推动生态环境建设，要以生态学思想和理论作为指导，用生态的改造手段，以旧城的生态环境质量提升为目的，开展城市更新的生态环境建设。

城市更新的生态环境建设其理论基础涉及城市生态学、生态经济学、生态工程学、恢复生态学和景观生态学等多个学科的内容。其中，城市生态学研究以人为中心的复合生态系统，以城市生态学理论为指导，可以深化对城市环境问题的认识，统筹解决城市更新中的社会、经济、环境、文化问题；生态经济学研究经济发展与环境保护之间的相互关系，探索合理调节经济再生产与自然再生产之间的物质交换，为解决城市发展中一系列经济无序发展造成的环境问题提供对策和方法；生态工程学以生态学原理为基础，结合系统工程的最优化方法，以现代化科技手段恢复和改变生态系统，为城市更新中的生态修复和生态技术应用提供了理论基础；恢复生态学研究生态系统结构和功能的恢复，在适当采用退化生态系统恢复的技术和方法的同时，突出强调区域尺度上退化生态系统的空间恢复格局；景观生态学以生态学的理论框架为依托，研究景观的结构、功能和演化，基于景观生态安全格局，按照尺度和等级层次理论的要求，以景观生态规划的方法为基础，改造受损景观

格局，达到控制和解决区域生态环境问题的目的。

三、城市更新与城市生态建设的关系

（一）城市更新与城市生态建设具有相同的目标

一般而言，城市更新的目标包括：满足城市经济结构和产业结构调整，迅速发展第三产业的需要，改善投资环境吸引外资，改善城市面貌，提高市民生活质量等。然而从深层次来看，城市更新的目标应为提高城市整体机能和实力及吸引力，提高城市现代化水平。城市更新虽然在建设范围上具有局部性，但其影响范围却具有全局性意义。

城市生态建设是按照生态学原理，以空间的合理利用为目标，以建立科学的城市人工化环境措施去协调人与人、人与环境的关系，协调城市内部结构与外部环境关系，使人类在空间的利用方式、程度、结构、功能等方面与自然生态系统相适应，为城市人类创造一个安全、清洁、美丽、舒适的工作、居住环境。城市生态建设是在对城市环境质量变异规律的深化认识的基础上，有计划、有系统、有组织地安排城市人类今后相当长的一段时间内活动的强度、广度和深度的行为，城市生态建设的基点是合理利用环境容量（环境承载力）。目前，城市生态建设已成为提高城市环境质量水平、提高城市的可持续发展水平及提高城市现代化水平的最基本途径之一。

由此可见，城市更新与城市生态建设在目的性方面具有高度的一致性，不应将两者对立起来。生态建设、生态环境质量的改善应是城市更新的一个重要组成部分。因为不考虑生态环境质量的城市更新，只会出现过高的建筑密度侵蚀了学校、绿地、运动场、开阔地，日照、防火、通风、防灾多有隐患及整体环境质量和效益降低的结果。这既与城市生态建设原则相违背，也背离于城市更新的根本目的，因而不是真正意义上的城市更新。

（二）城市更新是推进城市生态建设的一个重要契机

城市更新过程中，城市的各种物质和非物质的元素发生不同程度的变化和位移。如人口的迁入与迁出、建筑的拆迁与新建、财物的投入与滞留、生态因素的新增和破坏，所有这些既是城市更新的实质内容，也是城市生存环境重组；是达到一个新的平衡与新的状态的过程，因而也是实施城市生态建设的一个契机。认识到这一点，并在城市更新过程中有意识地把握这一契机，就能在城市更新的指导观念、改造方法、改造策略、改造规模、改造速度、改造范围、改造标准、改造规划设计等方面加以体现，从而出现高层次的旧城改造作品。

具体而言，城市更新指导观念不但要考虑经济因素，还要考虑生态环境质量因素。城市更新方法不能局限于建筑设计、景观设计等狭隘范围内，还必须增加和应用生态规划方法。城市更新策略要考虑以生态学作为指导，城市更新的强度要以旧城的生态系统环境容量（生态环境承载力）作为校核和限制因素，城市更新的建设标准必须以保证能在原基础上提高城市生态环境质量作为准绳，城市更新规划设计除了树立一般意义上的经济观念外，还要坚持广义上的环境经济学概念，并要有生态环境设计人员加入城市更新规划设计队伍中去，所有这些，都是利用城市更新契机推动城市生态建设与城市现代化水平的重要举措。

四、城市更新中改善城市生态的五个措施

（一）选择恰当的改造方式

选择何种城市更新方式将很大程度上影响旧城改造的效果和旧城生态环境质量。城市更新方式应与原有城市发展轨迹相适应，应与城市发展阶段相适应，要选择最适合原有城市可持续发展及其原有城市生态系统自我完善的改建和改造方式。从这个意义上说，城市更新绝非仅有拆旧建新一种方式，实际上它是包含着保护、修复、改造、更新、新建等多种方式和手段的综合性过程，简单的推倒重建只能带来长远发展的遗憾。

（二）提高旧城自然环境质量与制定旧城环境质量标准

人是城市的中心，人的生活和生产需要一定的环境保障。随着时代的前进，人类对其所处环境的质量的要求越来越高，优良的环境已成为城市生态系统存在

和持续发展的基础和保障。致力于提高环境质量的生态建设对城市（包括旧城）社会经济的发展起着不可低估的作用。提高旧城区的生态环境质量除了端正指导思想制定行政法规等方面外，还必须有一系列的物质保证措施：包括降低建筑容量、降低建筑容积率、降低人口密度、提高绿地指标等。此外，最重要的是制定旧区环境质量标准，使之成为旧城改造评价标准体系中的一部分。并在旧城改造的全过程中，使每一项改造行为都符合环境质量标准，真正使更新改造后的旧区呈现出其应有的城市精华区的面貌。

（三）土地利用符合生态法则

城市更新的土地利用类型、利用强度要与旧城及周边环境条件相适应并符合生态法则。土地利用的生态法则包括土地利用的多样性和土地利用强度的有限性，原有城市的土地利用类型不能单纯以金融、商贸用地等为主，必须考虑绿地、市政设施、道路等多种土地类型，这是提高原有城市地区生态环境质量的基础性条件之一，也能有效地避免因土地利用过于单一而带来市政设施不堪重负、景观多样性和丰富性下降及社会功能不完善等问题的发生。原有城市的土地利用强度虽然因级差地租的影响可以高于其他地区，但却必须具有一定的限度。这一限度即是要保证原有城市改造后的生态环境质量要高于改造前的，并符合国家环境质量标准。具体说，即城市更新后土地利用强度不应给城市交通、市政设施带来新的压力，不应因过高的建筑容量（容积率）和建筑密度侵蚀开阔空间及绿地，不应有日照、通风、防灾等隐患。

（四）城市更新后其城市人工化环境结构内部比例必须协调

人工化环境结构内部比例协调指原有城市内各种人工要素（建筑、道路、市政设施等）必须在数量、质量、需求、供应、消耗、循环等方面达到高于改造前期的协调状态。我国一些城市旧城改造后建筑容量大为提高，引发了人口、交通流量的增加，市政供应的严重超负荷，甚至出现了比改造前更为紧张的状态。这正是城市更新人工化环境结构内部比例失调的表现。

（五）城市更新必须致力于城市整体发展的协调

旧城在空间地域上看是城市连续体的一个组成部分，从城市发展全过程看，城市更新则是城市发展在特定地域的一种特殊表现形式。因此，城市更新是与城市整体发展须臾不可分离的。我们既要充分认识城市更新对城市整体发展所起的特殊作用，通过城市更新促进整个城市在产业结构、用地结构等方面的完善，发挥其对城市功能等方面的促进作用，又要将城市更新规划置于城市总体规划的范畴之内，这样才能在城市更新的规模和速度、城市更新与新区开发的关系等问题上取得高层次的统一，从而有利于城市整体的发展。由这一观点出发，可以发现我国有些城市存在的在总体规划或总体调整修编规划中较少考虑或回避旧城改造规划的情况，将对城市整体发展带来较大的负面影响。

目前，我国的城市更新中对经济方面考虑得较多，而对社会及生态环境方面考虑得很少或根本未考虑，这实际上违背了城市更新的根本目标。城市更新除了在经济因素方面要对旧城及城市的经济发展起促进作用，而且还必须在社会因素（历史文化传统的延续发扬、社区人文结构的维持与完善）与生态因素（人们生存环境质量的提高）等方面起积极作用。城市更新过程中的各项建设行为强度必须在一定的社会环境承载力允许的范围内进行，以有利于旧城及城市的经济、社会、生态的可持续性发展，只有这样，城市更新才能取得真正意义上的成功，才能使原有城市获得可持续发展的机会。

第三节　城市修补与生态修复的规划设计

一、城市修补与生态修复的原则

(一) 重振经济活力

1. 经济增长的根本动力

城市发展转型意味着要寻求经济增长的根本动力，即制度变革、结构优化和要素升级。"城市修补、生态修复"虽着力于城市建设中环境的改善，但意在推动城市治理变革、空间结构转型和城市创新发展。经济过度依赖房地产业是当前许多城市的通病，降低了城市可持续发展的能力。"城市修补、生态修复"为城市培育新的增长动力，创造物质环境条件，会催动城市产业结构、人口结构和区域结构的优化完善。

2. 经济增长的目的

经济增长的目的是经邦济民，而非单纯获取利润。城市修补能够促进城市结构的调整，倡导土地混合使用和功能多样化的发展，注意保护非正规经济的发展，促进经济发展的包容共生。转变规划设计和建设管理的理念和方法，矫正前一个发展阶段中出现的要素配置扭曲现象，实现城市土地使用和空间资源的优化配置，补短板、调结构，解决城市问题，提升发展的整体质量。

另外，在城市政府创造更多就业机会、平衡职位关系、提升基础设施和公共服务的同时，新区的发展应保持合理的开发规模、营造宜人的街道尺度和公共活动空间系统，吸取过去新区建设中的教训，提质增量，激发经济活力。

(二) 完善城市治理

1. 完善城市治理是城市治理的基本追求

根据城市发展的实际条件，研究治理主体多元化和治理机制弹性化的途径，积极探索转型发展中民主文明、共同富裕、群策群力的城市治理之道，能够体现出平等包容、共识导向、公众参与、共享成果的基本方向。

2. 完善城市治理是重要的社会过程

在推进新型城镇化过程中，城市政府应不断提高市民素质和群众的生活质量，不分城乡、不分地域、不分群体，为每一个成员创造平等参与、平等发展的机会。

另外，为了促进公共服务和基础设施服务水平的提升，"城市修补、生态修复"的关键工程势必会打破既有的利益格局，城市政府应兼顾利益相关者的各种合理诉求，使决策的落实能获得更加有利的社会基础。

（三）重塑空间场所

1. 重视公共空间的塑造

公共空间场所对城市的重要性已成共识，但系统性不够、过度追求形式尺度过大、只关注大空间而忽略小空间等是亟须解决的问题。重塑公共空间场所，就是要使公共空间重新与城市居民生活紧密结合起来，提高城市的宜居性。

2. 街道空间对城市公共生活的重要价值

在历史城区，具有历史文化价值的街巷系统是城市的财富，城市政府应倍加珍惜，非万不得已绝不拓宽；在新城新区的重点地区，城市政府要通过地区交通的重新组织、街道人行和车行空间的合理分配、临街建筑和街道设施的重新整理等措施，营造人性化的街道空间。

二、城市空间修补的基本手段——城市设计

在传统的城市设计中，视觉秩序分析得到广泛应用，城市修补同样要借助此种方法进行城市空间结构的梳理和整体天际线的塑造；城市图底分析是另一种空间分析方法，这种方法适用于城市传统肌理的识别和以此为导向的平面空间塑造；环境行为互动方法中广泛存在的城市街道"高宽比""阴角空间"等街道美学原理也经常被运用于城市设计的过程中；此外，还有关联耦合、视廊组织等空间组织法也是城市设计常用的方法，这些都应当被城市修补工作人员所重视和借鉴。

　　城市空间系统的多层次性决定了城市设计的多层级性。从纵向来看，无论城市设计研究对象的范围规模多大多小，它们均包含了城市设计宏观、中观和微观三个层次的内容，只是侧重方面各有不同。对城市物质空间而言，对应这三个层次的物质组成有城市整体形态、城市重要片区、重要街道及道路、核心节点和广场及标志性建筑或构筑物等。从横向来看，城市设计的维度可分为形态维度、感知维度、视觉维度、社会维度、功能维度以及时间维度。形态、感知、视觉三个维度城市设计目标的实现，可以借助传统城市设计的手法逐步推敲，借助物质空间的修复与营造来实现。而后三个维度的目标实现与相应属性的空间修复，诸如社会空间与生活网络、城市功能组织与运行环境、城市动态变化与相应时效的组织管理等则需要更多手段的综合运用。

　　除了传统城市设计的方法外，城市设计更需要长效的管理手段和相关制度的保障才能够使设计方法和空间方案得以有效落实，才能够营造出良好的城市环境。这些"非物质设计"的手段与传统城市设计方法，同等重要，理应被纳入城市设计的全过程中，用于全面解决城市空间的复杂问题，实现修复城市空间的目标。

三、城市修补的"四大战役"

　　物质空间是城市修补的重点，提升物质空间的品质是城市修补应当达到的基本目标。城市政府在以目标导向、特色营造作为"城市修补"工作的总指导，具体运用城市设计的方法，对"城市修补"涉及的各系统要素进行梳理和指引，并进一步找到实施抓手，选取重点斑块、重点地区等进行重点示范。

　　总体城市设计的管控和引导主要体现在以下三个方面。

　　1. 对于不同区域的建筑形体风貌，应因地制宜地进行管控和引导，尤其要加强对临山、临海、临河等重点区域的建筑风貌管控，以保证城市良好的建筑风貌和城市天际轮廓线。

　　2. 通过对绿地系统和城市公共活动空间的梳理，强化和保护"山海相连"的重要廊道区域，形成连续的、成系统的绿地公共空间体系。

　　3. 要强调营造自然环境宜人、城市建设有序、文化特色鲜明的城市空间环境，通过严格管控各类公园绿地，规范各项城市建设、提升特色城市风貌、优化城市夜景照明，实现城市空间环境品质的整体提升。

通过总体城市设计的梳理可以发现，城市修补涉及的主要内容既包括建筑实体要素，如建筑形体、色彩风貌、广告牌匾附着物等，又包括建筑外部空间环境要素，如绿地公园等公共开敞空间等；既有日间景观风貌，又有夜景照明形象；既涉及外在形象方面的内容，又涉及内涵功能方面的内容。城市修补工作在总体城市设计框架指引下，会涉及以上要素。

（一）城市空间形态和天际线

相关部门可以通过总体城市设计的专业手法，明确城市的整体空间形态，包括城市的边界、节点、轴线、特色片区等。城市天际线也是体现城市空间形态的重要因素。

建筑的高度以及形态决定了城市的天际轮廓线，设计勾勒重要景观面（如滨海、滨江、滨湖、山前等）的天际线对城市空间形态塑造具有重要的作用。滨海、滨江等开阔地区景观面的天际线应突出城市特色、注重形成韵律感，并应尽量形成高低有序、疏密有致的城市天际轮廓线，避免大体量连续的建筑群给人压迫的感觉。山前地区应控制建筑高度，留有一定的观山景观视廊和通山绿化廊道，避免遮挡山体景观。对于特别重要的地标性景观面天际线如遭到个别建筑破坏，相关部门应在有条件的情况下对其进行适当的改造。

相关部门应结合山、水等景观风貌本底布局城市景观节点，结合城市公共服务功能布局城市公共活动节点，提升节点的空间品质和景观风貌水准对于在当前城市生活中等级已经开始降低或有降低趋势的城市公共活动节点，相关部门应及时进行功能置换和空间重塑，以适应其新的功能定位。

结合城市中的历史街区、历史建筑、重要的公共活动空间，布局城市特色片区，打造城市特色空间形态。城市特色一是来源于历史延续，二是来源于地域特点，三是来源于创意创新，相关部门应从这三个方面的特色挖掘入手，塑造城市特色空间，增强城市的识别性。

（二）建筑风貌及城市色彩修补

城市色彩修补工作的原则主要体现在以下两个方面。

1. 和谐统一，遵循规划

城市中建筑及景观色彩的统一和谐是城市色彩修补工作的关键。通过色彩规划明确城市主导色彩，并寻找色系协调的颜色搭配；在整体色调统一协调的基础上，对颜色进行丰富和扩展。此处的"统一"不是"单一"，单一化的色彩虽然可以强化城市整体识别感，却会导致城市的单调乏味。适当地丰富城市辅助色彩既能使整体和谐，又使建筑不乏活力。在符合色彩规划的基础上，可以通过控制新建建筑色彩、调整问题建筑色彩等方式，对城市色彩进行修补。

2. 因地制宜，体现特色

城市色彩修补工作的目标是要通过色彩修补工作，对城市特有自然环境、气候、植被、人文历史进行挖掘梳理，探寻符合城市气质的城市色彩，凸显城市特色魅力。正如丽江古城灰瓦白墙、苏州古城的灰墙黛瓦，其取材颜色与周围土壤、植被、气候等环境相协调，使城市颜色与城市气质完美结合，并成为城市气质的最好体现。

（三）广告牌匾修补与整治

要对广告牌匾进行修补与整治，首先应系统梳理现状广告牌匾存在的问题，进而明确广告牌匾整治的总体原则。总体原则可大致归纳为以下几项：广告牌匾的设置与整治应与整体景观环境相结合；市场导向与公共利益相结合；刚性控制与弹性引导相结合；应因地制宜且体现特色；能承受且可推广。广告牌匾修补宜分类型、分区域、分层级地进行管控与整治。分类型广告整治指引可以依据广告类型的不同，指导对各类型广告牌匾进行相应的整治与设置，进而规范各类广告牌匾的设置，包括对附着式及独立式广告牌匾的各种类型提出相应的整治指引。分区域类型的广告整治指引可依据广告牌匾设置区域位置的不同，将广告牌匾设置区域划分为滨河空间、滨海空间、平交路口、高速公路道路沿线、景观性道路沿线、特色商业街、广场周边公园绿地周边等类型，对广告牌匾设置提出通则性的要求，以指导广告牌匾整治工作的展开。此外，室外广告牌匾还可以根据整治要求的不同分为广告牌匾集中展示区、严格控制区及一般设置区三级，相关部门分级制定相应的引导及控制要求。广告牌匾修补与整治的引导及控制内容主要包括广告牌匾设置的位置、尺寸、颜色、材质、形式、风格、字体等相关设置要求，广告牌匾的修补与整治还应明确近期实施重点。相关部门应依据现状问题的情况，选取集中体现城市形象并且具有可示范、可推广的重点区段，如重要商业街区、重要道路两侧、特色风貌区等区段开展广告牌匾整治工作。

（四）城市绿地修补

城市绿地景观修补是提升城市公共空间品质的一个重要方面。城市绿化景观修补工作应该是相关部门通过对现状城市绿地存在的问题进行系统梳理后，有针对性地分门别类，因地制宜地提出修补和整治的策略和措施，例如，针对遭到侵占、借用及荒弃的不同问题类型，分类进行绿地整治。

1. 城市绿地修补的重点

城市绿地修补重点区域的选择应该从城市绿地空间结构的重点区域入手，充分考虑现状绿地状况及周边用地产权情况。相关部门应选取现状绿化景观缺乏并且具备绿地修补条件的区域，重点推进城市绿地修补工作。

2. 城市绿地修补的措施

城市绿地修补对于提高城市空间舒适性具有重要作用与意义。城市绿地修补的主要措施如下：

①对老城中遭到侵占、借用、荒弃的绿地进行整治，补植行道树，恢复街头绿地公园。

②选用地方植物，科学组合树种，促进生物多样性，降低养护费用。

③提高绿化景观设计水平，根据季节不同合理搭配植物体量、色彩，形成优美的街道绿化景观。

④定期、及时养护绿植，对遭到破坏或长势不佳的植被及时补植更新。

⑤对于树龄较高、长势较好、已经形成一定景观的植被进行保护，避免不必要的砍伐移植，根据各地实际情况，应明确规定原则上不移植胸径到达一定幅度

的大树。

四、城市生态修复的规划设计

（一）构建符合城市生态过程的生态绿地系统

1. 构建城市生态绿地系统构架

诸如山地城市中的平山造地，滨水城市的围湖造山、水系渠化，滨海城市的填海造城等，都导致城市所处的自然生态过程被干扰，自然环境逐渐恶化，会导致山体植被退化、河道恶臭、湿地退化等问题，严重的会导致山体滑坡、雨洪等安全问题。

解决这些问题的根本在于城市空间的布局需要顺应城市自然本底，尊重城市自然生态过程，采取"设计遵从自然"的方法，依据城市自然形态和要素开展规划建设；加强对城市中的水力作用、风力作用、生物作用等过程的基础研究，顺应自然过程。

人们应尊重城市水自然生态过程，修复河湖水系的自然空间形态，保障河流、湖泊生态系统健康完整；应对在城市水自然生态过程中起阻碍作用的空间进行修复。与城市河流相伴的湿地，在城市建设中易被侵占，变为建设用地用于开发，这些区域对于城市水系自然过程起着至关重要的作用，对其占用是导致城市内涝的重要原因，规划人员在规划中应采取退建还绿、退建还湿，恢复湿地功能。城市河流穿越城区渠化现象严重，采用橡胶坝等工程措施形成大水面的景观，不符合水生态自然过程，规划时应恢复城市河流蜿蜒曲折的自然形态，恢复河流水位自然涨落，疏通上下游水系的阻断，修复水自然生境，为水生物多样性创造条件。在滨海地区填海进行城市开发建设，会对洋流等产生影响，会造成海滨城市海岸线变化，使沙丘退化、沙滩泥化，产生安全隐患，规划时应避免此类开发建设，保障海洋生态系统。

人们应尊重城市风力自然过程，保护城市通风廊道，保障城市空气循环。城市生态绿地系统框架应考虑城市风力自然过程，明确城市通风廊道空间，划定专门区域对城市建设予以管控，尤其要禁止高强度城市建设造成通风廊道遮挡，禁止在廊道上布局工业等有污染的项目，保障城市空气安全。城市风廊应与河流等自然廊道相结合，保障廊道宽度，最大限度地发挥生态保障功能。

2. 保护城市重要生态节点

要识别出城市关键的生态节点，需要对城市中自然生态过程进行研究，识别有保护意义的景观节点，主要依据有以下四点。

①具有保持城市景观多样性战略意义的地域，如城市中珍稀物种的保护地、森林公园等。

②建构城市生态网络的关键点或现状城市生态网络的断裂点，如城市河流入海口和河流交汇处、被侵占的城市湿地等蓄滞洪区。

③生态稳定性较好、生态效率较高、具有较高物种多样性的生境单元，如城市中山体林地、城市湖泊、城市湿地等。

④对人类干扰极其敏感，同时又对整体城市生态系统的生态稳定性具有极大影响的生境单元，如城市滨海地区的红树林湿地群落及珊瑚生态系统。

3. 发挥基础性生态作用

城市应尽量整合散碎的绿地使之形成一个整体，作为区域"绿心"，发挥空间保护、生物多样性构筑、游憩等综合性功能，在缓解城市热岛、防灾避险等方面发挥重要作用。

（二）城市生态要素修复

1. 城市山体生态修复

破损山体形成的原因有很多，包括自然因素如地震、火山爆发等，人为因素如采矿、采石、基础设施建设、房地产开发等工程建设活动。一般情况下，城市山体生态修复主要指由于人为因素导致的山体破损的修复。破损的城市山体的破损面明显，生态稳定性极低，易引起山体地质灾害，如山体滑坡、泥石流等，严重影响了城市安全和城市形象。

（1）破损山体的治理方法

①削坡开平台。削坡开平台治理方法是根据山体高差和设计要求，自破损面上边缘垂直向下8米处开出宽度为4~6米的平台，平台内覆种植土，平台外缘砌

毛石挡墙，平台内种植乔木、灌木及垂直绿化植物，遮挡破损立面。

②砌筑鱼鳞坑。砌筑鱼鳞坑的方法是指在山体破损面坡度较陡的坡面上整理出多个内径 2 米左右的小平台结构，在小平台周围砌筑接近半圆形挡土墙，平台内覆种植土，人工创造适宜植物生长的基础条件，然后以栽植绿化苗木的方式进行绿化的一种方法。

③山体基部覆土回填。这种治理方法多被用于在视觉上破损面垂直落差较大、破损面也比较开阔的山体的治理中。这种山体一般采取上部分削坡开台或砌筑鱼鳞坑。下部分回填渣土、种植土绿化的综合措施，然后再栽植绿化苗木遮挡破损面。

（2）山体植被修复

由于植被对山体生态系统的稳定起到关键作用，所以，山体植被修复一般遵循保护优先、防治为本、修复辅助的原则，将山区植被划分为植被保护区、植被防治区和植被修复区，根据不同分区采用绿化基础工程、植被工程、植被管理等技术，恢复其生物多样性及其生态系统服务功能。

①绿化基础工程。适宜植物生长发育、创造植物生育理想环境的工程，旨在确保生育基础的稳定性，改良不良的生育基础，缓和严酷气象条件和立地环境。具体措施包括排水工程、挡土墙工程、挂网工程、坡面框格防护、柴排工程、客土工程和防风工程等。

②植被工程。植被工程是播种、栽植或促进自然侵入等植被恢复技术的总称，包括从种子开始引入植物的播种工程，通过栽植而引入植物的栽植工程，以及促进植被自然入侵的植被诱导工程。

③植被管理工程。植被管理工程是指帮助所引种的植物尽早地、稳定地接近目标群落，以及发挥群落环境保护功能而进行的工作。具体内容包括培育管理、维持管理、保护管理。

2. 城市水环境生态修复

自古人类聚集地就依水而建、人类择水而居，时至今日，大量人口集居的城市都是依水而建的。水是人类赖以生存的必要条件，也是社会经济发展不可缺少和不可替代的资源，具有极重要的战略地位。而现今城市内水问题突出，水资源短缺、水污染恶化及与水相关的各类生态系统（如海岸、湿地等）的逐渐消失，使城市日常生产生活受到严重影响。

水环境的生态修复可以达到包括城市河流生态系统恢复、生物多样性恢复、改善水质等专项目标，满足动植物群落生存发展所需的物理生境条件需求，使遭到破坏的生态系统逐步恢复或使其向良性循环方向发展。

（1）河湖的修复

①城市点源污染治理。城市政府应加强工业及生活污水的收集管网建设，禁止污水不经处理直接排入河道。部分老城区仍是雨污合流排水，城市政府应逐步提升雨污分流治理区域比例，逐渐减少降雨期污水混合雨水直接排入河道的量。对于污水处理厂的达标尾水，可以对其进行深度处理，达到地表水 V 类甚至更高的标准。在河道治理范围，城市政府可利用护堤地、河滩地、坑塘、洼地布置人工湿地，对达标尾水进行生态处理。城市政府应加强河道管理，禁止在河道蓝线范围内堆弃固体垃圾，尽量避免在河流保护范围内设置垃圾场。

②城市面源污染治理。城市郊区农田农药残留导致的面源污染问题只能通过转变农业耕作方式，发展高效绿色农业来逐步得以解决，甚至需要相关产业政策的扶持。政府在对城市初期雨水进行治理时，应将城市初期雨水收集后送入污水处理厂，并利用合适的工艺进行处理。初期雨水收集的装置有多种形式，如优先流法弃流池、自动翻板式分离器、旋流分离式弃流设备等。相关部门应在雨水管网的源头附近收集初期雨水。在雨水口入河处，雨水汇集历时不同，导致初期雨水与非初期雨水混合，人们很难分清楚。当护堤地较宽时，相关部门可以布置一些雨水调蓄池，分析水质特点，选择简单的固定或者移动处理工艺设备，污水被处理后可作为城市杂用水。

③城市河流内源污染治理。城市河流水质治理不能只处理水体本身，否则如果河流底泥富含污染物，就会向清洁水体释放，大幅度地降低水体净化效果。底泥的污染物成分需要通过试验来确定。底泥治理一般采用清除出河道的方式，根据水量、水流条件，一般可采用两种施工方式。北方河流日常流量很小，对其可以采用排空河道，用反铲和自卸汽车进行旱地施工的方法。南方河流日常流量较大，有一定水深，对其可以考虑用挖泥船施工的方法。施工开挖的淤泥要根据主

要污染物种类选择合理的处置方式。

（2）饮用水水源地的修复

①控制污染物的排放。在饮用水水源保护区内，禁止设置排污口；禁止在饮用水水源一级保护区内新建、改建、扩建与供水设施和保护水源无关的建设项目；禁止在一级保护区内从事网箱养殖、旅游、垂钓或者其他可能污染饮用水水体的活动；禁止在饮用水水源二级保护区内新建、改建、扩建排放污染物的建设项目，在饮用水水源二级保护区内从事网箱养殖、旅游活动的，应当按照规定采取措施禁止污染饮用水水体。

②保护与修复保护区生态。针对水源保护区内的生态现状，城市政府应按照保护优先、预防为主的原则进行生态修复，提高保护区内自然净化能力，促进生态良性循环。生态修复工程的内容以饮用水源的保护涵养为核心，城市政府应加强水土流失治理，恢复植被，治理点源、面源等各种污染源；植物养护方案要避免采用有毒和有残留的农药。建设水源地保护区标识系统，包括保护区界标、保护区交通警示牌、保护区宣传牌等。

③关注地下水保护措施。有的工程措施会影响地下水的水量和水质，这应该值得人们十分警醒。例如，一个城市地下水水源地位于河边，河流河床为砂砾层，河流地表及地下径流是水源地日常的补给源。如果为了保持景观常水位，对河道进行防渗处理，可能会造成水源地地下水位的下降。

④建设环境预警监控体系。城市政府应完善现有河流水质监测站网，建设水源地监控信息系统，包括数据库建设、数据采集和传输系统建设、数据管理系统建设及监控管理中心建设；实时监测、控制水源地的水质、水量安全状况，提高预警预报能力，使监测站点与已有水文站网结合起来，实现水质、水量双重监控；制订监督管理自身能力建设方案，包括管理者相关技术培训、监督管理考核体制，以及相关的基础性科学研究。

3. 棕地生态修复

城市中的棕地是指已被开发、利用并已被废弃的土地。城市中的棕地以工矿业废弃地、垃圾填埋地居多。这些用地由于距离城市中心较近，对城市可持续发展有着重要作用，是一笔可以再开发利用的财产，只是这笔财产的真正价值被一些可见的或潜在的危险和有害物质所掩盖，比如，土壤重金属污染、地下水污染、空气扬尘、废弃垃圾等。污染占地面积大，造成大量土地资源的浪费，其产生的渗滤液及填埋气已成为周边地区水环境和大气环境重要污染源，严重威胁人类的健康，堆放的垃圾严重影响了周边生态景观。

棕地生态修复将通过自然或人工生态修复手段，对棕地进行清洁、利用和再开发，以此来推动棕地所在城市及区域在经济、社会、环境诸方面的协调和可持续发展。棕地修复主要遵循可持续利用、污染者负担、安全性、先治理后开发、经济性的原则，重点研究类型如下。

（1）城市工业废弃地修复

由于工业废弃地地处城市之中，具有很大的经济利用价值和多种用途，大部分会被改造为城市公共空间。城市工业废弃地的主要修复方法有以下几种。

①植被的恢复。相关部门应保留植物的野性之美，改善污染状况，利用植物根系为微生物分泌营养物质以降解污染物；研究各类植被系统对垃圾场中主要污染物的净化机理，并据此合理选择物种。

②污染物的处理。对于污染物可以采用三种方式进行处理。

移除法：移除污染源和被污染物质。这种方法主要适用于受污染较轻的土壤。

掩盖法：一般通过各种生物技术的方法对土壤进行改良。常规做法是换土或者覆土，在污染土壤的上面铺盖一层沥青，然后再铺置新土，并且通过排水设施收集排放地表的径流，避免因为雨水的渗透，造成污染扩散。这种方法主要适用于受污染较重的土壤。

自然保留法：如果废弃地对环境的负面影响因素很小，在废弃地上已经开始了新的生态自我恢复，那么这种废弃地可以继续弃置。这种做法保留了场地的多样性和纪念性。

③废弃物再处理。废弃物包括废弃不用的工业材料、残砖瓦片等。对于没有产生环境污染的废弃物，人们可以就地使用或者通过再加工，比如，将一些建筑废弃物处理成雕塑等。

（2）矿区废弃地修复

矿区废弃地由于受采矿活动的剧烈扰动，不但丧失了天然表土特性，而且还具有众多危害环境的极端理化性质，是持久而严重的污染源。主要修复手段有以下三种。

①基质改良。这种方法包括更换土壤、微生物调节、固氮植物等。土壤污染的治理技术主要有物理恢复、化学恢复及重金属污染修复。

②植被再生。相关部门应尽量选择当地优良的乡土树种作为先锋树种，适当引进外来速生树种。相关部门选择易播种、易发芽、苗期抗逆性强、易成活的植物；选择抗旱、抗寒、耐贫瘠并且对有毒有害物质耐受范围广的树种。

③污水处理。相关部门应建立无废水排放流程，组织闭路用水循环。相关部门应利用生态技术原理，对受破坏的水系统进行有效的净化，对雨水进行收集和循环利用；对于矿业生产产生的大量废水，要将其处理使之达到再利用标准。

参考文献

[1] 胡香丽. 城市河流生态治理思路与实践［M］. 郑州：黄河水利出版社，2023.

[2] 孙凤华，张书函，黄俊雄. 城市水环境与水生态研究与实践［M］. 北京：中国水利水电出版社，2023.

[3] 陈晓虎，王莉. 城市滨水空间生态景观设计详解［M］. 南京：河海大学出版社，2023.

[4] 蒋应红. 大数据技术下的城市街道空间规划与设计［M］. 上海：同济大学出版社，2023.

[5] 李健，尹化民. 传统型城市公共空间规划方法研究［M］. 北京：中国建筑工业出版社，2023.

[6] 熊建林. 城市生态规划与构建研究［M］. 哈尔滨：东北林业大学出版社，2023.

[7] 牛方曲. 城市空间演化模拟理论方法与实践［M］. 北京：电子工业出版社，2023.

[8] 孙颖. 绿色发展理念下生态城市空间建构与分异治理研究［M］. 西安：西安交通大学出版社，2022.

[9] 张京祥，何鹤鸣. 面向创新型经济需求的空间供给与规划治理［M］. 南京：东南大学出版社，2023.

[10] 卓健. 城市更新与城市设计［M］. 上海：同济大学出版社，2023.

[11] 谌扬. 论城市景观的地域性与生态性交融［M］. 长春：吉林出版集团股份有限公司，2023.

[12] 张竹村. 城市生态修复与城市更新理论路径与实践［M］. 石家庄：河

北美术出版社，2023.

[13] 张克胜. 生态社会城市生态环境污染及防控研究［M］. 青岛：中国海洋大学出版社，2022.

[14] 万书元. 空间建筑与城市美学［M］. 南京：东南大学出版社，2022.

[15] 艾强. 城市生态水利工程规划设计与实践研究［M］. 长春：吉林科学技术出版社，2022.

[16] 王宇. 城市公共空间设计与系统化建设研究［M］. 长春：吉林科学技术出版社，2022.

[17] 于立. 宜居城市规划建设的理论与实践［M］. 北京：中国城市出版社，2022.

[18] 颜静. 智慧生态城市：自然、生命、人居与未来［M］. 上海：上海交通大学出版社，2022.

[19] 江芬，陈虹宇. 城市群生态文明协同发展机制与政策研究［M］. 北京：光明日报出版社，2022.

[20] 尹仕美. 城市风貌规划管理研究［M］. 武汉：华中科技大学出版社，2022.

[21] 吴晓，高舒琦. 城市更新与高质量发展［M］. 南京：东南大学出版社，2022.

[22] 张文博. 生态文明建设视域下城市绿色转型的路径研究［M］. 上海：上海社会科学院出版社，2022.

[23] 张宣峰. 转型期城市更新规划的空间治理研究［M］. 北京：中国原子能出版社，2021.

[24] 翟国方，何仲禹，顾福妹. 韧性城市规划理论与实践［M］. 北京：中国建材工业出版社，2021.

[25] 尹小玲，黄光庆. 城市生态空间规划理论与实践［M］. 北京：科学出版社，2021.

[26] 谢淑华，刘志浩. 城市生态与环境规划［M］. 武汉：华中科技大学出版社，2021.

［27］王宝强，刘合林. 城市水系统安全评价与生态修复［M］. 武汉：华中科技大学出版社，2021.

［28］钟佳龙. 城市生态系统服务功能与价值分析及调控对策研究［M］. 成都：四川科学技术出版社，2021.

［29］于晓，谭国栋，崔海珍. 城市规划与园林景观设计［M］. 长春：吉林人民出版社，2021.

［30］董永立. 城市生态水利规划研究［M］. 长春：吉林科学技术出版社，2021.

［31］舒乔生，侯新，石喜梅. 城市河流生态修复与治理技术研究［M］. 郑州：黄河水利出版社，2021.

［32］樊清熹. 城市地域设计的生态解读［M］. 南京：江苏凤凰美术出版社，2021.

［33］徐正良，张中杰. 城市更新与地下空间改扩建规划设计［M］. 北京：中国建筑工业出版社，2021.